江苏联合职业技术学院院本教材
经学院教材审定委员会审定通过

机械制造技术
——机械加工基础技能训练

主　编　夏　云　陈爱民　张　萍
副主编　柴　俊
参　编　邵金光　王卫清
主　审　朱仁盛

北京理工大学出版社
BEIJING INSTITUTE OF TECHNOLOGY PRESS

版权专有　侵权必究

图书在版编目（CIP）数据

机械制造技术：机械加工基础技能训练/夏云，陈爱民，张萍主编. —北京：北京理工大学出版社，2017.8（2023.8重印）

ISBN 978-7-5682-4546-3

Ⅰ.①机…　Ⅱ.①夏…②陈…③张…　Ⅲ.①机械制造工艺 - 教材　Ⅳ.①TH16

中国版本图书馆 CIP 数据核字（2017）第 188214 号

出版发行 /	北京理工大学出版社有限责任公司
社　　址 /	北京市海淀区中关村南大街5号
邮　　编 /	100081
电　　话 /	（010）68914775（总编室）
	（010）82562903（教材售后服务热线）
	（010）68948351（其他图书服务热线）
网　　址 /	http：//www.bitpress.com.cn
经　　销 /	全国各地新华书店
印　　刷 /	三河市天利华印刷装订有限公司
开　　本 /	787 毫米 × 1092 毫米　1/16
印　　张 /	14
字　　数 /	330 千字
版　　次 /	2017 年 8 月第 1 版　2023 年 8 月第 5 次印刷
定　　价 /	42.00元

责任编辑 / 赵　岩
文案编辑 / 赵　岩
责任校对 / 周瑞红
责任印制 / 李志强

图书出现印装质量问题，请拨打售后服务热线，本社负责调换

江苏联合职业技术学院机电类院本教材

编审委员会

主任委员：夏成满　晏仲超

委　　员：常松南　陶向东　徐　伟　王稼伟
　　　　　刘维俭　曹振平　倪依纯　郭明康
　　　　　朱学明　孟华锋　朱余清　赵太平
　　　　　孙　杰　王　琳　陆晓东　缪朝东
　　　　　杨永年　强晏红　赵　杰　吴晓进
　　　　　曹　峰　刘爱武　何世伟　丁金荣

前　　言

本书是江苏联合职业技术学院强势推进五年制高等职业院校专业课程改革成果的系列教材之一。由来自五年制高等职业院校教学工作一线的专业带头人和骨干教师通过社会调研，并对人才市场反映出的技能型人才需求情况分析和相关课题研究，在企业有关人员的积极参与下，研发的机电一体化专业的人才培养方案，在制定了专业核心课程标准的基础上，参照国家最新相关职业标准及有关行业的岗位要求编写的。

"机械制造技术——机械加工基础技能训练"是高等职业院校机电一体化专业的核心课程之一，本课程的开设旨在培养并形成高职学生的机械制造基础技能，并为达成本专业人才培养目标打下坚实的基础，是一门实践性、应用性很强的项目化课程。

本课程体现了职业教育"以就业为导向，以能力为本位"的办学方针，不仅强调职业岗位的实际要求，还注重了学生个人适应人才市场变化的需要，因此，本课程的设计兼顾了企业和个人两者的需求，着力推行"工学结合"的人才培养模式，以培养学生全面素质为出发点和落脚点，以提高学生综合职业能力为核心。

1. 教材编写特色

（1）本课程的教学内容是紧密围绕新的课程标准要求，依据学时总数，以实际工作过程为导向，实施"任务驱动"的项目式教学要求编写的。

（2）精选项目，项目都来自生产、教学的实际，每个项目都合理设置相关知识、任务实施、任务操作、任务评价及知识拓展等内容，适应了"做中学"的教学要求。

（3）本教材中涉及的机床等设备配置均是企业普遍使用的通用装备，其适应性、实用性、可操作性强。

（4）本教材大量采用图表形式呈现相关内容，语言通俗易懂，简洁精练，适合学生自主学习，便于理解掌握。

（5）"知识拓展"内容，合理地介绍了相关新知识、新技术、新方法和新工艺，为学生适应就业市场的变化和职业发展的需要打下了良好的基础。

2. 学时分配建议

本书参考学时数为120学时，各项目的推荐学时分配如下：

序　号	项目名称	项目内容	学时/h
	概述	概述	2
第1部分	车削	项目1　操作CA6140车床	48
		项目2　刃磨外圆车刀	
		项目3　车削台阶轴	
		项目4　车削套类零件	
		项目5　车削圆锥体	
		项目6　车削三角形螺纹	
第2部分	铣削	项目7　操作X6132铣床	40
		项目8　铣削平面	
		项目9　铣削直角沟槽与键槽	
		项目10　铣削等分零件	
第3部分	磨削	项目11　学会操作M1432B万能外圆磨床	30
		项目12　学会操作M7120A平面磨床	
		项目13　选用磨具	
		项目14　磨削平面	
		项目15　磨削外圆	
	合计		120

　　本书共由车削、铣削、磨削三部分组成，由江苏联合职业技术学院扬州高等职业技术学校夏云、无锡机电分院陈爱民、张萍副教授主编，江苏联合职业技术学院无锡机电分院柴俊任副主编，江苏联合职业技术学院泰州机电分院邵金光和王卫清老师参编。本书由夏云、张萍编写第3篇、陈爱民、邵金光编写第1篇、柴俊、王卫清编写第2篇。由江苏联合职业技术学院泰州机电分院朱仁盛副教授主审全书，对书稿提出了许多宝贵的修改意见和建议，提高了本书的质量。在此表示衷心的感谢！

　　本书作为高职院校专业课程改革成果系列教材之一，在推广使用中，非常希望得到教学适用性反馈意见，以便进一步改进与完善。由于编者水平有限，书中难免存在错漏之处，敬请读者批评指正。

编　者

目 录

第1篇 车削

项目1 操作CA6140车床 ··········· 3
 一、相关知识 ··········· 3
 二、操作练习 ··········· 6
 三、知识拓展 ··········· 12
 思考与练习 ··········· 16

项目2 刃磨外圆车刀 ··········· 17
 一、相关知识 ··········· 17
 二、操作练习 ··········· 24
 三、知识拓展 ··········· 26
 思考与练习 ··········· 29

项目3 车削台阶轴 ··········· 30
 一、相关知识 ··········· 30
 二、操作练习 ··········· 47
 三、知识拓展 ··········· 62
 思考与练习 ··········· 65

项目4 车削套类零件 ··········· 66
 一、相关知识 ··········· 66
 二、操作练习 ··········· 75
 三、知识拓展 ··········· 82
 思考与练习 ··········· 83

项目5 车削圆锥体 ··········· 84
 一、相关知识 ··········· 84
 二、操作练习 ··········· 88
 三、知识拓展 ··········· 91
 思考与练习 ··········· 95

项目6 车削三角形螺纹 ··········· 96
 一、相关知识 ··········· 96
 二、操作练习 ··········· 102

目 录

三、知识拓展 …………………………………………………………………… 106
思考与练习 ……………………………………………………………………… 110

第 2 篇　铣　削

项目 7　学会操作 X6132 铣床 ……………………………………………… 113
　一、相关知识 …………………………………………………………………… 113
　二、操作练习 …………………………………………………………………… 115
　三、知识拓展 …………………………………………………………………… 117
　思考与练习 ……………………………………………………………………… 121

项目 8　铣削平面 …………………………………………………………… 122
　一、相关知识 …………………………………………………………………… 122
　二、操作练习 …………………………………………………………………… 128
　三、知识拓展 …………………………………………………………………… 132
　思考与练习 ……………………………………………………………………… 135

项目 9　铣削直角沟槽与键槽 ……………………………………………… 136
　一、相关知识 …………………………………………………………………… 136
　二、操作练习 …………………………………………………………………… 143
　三、知识拓展 …………………………………………………………………… 145
　思考与练习 ……………………………………………………………………… 147

项目 10　铣削等分零件 …………………………………………………… 148
　一、相关知识 …………………………………………………………………… 148
　二、操作练习 …………………………………………………………………… 152
　思考与练习 ……………………………………………………………………… 156

第 3 篇　磨　削

项目 11　学会操作 M1432B 万能外圆磨床 ……………………………… 159
　一、相关知识 …………………………………………………………………… 159
　二、操作练习 …………………………………………………………………… 162
　三、知识拓展 …………………………………………………………………… 165

思考与练习	168
项目 12　学会操作 M7120A 平面磨床	**169**
一、相关知识	169
二、操作练习	171
三、知识拓展	173
思考与练习	175
项目 13　选用磨具	**176**
一、相关知识	176
二、操作练习	181
三、知识拓展	187
思考与练习	188
项目 14　磨削平面	**189**
一、相关知识	189
二、操作练习	191
三、知识拓展	199
思考与练习	201
项目 15　磨削外圆	**203**
一、相关知识	203
二、操作练习	207
三、知识拓展	209
思考与练习	210
参考文献	**211**

第1篇
车　　削

项目1　操作CA6140车床

一、相关知识

（一）车床种类及其应用

1. 车床的主要类型

车床的种类很多，按其用途和结构的不同，可分为下列几类：卧式车床、立式车床、转塔车床（六角车床）、多刀半自动车床、仿形车床及仿形半自动车床、单轴自动车床、多轴自动车床及多轴半自动车床、车削加工中心。

此外，还有各种专门化车床，例如凸轮轴车床、曲轴车床、铲齿车床等。

2. 卧式车床

卧式车床是一种品种较多的车床。根据对卧式车床功能要求的不同，这类车床可分为卧式车床（普通车床）、马鞍车床、精整车床、无丝杠车床、卡盘车床、落地车床和球面车床等。

卧式车床的加工工艺范围很广，能进行多种表面的加工，如图1-1所示，车削内外圆柱面、圆锥面、成形面、端面、各种螺纹、切槽、切断；也能进行钻孔、扩孔、铰孔和滚花等工作。

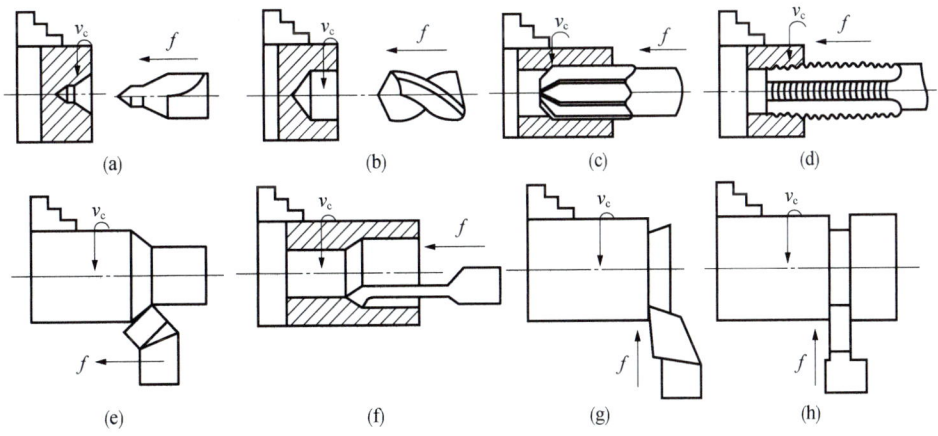

图1-1　卧式车床的加工工艺范围

(a) 钻中心孔；(b) 钻孔；(c) 铰孔；(d) 攻螺纹；(e) 车外圆；(f) 镗孔；(g) 车端面；(h) 车槽

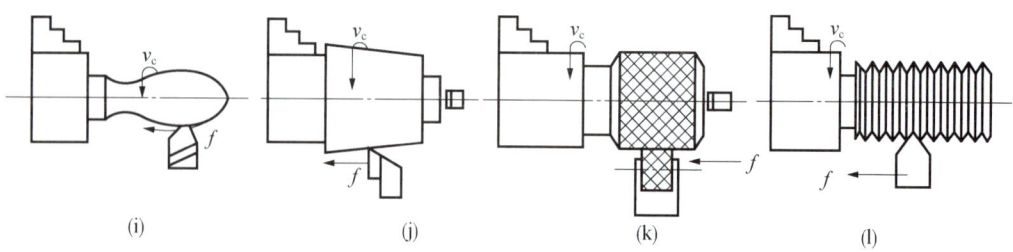

图 1-1 卧式车床的加工工艺范围（续）

(i) 车成形面；(j) 车圆锥；(k) 滚花；(l) 车螺纹

卧式车床的加工工艺范围广，生产效率低，适于单件小批量生产和修配车间。卧式车床主要是对各种轴类、套类和盘类零件进行加工。

3. CA6140 车床各部分的名称及功用

我国自行设计的 CA6140 型卧式车床是加工范围很广的万能型车床，其外形结构如图 1-2 所示，它的主要部件名称和用途如下：

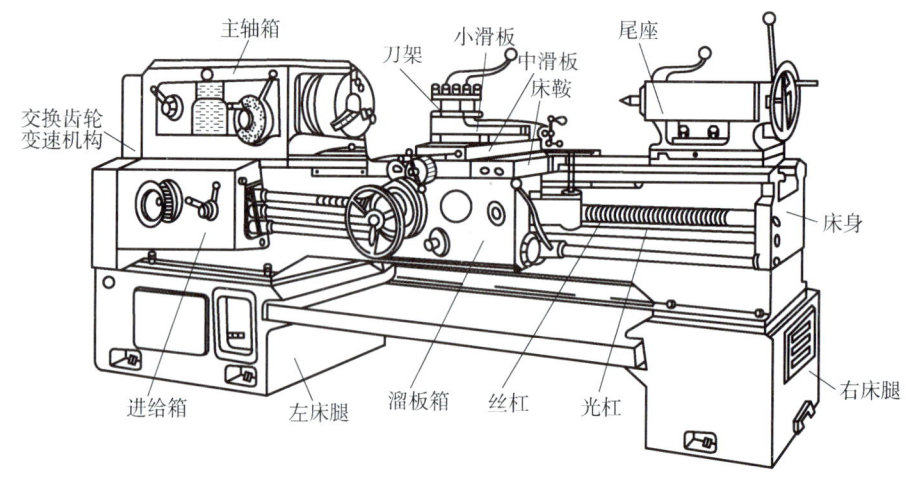

图 1-2 CA6140 型卧式车床

1）床身

床身固定在左、右床腿上，是车床的支承部件，用以支承和安装车床的各个部件，如主轴箱、溜板箱、尾座等，并保证各部件之间具有正确的相对位置和相对运动。床身上面有两组平行导轨——床鞍导轨和尾座导轨。

2）主轴箱

主轴箱安装在床身的左上部，箱内有主轴部件和主运动变速机构。调整变速机构可以获得合适的主轴转速。主轴是空心的，中间可以穿过棒料，是主运动的执行件。主轴的前端可以安装卡盘或顶尖等以装夹工件，实现主运动。

3）进给箱

进给箱安装在床身的左前侧，箱内有进给运动变速机构。主轴箱的运动通过挂轮变速机构传给进给箱，进给箱通过光杠或丝杠将运动传给溜板箱和刀架。

4）溜板箱

溜板箱安装在刀架部件底部，并通过光杠或丝杠接受进给箱传来的运动，将运动传给刀架部件，实现纵、横向进给或车螺纹运动。床身前方床鞍导轨下安装有长齿条，溜板箱中的小齿轮与其啮合，可带动溜板箱纵向移动。

5）刀架

刀架装在床身的刀架导轨上，由小滑板、中滑板、床鞍、方刀架组成。方刀架处于最上层，用于夹持刀具。小滑板在方刀架与中滑板之间，与中滑板以转盘相连，可在水平面一定角度内任意转动一个角度，调好方向后带动刀架实现斜向手动进给，用于加工锥体。中滑板处于小滑板与床鞍之间，可沿床鞍上面的导轨做横向自动或手动进给，当把丝杠螺母机构脱开后，用靠模法可自动加工锥体。床鞍处于中滑板与床身之间，可沿床身上的床鞍导轨纵向移动，以实现纵向自动或手动进给。

6）尾座

尾座通常安装在床身右上部，并可沿床身上的尾座导轨调整其位置，通过顶尖支承不同长度的工件。尾座可在其底板上做少量横向移动，通过调整位置，可以在用前、后顶尖支承的工件上车锥体。尾座孔内也可以安装钻头、丝锥、铰刀等刀具，进行内孔加工。

7）交换齿轮变速机构

交换齿轮变速机构装在主轴箱与进给箱的左侧，其内部的挂轮连接主轴箱和进给箱，当车削英制螺纹、径节螺纹、精密螺纹、非标准螺纹时需调换挂轮。

8）丝杠与光杠

丝杠与光杠的左端装在进给箱上，右端装在床身右前侧的挂角上，中间穿过溜板箱。通常丝杠主要用于车螺纹。

（二）车床安全操作常识

1）文明生产

文明生产是工厂管理的一项十分重要的内容，它直接影响产品质量的好坏，影响设备和工、夹、量具的使用寿命，影响操作工人技能的发挥。所以作为学生，从开始学习基本操作技能时，就应重视培养文明生产的良好习惯，以适应企业的需要。因此，要求操作者在操作时必须做到：

（1）开车前，应检查车床各部分机构是否完好，各传动手柄、变速手柄位置是否正确，以防开车时因突然撞击而损坏机床。启动后，应使主轴低速空转1~2 min，使润滑油散布到各需要之处（冬天更为重要），等车床运转正常后才能工作。

（2）工作中主轴需要变速时，必须先停车再变速。变换进给箱手柄位置要在低速时进行。使用电器开关的车床不准用正、反车作紧急停车，以免打坏齿轮。

（3）不允许在卡盘上及床身导轨上敲击或校直工件，床面上不准放置工具或工件。

（4）装夹较重的工件时，应该用木板保护床面。

（5）车刀磨损后，要及时刃磨，用磨钝的车刀继续切削，会增加车床负荷，甚至损坏机床。

（6）车削铸铁或气割下料的工件时，导轨上润滑油要擦去，工件上的型砂杂质应清除干净，以免磨坏床面导轨。

（7）使用切削液时，要在车床导轨上涂上润滑油。冷却泵中的切削液应定期调换。

（8）实习结束时，应清除车床上及车床周围的切屑及切削液，擦净后按规定在加油部位加上润滑油，将床鞍摇至床尾一端，各转动手柄放到空挡位置，关闭电源。

2）操作者应注意工、夹、量具及图样放置合理

（1）工作时使用的工、夹、量具以及工件应尽可能靠近和集中在操作者的周围。放置物件时，右手拿的放在右面，左手拿的放在左边；常用的放得近些，不常用的放得远些。物件放置应有固定的位置，使用后要放回原处。

（2）工具箱的布置要分类，并保持清洁、整齐。要小心使用的物体放置稳妥，重的东西放下面，轻的放上面。

（3）图样、操作卡片应放在便于阅读的部位，并注意保持清洁和完整。

（4）毛坯、半成品和成品应分开，并按次序整齐排列，以便安放或拿取。

（5）工作位置周围应经常保持整齐、清洁。

3）安全操作规程

操作时必须提高执行纪律的自觉性，遵守规章制度，并严格遵守安全技术要求：

（1）工作时应穿工作服，袖口应扎紧，女同学应戴工作帽，头发或辫子应塞入帽内，操作中不准戴手套。

（2）工作时注意头部与工件不能靠得太近，高速切削时必须戴防护眼镜。

（3）车床转动时，不准测量工件，不准用手去触摸工件表面。

（4）应该用专用的钩子清除切屑，不准用手直接清除。

二、操作练习

【任务1】 学会车床启动操作

（1）启动车床前，检查车床各变速手柄是否处于空挡位置，操纵杆是否处于停止位置，离合器是否处于正确位置，确认无误后，方可合上车床电源总开关。

（2）确认旋出车床床鞍上的红色停止按钮，按下车床床鞍上的绿色启动按钮，车床电动机启动。

（3）将溜板箱右侧的操纵杆手柄向上提起，主轴正转。操纵杆手柄有向上、中间、向下三个挡位，分别实现主轴的正转、停止、反转运动。

（4）如需较长时间停止主轴转动，必须按下床鞍上的红色停止按钮，电动机停止工作。如下班，则关闭车床电源总开关，车间断电。

安全注意事项：

主轴正、反转的转换要在主轴停止转动后进行，避免因连续转换操作使瞬间电流过大而发生电器故障。

【任务2】 学会主轴箱变速操作

不同型号、不同厂家生产的车床其主轴变速操作不尽相同，可参考相关车床说明书。CA6140车床主轴变速是通过改变主轴箱正面右侧的两个叠套手柄的位置来控制，前面的手柄控制6个挡位，每个挡位有4级转速，如选择其中某一转速是通过后面的手柄来控制，后面的手柄除有两个空挡外，共有四个挡位，用颜色来区分。只要将手柄位置拨到其所显示的颜色与前面手柄所处挡位上的转速数字所表示的颜色相同的挡位即可。主轴共有24级转速。

如图1-3所示。

车床主轴箱正面左侧的手柄主要用于螺纹的左、右旋向和加大螺距的调整。共有4个挡位，即左上挡为车削右旋螺纹，右上挡为车削左旋螺纹，左下挡为车削右旋加大螺距螺纹，右下挡为车削左旋加大螺距螺纹，其挡位如图1-4所示。

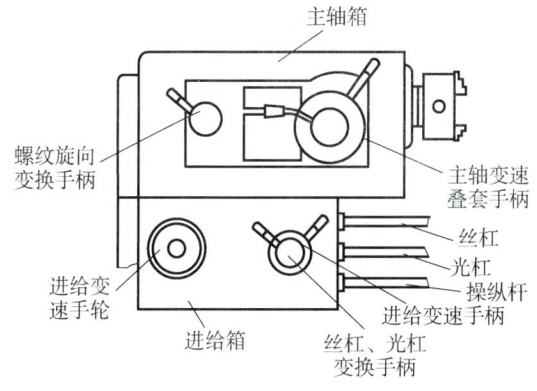

图1-3　车床主轴箱变速手柄

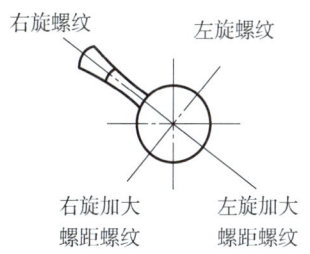

图1-4　主轴箱螺纹变换手柄

安全注意事项：

（1）车床主轴变换转速时，必须先停车。

（2）在调整变速手柄时，可手动低速旋转车床卡盘，同时进行变速，防止挡位不能完全调整到位。

【任务3】　学会进给箱变速操作

CA6140型车床进给箱正面左侧有一个手轮，手轮共有8个挡位，右侧有前、后叠装的两个手柄，前面的手柄有A、B、C、D四个挡位，是丝杠、光杠变换手柄，后面的手柄有Ⅰ、Ⅱ、Ⅲ、Ⅳ共4个挡位，与手轮配合使用，用以调整螺距和进给量。实际操作应根据加工要求调整所需螺距或进给量，可通过查找进给箱油池盖上的调配表来确定手轮和手柄的具体位置。

安全注意事项：

进给箱变速原则上必须先停车，再变速，但在低速运转时可不停车进行变速，高速运转时则必须先停车再变速。

【任务4】　学会溜板箱手动操作

（1）床鞍及溜板箱的纵向移动由溜板箱正面左侧的大手轮控制。当顺时针转动手轮时，床鞍右移，反之左移。

（2）中滑板手柄控制中滑板的横向移动和横向进给量。当顺时针转动手柄时，中滑板向远离操作者的方向移动，反之向靠近操作者的方向移动。

（3）小滑板在小滑板手柄控制下可作短距离的纵向移动。手柄作顺时针转动，则小滑板向左移动，反之向右移动。小滑板的分度盘在刀架需斜向进刀车削圆锥体时，可顺时针或逆时针地在90°范围内偏转所需角度，使用时，先松开前后锁紧螺母，转动小滑板至所需角度位置后，再拧紧螺母将小滑板固定。

（4）溜板箱正面的大手轮轴上的刻度盘圆周等分300格，每转过1格，表示床鞍及溜板箱纵向移动 1 mm。中滑板丝杠上的刻度盘圆周等分 100 格，手柄每转过 1 格，中滑板横向移动 0.05 mm。小滑板丝杠上的刻度盘圆周等分 100 格，手柄每转过 1 格，小滑板纵向（或斜向）移动 0.05 mm。

安全注意事项：

①用左、右手分别摇动床鞍和中、小滑板，要求操作熟练，床鞍和中、小滑板的移动平稳、均匀。同时注意进退刀时各自手柄的摇动方向。

②在利用床鞍或中、小滑板进刀时，注意消除各自丝杠间隙。

【任务 5】 学会溜板箱机动操作

（1）CA6140 型车床的溜板箱右侧有一个带十字槽的扳动手柄，是刀架实现纵、横向机动进给和快速移动的集中操作机构。手柄扳动方向与刀架运动方向一致，操作简单、方便。手柄顶部有一个快进按钮，是用来控制接通快速电动机的按钮。手柄可沿十字槽纵、横向扳动时，在十字槽中间位置时，停止机动进给。当手柄纵向或横向扳动时，床鞍或中滑板按手柄扳动方向做纵向或横向机动移动，同时按下快进按钮，快速电动机工作，床鞍或中滑板按手柄扳动方向作纵向或横向快速移动，松开按钮，快速电动机停止转动，快速移动中止。

（2）溜板箱正面右侧有一开合螺母操作手柄，专门控制丝杠与溜板箱之间的联系。一般情况下，车削非螺纹表面时，丝杠与溜板箱之间无运动联系，开合螺母处于开启状态，手柄位于上方；当需要车削螺纹时，顺时针方向扳下开合螺母手柄，使开合螺母闭合并与丝杠啮合，将丝杠的运动传递给溜板箱，使溜板箱按预定的螺距（或导程）做纵向进给。车完螺纹后，应立即将开合螺母手柄扳回原位。

安全注意事项：

（1）在自动进给时，操作者思想要集中，当床鞍快进并靠近主轴箱或尾座、中滑板伸出床鞍足够远时，应立即松开快进按钮，停止快速进给，以免出现碰撞等事故。

（2）车床运转操作时，转速要慢，注意防止左右前后碰撞，以免发生事故。

（3）在练习使用开合螺母时，检查并调整正确进给箱各变换手柄，扳下和抬起开合螺母手柄应迅速、果断。

【任务 6】 学会尾座操作

尾座如图 1-5 所示。

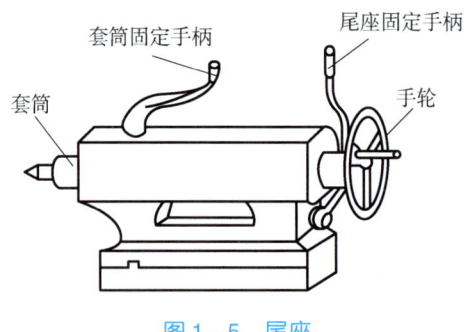

图 1-5 尾座

（1）顺时针方向松开尾座固定手柄，通过手动尾座可在床身导轨上纵向移动，当移至合适位置时，逆时针方向扳动固定手柄，将尾座固定。

（2）松开尾座固定手柄，均匀摇动尾座手轮，套筒做进、退移动，当移至合适位置时，顺时针方向转动套筒固定手柄，将套筒固定。

（3）在安装后顶尖时，擦净尾座套筒内孔和顶尖锥柄；松开套筒固定手柄，摇动手轮使套筒后退并退出后顶尖。

安全注意事项：
①移动尾座时，用力不要过大，防止出现意外。
②在使用尾座固定手柄和套筒固定手柄时，不可在固定状态下强行移动尾座或套筒，防止损坏尾座。

【任务7】 学会车床的日常保养

为了使车床在工作中减少机件磨损，保持车床的精度，延长车床的使用寿命，必须对车床进行日常维护与保养，尤其是要对车床的所有摩擦部位进行润滑。

1）车床润滑的几种方式

（1）浇油润滑。通常用于外露的滑动表面，如床身导轨面和滑板导轨面等。

（2）溅油润滑。通常用于密封的箱体中，如车床的主轴箱，它利用齿轮转动把润滑油飞溅到各处进行润滑。

（3）油绳导油润滑。通常用于车床进给箱的溜板箱的油池中，它利用毛线吸油和渗油的能力，把润滑油慢慢地引到所需要的润滑处，如图1-6（a）所示。

（4）弹子油杯注油润滑。通常用于尾座和滑板摇手柄转动的轴承处。注油时，以油嘴把弹子掀下，滴入润滑油，如图1-6（b）所示。使用弹子油杯的目的，是为了防尘防屑。

（5）黄油（油脂）杯润滑。通常用于车床挂轮架的中间轴。使用时，先在黄油杯中装满工业油脂，当拧进油杯盖时，油脂就挤进轴承套内，比加机油方便。使用油脂润滑的另一特点是：存油期长，不需要每天加油，如图1-6（c）所示。

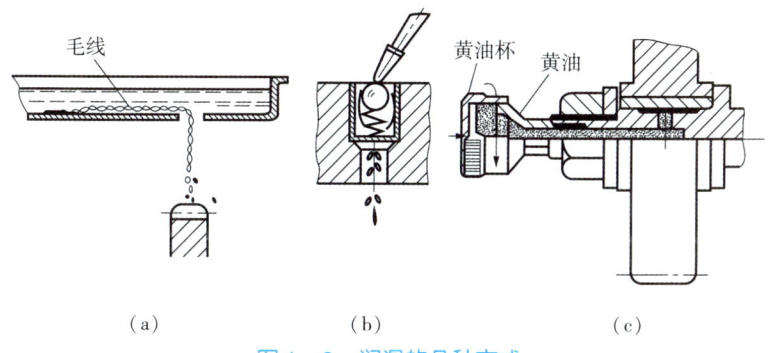

图1-6 润滑的几种方式
（a）油绳导油；（b）弹子油杯注油；（c）黄油杯

（6）油泵输油润滑。通常用于转速高、润滑油需要量大的机构中，如车床的主轴箱一般都采用油泵输油润滑。

2）车床的润滑系统

如图1-7是CA6140型卧式车床的润滑系统图，图中润滑部位用数字标出，除所注②处的润滑部位是用2号钙基润滑脂进行润滑外，其余各部位都用机油润滑。图中㉚表示每班加一次30号机油，图中$\frac{30}{7}$，分子表示油类号为30号机油，分母表示两班制工作时换油间隔天数为7天。换油时，应将废品油放尽，然后用煤油把箱体内冲洗干净，再注入新机油，注油时应用网过滤，且油面不得低于油标中心线。

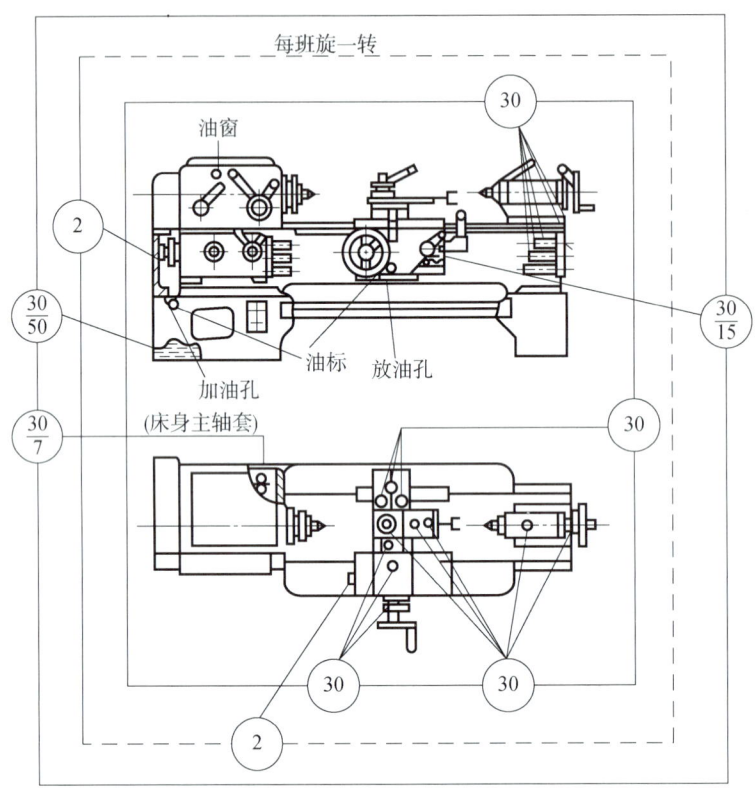

图 1-7 车床润滑部位

3) 车床的日常维护保养内容

(1) 每班工作后应擦净车床导轨面（包括中滑板和小滑板），要求无油污、无铁屑，并浇油润滑，使车床外表清洁。

(2) 每班工作结束后清扫切屑盘及车床周围场地，保持场地清洁。

(3) 每周要求车床三个导轨面及转动部位清洁、润滑，油眼畅通，油标油窗清晰，清洗护床油毛毡，并保持车床外表清洁和场地整齐等。

通常车床运行 500 h 后，需要进行一级保养。一级保养工作以操作工人为主，在维修人员配合下进行。保养时，必须先切断电源，以确保安全，见表 1-1。

表 1-1 车床的一级保养

序号	保养内容	保养操作说明
1	外表保养	1. 清洗车床外表面及各罩盖，保持其清洁、无锈蚀、无油污 2. 清洗丝杠、光杠和操纵杆 3. 检查并补齐各螺钉、手柄等
2	主轴箱保养	1. 拆下滤油器并进行清洗，使其无杂物并进行复装 2. 检查主轴，其锁紧螺母应无松动现象，紧定螺钉应拧紧 3. 调整离合器摩擦片间隙及制动器

续表

序号	保养内容	保养操作说明
3	交换齿轮箱保养	1. 清洗齿轮、轴套等，并在黄油杯中注入新油脂 2. 调整齿轮啮合间隙 3. 检查轴套有无晃动现象
4	刀架和滑板保养	1. 拆下方刀架清洗 2. 拆下中、小滑板丝杠、螺母、镶条进行清洗 3. 拆下床鞍防尘油毛毡进行清洗、加油和复装 4. 中滑板丝杠、螺母、镶条、导轨加油后复装，调整镶条间隙和丝杠螺母间隙 5. 小滑板丝杠、螺母、镶条、导轨加油后复装，调整镶条间隙和丝杠螺母间隙 6. 擦净方刀架底面、涂油、复装、压紧
5	尾座保养	1. 拆下尾座套筒和压紧块，进行清洗、涂油 2. 拆下尾座丝杠、螺母进行清洗、加油 3. 清洗尾座并加油 4. 复装尾座部分并加油
6	润滑系统保养	1. 清洗冷却泵、滤油器和盛液盘 2. 检查并保证油路畅通无阻，油孔、油绳、油毡应清洁无切屑 3. 检查油质应保持良好，油杯齐全、油窗明亮
7	电器保养	1. 清扫电器箱、电动机 2. 电器装置固定整齐
8	清理车床附件	中心架、跟刀架、配换齿轮、卡盘等擦洗干净，摆放整齐

【任务8】 学会选用切削液

工件在切削过程中会产生大量的热量，特别是在车刀切削的区域温度很高，切削区域的高温会使工件产生变形甚至表面烧伤，使刀具硬度降低而加剧磨损，缩短其使用寿命。同时切削热也可能使已加工表面组织和应力发生变化，影响已加工表面质量。因此，在车削加工过程中合理选择切削液很重要。

1) 切削液的作用

（1）冷却作用。切削液又叫冷却润滑液，它能吸收并带走切削区大量的热量，降低刀具和工件的温度，从而延长刀具的使用寿命，并能防止工件因热变形而产生的尺寸误差。

（2）润滑作用。切削液能渗透到刀具与切屑、加工表面之间形成润滑膜或化学吸附膜，减小摩擦。其润滑性能取决于切削液的渗透能力、形成润滑膜的能力和强度。

（3）清洗作用。切削液可以冲走切削区域和机床上的细碎切屑和脱落的磨粒，防止划伤已加工表面和导轨。清洗性能取决于切削液的流动性和使用压力。

（4）防锈作用。在切削液中加入防锈剂，可在金属表面形成一层保护膜，起到防锈作用。防锈作用的强弱，取决于切削液本身的成分和添加剂的作用。

2) 切削液的分类

（1）乳化液。主要起冷却作用，它是把乳化油用15～20倍的水稀释而成，使用这类切削液主要是为了冷却刀具和工件，延长刀具寿命，减少热变形。

（2）切削油。主要起润滑作用，它的主要成分是矿物油，如10号、20号机油及煤油等，少数采用动植物油，如猪油、菜籽油等。

3）切削液的选用

切削液应根据加工性质、刀具材料、工件材料和工艺要求等具体情况合理选用。

（1）从加工性质考虑。粗加工时加工余量和切削用量较大，产生大量的切削热，一般采用以冷却为主的乳化液；精加工主要保证工件的精度和表面质量，一般多采用以润滑为主的切削油。

（2）从刀具材料考虑。高速钢刀具一般应采用切削液；硬质合金刀具一般不用切削液，必要时应充分地、连续地浇注，以免冷热不匀而使刀具脆裂。

（3）从工件材料考虑。切削钢件一般需用切削液；切削铸铁、铜及铝等脆性金属时，由于切屑碎末会堵塞冷却系统，一般不用切削液，如需要提高表面质量可用煤油；切削镁合金材料不得用任何切削液，以免燃烧起火。

4）切削液的加注方法

（1）浇注法。使用方便、广泛，但冷却效果差，切削液消耗量较大。

（2）喷雾法。此时切削液经雾化后，雾状液体在高温的切削区域很快被汽化，因而冷却效果显著，切削液消耗较少。

（3）高压法。当加工深孔或较难加工材料时，用此法较好。

三、知识拓展

（一）机械加工的定义

机械加工是一种使用加工机械对工件的外形、尺寸、表面质量或性能进行改变的过程。切削加工是机械制造中最主要的加工方法。

（二）机械加工的分类

按照加工时被加工工件温度的不同，机械加工可分为冷加工和热加工。在金属工艺学中，冷加工和热加工不是根据材料变形时是否加热来区分的，而是根据变形时的温度处于再结晶温度以上还是以下来划分的。冷加工一般是指低于金属的再结晶温度下的机械加工；热加工一般是指在高于金属的再结晶温度下的机械加工，以改变金属的组织结构，改善零件的机械性能，如热处理、锻造、铸造、焊接和粉末冶金等。

冷加工按照加工方式的不同分为切削加工和压力加工。切削加工是指使用切削工具（包括刀具、磨具和磨料），在切削工具和工件的相对运动中，把坯料或工件上多余的材料层切除成为切屑，使工件获得规定的几何形状、尺寸和表面质量的加工方法。常用的切削加工方法有钳加工、车削加工、钻削加工、铣削加工、镗削加工、磨削加工、刨削加工、拉削加工、锯切加工等。常用的压力加工方法有冷轧、冷拔、冷锻、冷挤压、冲压等。

冷加工在使金属成形的同时，通过加工硬化提高了金属的强度和硬度。本书主要介绍冷加工中的车削加工、铣削加工、磨削加工。

1. 冷加工（机械加工）类

1）钳加工

一般情况下钳工要完成不适宜采用机械加工方法的工作。钳加工通常是指钳工采用手工方法，在台虎钳上进行操作的一种加工方法。

钳加工主要包括：划线、錾削、锯割、锉削、钻孔、扩孔、锪孔、铰孔、攻螺纹和套螺纹、刮削、研磨、测量、装配和修理等。

钳加工按专业工作的主要对象不同可分为普通钳加工、装配钳加工、模具钳加工和修理钳加工等。

2）车削加工

车削加工是一种应用最广泛、最典型的对工件的旋转表面进行切削加工的加工方法。车床按结构及其功用可分为卧式车床、立式车床、转塔车床（六角车床）、仿形车床、数控车床等。

车削加工主要包括：车削外圆、内孔、端面、沟槽、切断、车圆锥面、螺纹、滚花、车成形面等，能进行钻孔、扩孔、铰孔和滚花等工作。

3）铣削加工

铣削加工也是一种应用很广泛的加工方法，可以对工件的各种平面和曲面进行切削加工。

铣削加工主要包括：铣削平面、台阶面、沟槽（键槽、T形槽、燕尾槽、螺旋槽）以及成形面等。

铣床按结构及其功用可分为：普通卧式铣床、普通立式铣床、万能铣床、工具铣床、龙门铣床、数控铣床、特种铣床等。

4）磨削加工

磨削加工主要包括：磨削平面、外圆、内孔、圆锥、槽、斜面、花键、螺纹、特种成形面等。

常用的磨床有普通平面磨床、外圆磨床、内圆磨床、万能磨床、工具磨床、无心磨床以及数控磨床、特种磨床等。

5）刨削加工

刨削加工主要包括：刨削平面、垂直面、斜面、沟槽、V形槽、燕尾槽、成形面等。

常用的刨削机床有普通牛头刨床、液压刨床、龙门刨床和插床等。

2. 热加工类

1）热处理

热处理是指工人操作热处理设备对金属材料进行热处理加工的一种方法。通过热处理可改变金属材料的内部组织，从而改善材料的工艺性能和使用性能，所以热处理在机械制造业中占有很重要的地位。

根据热处理工艺的不同，一般可将热处理分成整体热处理、表面热处理、化学热处理和其他热处理四类。

2）锻造

锻造是利用锻造方法使金属材料产生塑性变形，从而获得具有一定形状、尺寸和机械性能的毛坯或零件的加工方法。

锻造主要包括：毛坯剁料、镦粗、冲孔、成型等。

锻造可分为自由锻和模锻两大类。

3) 铸造

铸造是指熔炼金属、制造铸型,并将熔融金属浇入铸型,凝固后获得一定形状尺寸和性能的金属铸件的工作。

常见的铸造种类有:砂型铸造、失蜡铸造、失模铸造、金属砂型铸造以及压力铸造、离心铸造等。

4) 焊接

焊接是指通过加热、加压或两者并用,也可用填充材料,使连接件之间的金属分子在高温下结合成整体的一种加工方法。

5) 粉末冶金

粉末冶金是指将金属粉末制备成一定的形状,然后进行成形和烧结制成材料或制品的加工方法。

(三) 其他车床简介

1. 立式车床

立式车床用于加工径向尺寸大而轴向尺寸相对较小且形状比较复杂的大型和重型零件。如图1-8所示为立式车床,其中图(a)所示为单柱式,图(b)所示为双柱式,前者用于加工直径小于1.6 m的零件,后者可加工直径大于2 m的零件。

立式车床在结构布局上的主要特点是主轴垂直布置,工作台面水平布置,以使工件的装夹和找正都比较方便,而且工件及工作台的重量能均匀地作用在工作台导轨或推力轴承上,机床易于长期保持工作精度。

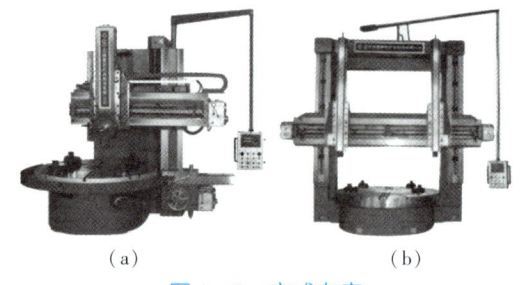

图1-8 立式车床
(a) 单柱式;(b) 双柱式

立式车床的工作台装在底座上,工件装夹在工作台上并由工作台带动做旋转主运动。进给运动由垂直刀架和侧刀架来实现。侧刀架可在立柱的导轨上移动做垂直进给,还可沿刀架滑座的导轨做横向进给。垂直刀架可沿其刀架滑座的导轨做垂直进给,而且中小型立式车床的一个垂直刀架上通常带有转塔刀架。横梁沿立柱导轨上下移动,以适应加工不同高度工件的需要。

2. 六角车床

成批生产时,为了提高劳动生产率而在车床上安装更多的刀具,对形状较为复杂的零件进行顺次切削。因此,在普通车床的基础上发展了六角车床,它的主要特点是,用六角转塔刀架代替了普通车床的尾架。加工前,可事先按工艺要求将被加工零件所需要的刀具全部安装在转塔刀架和横刀架相应的位置上,并且按工件的尺寸要求调整好刀具间的相对位置,用行程挡块控制行程的大小。这样,在完成一个零件的加工循环中不再像普通车床上那样反复地更换刀具或反复试切、测量而节省了辅助时间。所以六角车床的生产率比普通车床高得多。

六角车床按其六角刀架形式的不同可分为转塔式六角车床和回轮式六角车床。如图1-9

所示是转塔式六角车床的外形图。它具有转塔刀架 4 和前刀架 3。转塔刀架可绕垂直轴线转动以便更换刀具并能精确可靠地定位。同时转塔刀架又可沿床身导轨作纵向进给,以进行外圆车削、钻孔、扩孔、铰孔、镗孔等工作。前刀架 3 既可做横向进给又可做纵向进给运动。它用来车削较大的外圆和端面、切槽、切断等工作。在六角车床上没有丝杠,加工螺纹时一般采用丝锥或板牙。

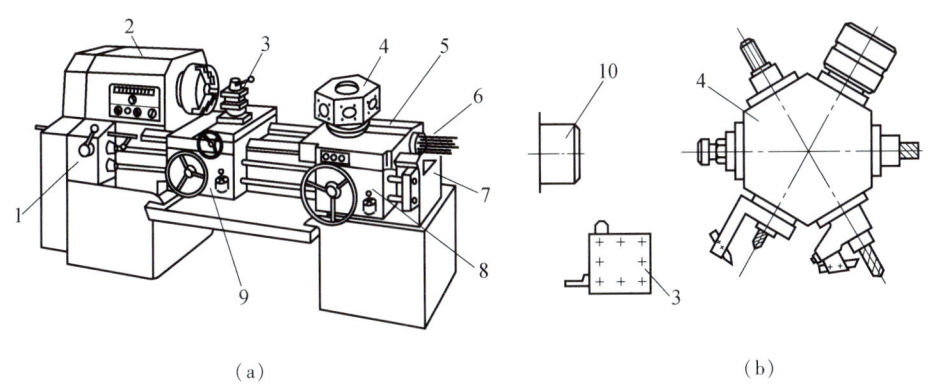

图 1-9　转塔式六角车床

1—进给箱；2—主轴箱；3—前刀架；4—转塔刀架；5—纵向溜板；6—定程装置；
7—床身；8—转塔刀架溜板箱；9—前刀架溜板箱；10—主轴

如图 1-10 所示是回轮式六角车床的外形图。回轮式六角车床与转塔式六角车床的主要不同点是以绕水平轴线旋转的回轮刀架 4 代替了转塔刀架。在回轮刀架的端面上,有许多安装刀具的孔,可以根据需要安装不同的几组刀具。回轮式六角车床更适于加工棒料且直径较小的工件。

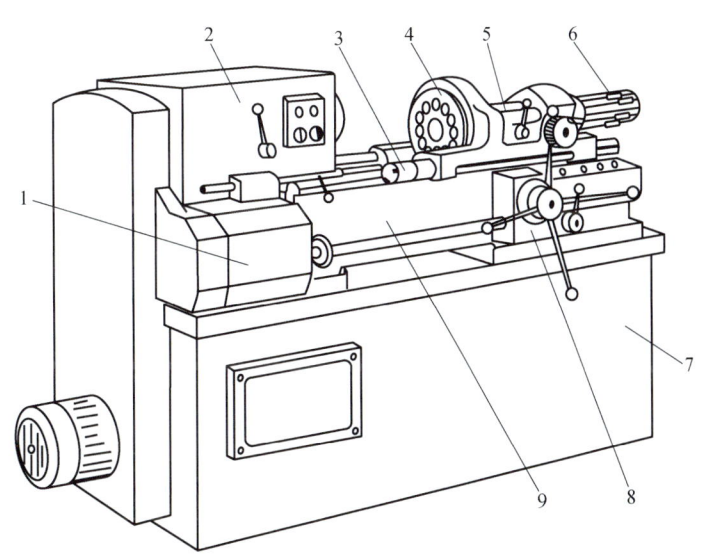

图 1-10　回轮式六角车床

1—进给箱；2—主轴箱；3—刚性纵向定程机构；4—回轮刀架；
5—纵向刀具溜板箱；6—纵向定程机构；7—底座；8—溜板箱；9—床身

思考与练习

1. 按车床的用途和结构分类，车床可分几类？
2. 卧式车床可加工工件的哪些表面？
3. 简述 CA6140 车床各部分的名称及其功用。
4. 简述车床安全操作常识。

项目2 刃磨外圆车刀

一、相关知识

(一) 常用车刀类型及选用

1. 常用车刀

车刀是车削加工使用的刀具。车刀的种类很多,按结构分,有整体式车刀、焊接式车刀、机夹(重磨式、可转位式)车刀等,如图2-1所示。按用途分,有外圆车刀、端面车刀、螺纹车刀、镗孔车刀、切断刀和成形车刀等,如图2-2所示。目前常用的车刀材料(切削部分)有硬质合金和高速钢两大类。其中硬质合金是目前应用最广泛的一种车刀材料。它的硬度、耐磨性和耐热性均高于高速钢,其缺点是韧性较差,承受不了大的冲击力。

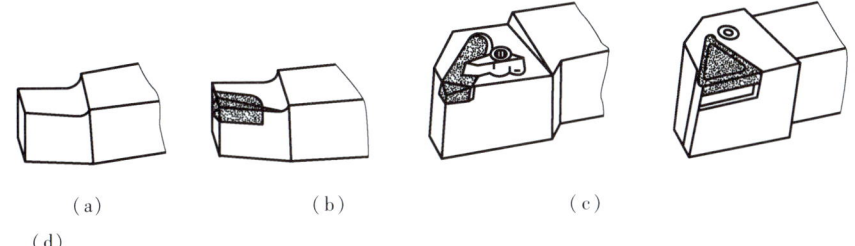

图2-1 车刀的类型(一)

(a) 整体式车刀;(b) 焊接式车刀;(c) 机夹重磨车刀;(d) 可转位车刀

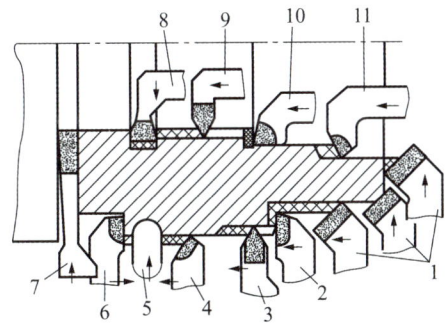

图2-2 车刀的类型(二)

1—45°弯头车刀;2—90°右外圆车刀;3—外螺纹车刀;4—75°外圆车刀;5—成形车刀;
6—90°左外圆车刀;7—车槽刀;8—内孔车槽刀;9—内螺纹车刀;10—盲孔车刀;11—通孔镗刀

以下将简单介绍常用的车刀类型：

1) 焊接式车刀

这种车刀是将硬质合金用焊接的方法固定在刀体上，如外圆车刀、内孔车刀、车槽刀、螺纹车刀等。它的优点是结构简单紧凑、刚性好、抗震性好、使用灵活、制造方便；缺点是受焊接应力的影响，降低了刀具材料的使用性能，有的甚至会产生裂纹。焊接车刀刀杆常用中碳钢制造，截面有矩形、方形和圆形三种。普通车床多采用矩形截面，当切削力较大时（尤其是进给抗力较大时），可采用方形截面，圆形刀杆多用于内孔车刀。焊接式硬质合金车刀如图2-3所示，常用焊接刀片形式如图2-4所示。

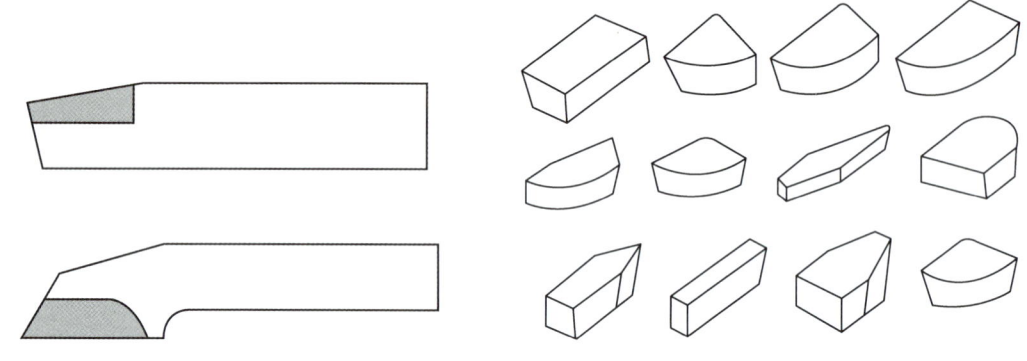

图2-3 焊接式硬质合金车刀　　　　图2-4 常用焊接刀片形式

2) 机械夹固式车刀

机械夹固式车刀简称机夹式车刀，根据使用情况不同又可分为机夹重磨车刀和机夹可转位车刀。机夹重磨车刀采用普通刀片，用机械夹固的方式将其夹持在刀杆上，这种车刀当切削刃磨钝后，把刀片重磨一下，并适当调整位置即可继续使用。机夹可转位车刀又称机夹不重磨车刀，采用机械夹固的方法将可转位刀片夹紧并固定在刀杆上，刀片夹紧方式如图2-5所示，刀片上有多个刀刃，当一个刀刃用钝后不需重磨，只要将刀片转过一个角度即可用新的切削刃继续切削，生产效率高。

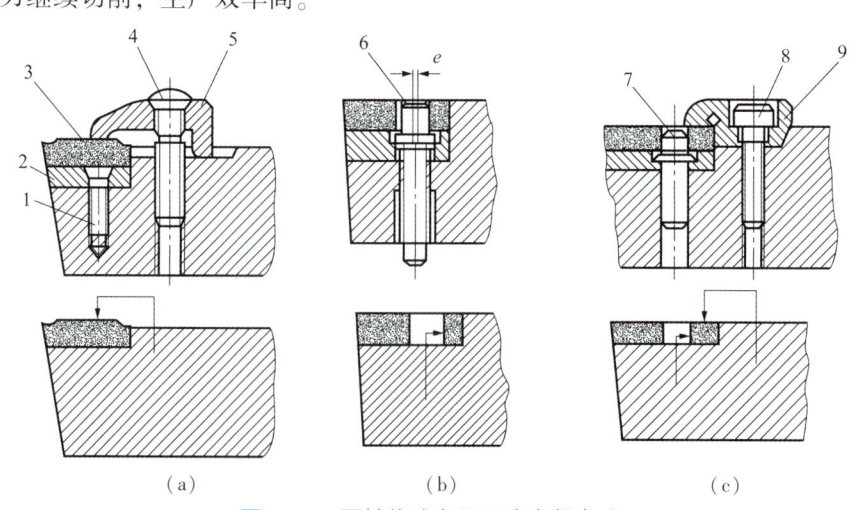

图2-5 可转位式车刀刀片夹紧方式

(a) 上压式夹紧；(b) 偏心式夹紧；(c) 综合式夹紧

1—螺钉；2—刀垫；3—刀片；4—夹紧螺钉；5—压板；6—螺钉偏心柱；7—柱销；8—夹紧螺钉；9—压板

3）成形车刀

成形车刀是加工回转体成形表面的专用刀具，其刃形根据工件廓形设计，可用在各类车床上加工内、外回转体的成形表面。

根据刀具结构形状的不同，生产中最常用的是下面三种沿工件径向进给的正装成形车刀，如图 2-6 所示。

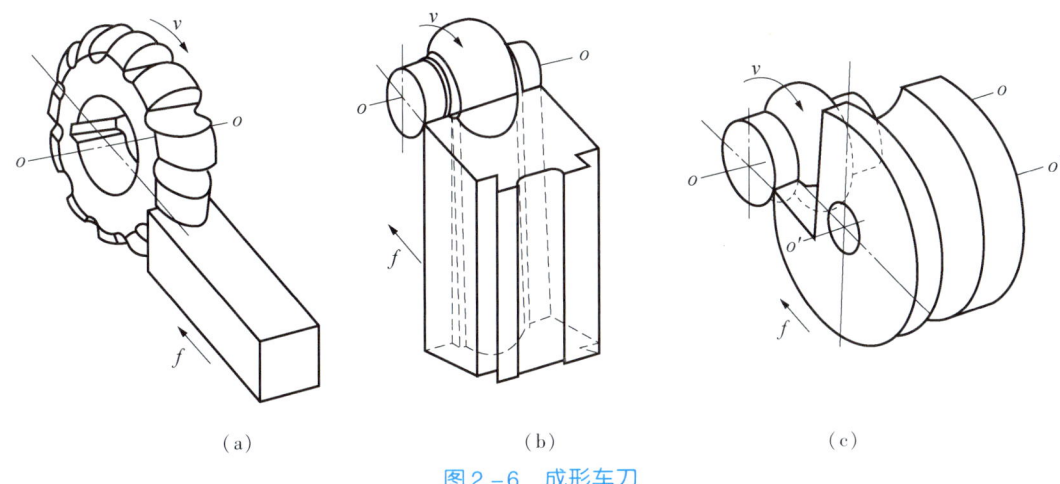

图 2-6 成形车刀
(a) 圆体；(b) 棱体；(c) 平体

(1) 平体成形车刀。它除了切削刃具有一定形状要求外，刀体结构与普通车刀相同，制造简单。但重磨次数少，刚性较差。

(2) 棱体成形车刀。刀体为棱柱体，刚性好，可重磨次数比平体的多。但制造较复杂，且只能加工外成形表面。

(3) 圆体成形车刀。刀体外形呈回转体。它允许的重磨次数最多，制造比棱体刀容易，且可加工内、外成形表面。

成形车刀通常是通过专用刀夹装夹在机床上的。如图 1-17 所示为棱体和圆体成形车刀常用的两种装夹方法。

棱体成形车刀如图 2-7（a）所示，以燕尾的后平面作为定位基准装夹在刀夹的燕尾槽内，并用螺钉及弹性槽夹紧。车刀下端的螺钉可用来调整基点的位置与工件中心等高，同时可增加刀具工作时的刚性。

圆体成形车刀 3 如图 2-7（b）所示，以内孔为定位基准套装在心轴 1 上，并通过销子 2 与端面齿环 4 相连，以防车刀工作时受力而转动。将齿环 4 与圆体刀一起相对扇形板 5 转动，并与扇形板端面齿咬合，可粗调刀具基点的高度。扇形板同时与蜗杆 9 啮合，转动蜗杆可微调刀具基点的高低。调整完毕，用夹紧螺母 7 将刀夹固定在刀夹中。

2. 车刀的常用材料

车刀切削部分在车削过程中承受着很大的切削力和冲击，并且在很高的切削温度下工作，连续地经受着强烈的摩擦，所以车刀切削部分的材料必须具备硬度高、耐磨、耐高温、强度好和坚韧等性能。

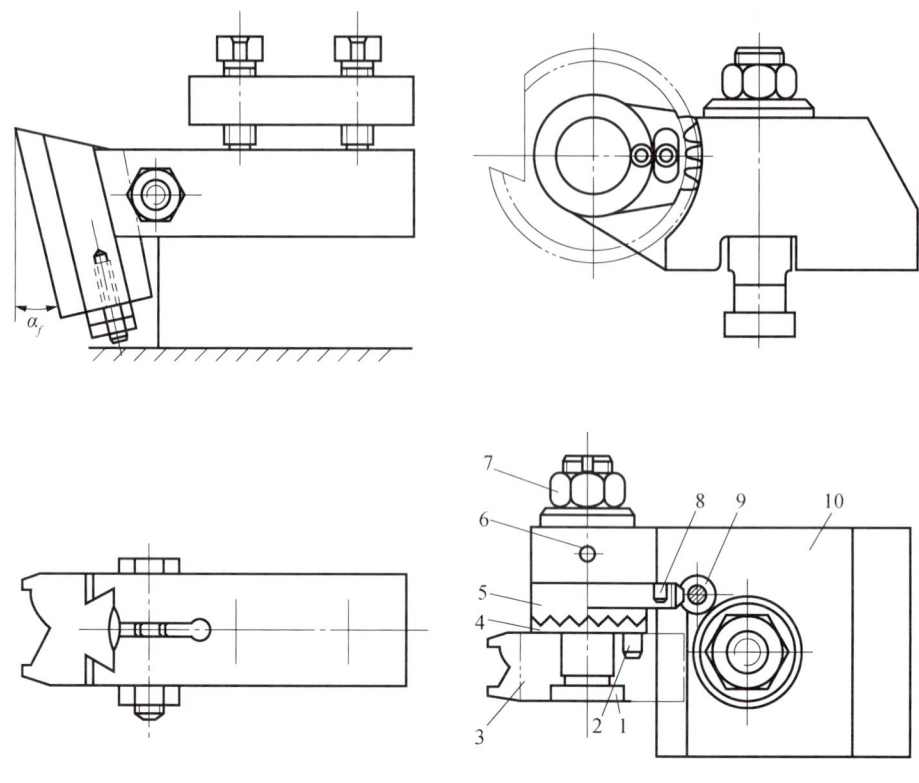

图 2-7 成形车刀的装夹

(a) 棱体刀的装夹；(b) 圆体刀的装夹

1—心轴；2—销子；3—圆体刀；4—齿环；5—扇形板；6—螺钉；7—夹紧螺母；8—销子；9—蜗杆；10—刀夹

目前常用的车刀材料主要有高速钢和硬质合金两大类。

1）高速钢

高速钢是一种含有高成分钨和铬、钒的合金钢。高速钢刀具制造简单，刃磨方便，容易磨得锋利，而且韧性较好，能承受较大的冲击力，因此常用于加工一些冲击力较大、形状不规则的工件。高速钢也常作为精加工车刀（如宽刃大进给的车刀、梯形螺纹精车刀等）以及成形车刀的材料。但高速钢的耐热性较差，因此不能用于高速切削。常用的高速钢牌号有 W18Cr4V、W6Mo5Cr4V2。

2）硬质合金

硬质合金是用钨和钛的碳化物粉末加钴作为结合剂，高压压制后再经高温烧结而成的。硬质合金能耐高温，即使在 1 000 ℃ 左右仍能保持良好的切削性能。常温下硬度很高，而且具有一定的使用强度。缺点是韧性较差、性脆、怕冲击。但这一缺陷，可通过刃磨合理的刀具角度来弥补。所以硬质合金是目前最广泛应用的一种车刀材料。硬质合金按其成分不同，主要有钨钴合金和钨钛钴合金两大类。

（二）车刀的几何角度对加工的影响

车刀是形状最简单的单刃刀具，其他各种复杂刀具都可以看做是车刀的组合和演变，有关车刀角度的定义，均适用于其他刀具。

1. 车刀的组成

车刀由刀头（或刀片）和刀杆两部分组成。刀杆用于把车刀装夹在刀架上；刀头部分担负切削工作，所以又称切削部分。车刀的刀头由三面二刃一尖组成，具体情况见表2-1。

表2-1　车刀的三面二刃一尖

三面二刃一尖	图例	说明
前刀面	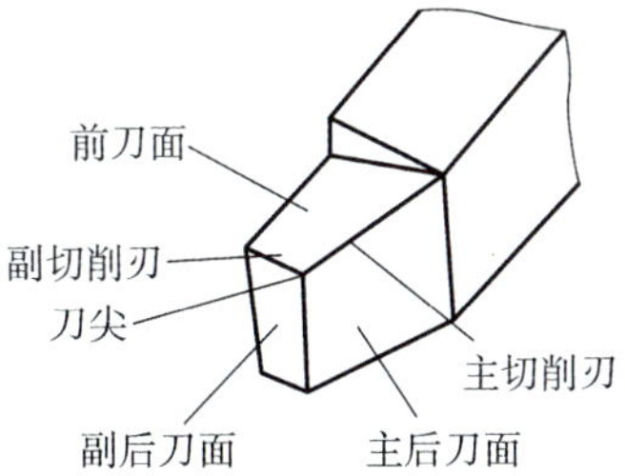	刀具上切屑流过的表面。
主后刀面		同工件上加工表面互相作用和相对着的刀面
副后刀面		同工件上已加工表面互相作用和相对着的刀面
主切削刃		前刀面和后刀面的相交部位。它担负着主要的切削工作
副切削刃		前刀面和副后刀面的相交部位。它配合主切削刃完成切削工作
刀尖		主切削刃和副切削刃的连接部位。为了提高刀尖的强度和使车刀耐用，很多刀在刀尖处磨出圆弧形或直线形过渡刃

2. 车刀的主要角度

以外圆车刀为例，车刀的主要角度和作用见表2-2。

表2-2　车刀的主要角度和作用

示意图	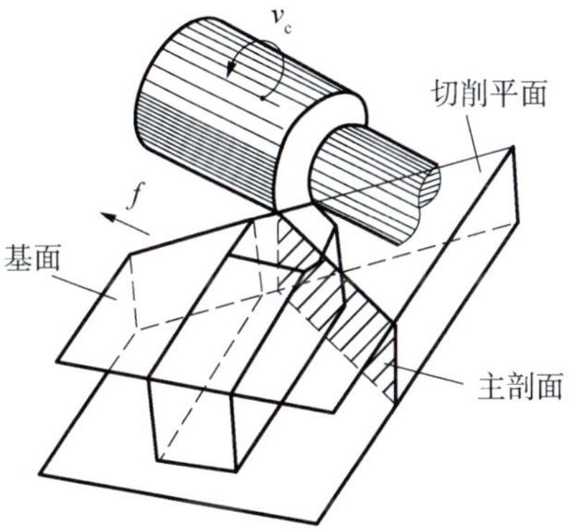 确定车刀角度的辅助平面图	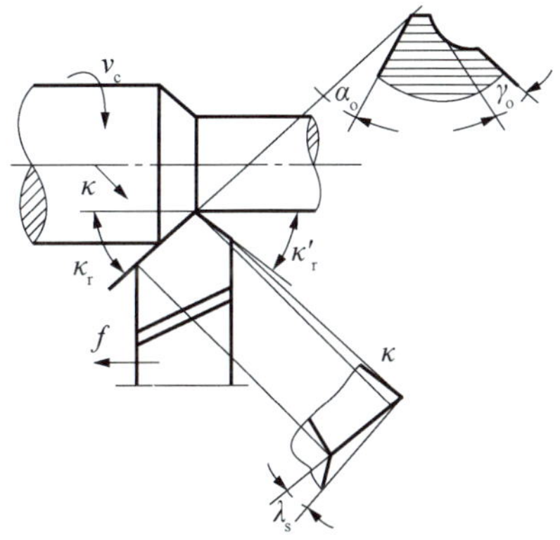 车刀的主要角度
在正交平面内测量的角度	前角（γ_o）	前刀面与基面之间的夹角	前角影响刃口的锋利和强度、影响切削变形和切削力。增大前角能使车刀刃口锋利，减少切削变形，可使切削省力，并使切屑容易排出
	后角（α_o）	主后刀面与切削平面之间的夹角	减少车刀主后刀面与工件之间的摩擦

续表

在基面内测量的角度	主偏角（κ_r）	主切削刃在基面上的投影与进给方向之间的夹角	改变主切削刃和刀头的受力情况和散热情况
	副偏角（κ'_r）	副切削刃在基面上的投影与背进给方向之间的夹角	减少副切削刃与工件已加工表面之间的摩擦
在切削平面内测量的角度	刃倾角（λ_s）	主切削刃与基面之间的夹角	控制切屑的排出方向，当刃倾角为负值时，还可增加刀头强度和当车刀受冲击时保护刀尖

3. 车刀的主要角度对加工的影响

车刀的角度是在切削过程中形成的，它们对加工质量和生产率等起着重要作用。

1）前角 γ_o

前刀面与基面之间的夹角，表示前刀面的倾斜程度。前角可分为正、负、零，前刀面在基面之下则前角为正值，反之为负值，相重合为零。一般所说的前角是指正前角。

前角的作用：增大前角可使刀刃锋利、切削力降低、切削温度降低、刀具磨损减小、表面加工质量提高等。但过大的前角会使刃口强度降低，容易造成刃口损坏。

选择原则：用硬质合金车刀加工钢件（塑性材料等）时，一般选取 $\gamma_o = 10° \sim 20°$；加工灰铸铁（脆性材料等）时，一般选取 $\gamma_o = 5° \sim 15°$。精加工时，可取较大的前角，粗加工应取较小的前角。工件材料的强度和硬度大时，前角取较小值，有时甚至取负值。

2）后角 α_o

主后刀面与切削平面之间的夹角，表示主后刀面的倾斜程度。

后角的作用：减少主后刀面与工件之间的摩擦，并影响刃口的强度和锋利程度。选择原则：一般后角可取 $\alpha_o = 6° \sim 8°$。

3）主偏角 κ_r

主切削刃与进给方向在基面上投影间的夹角，如图 2-8 所示。

主偏角的作用：影响切削刃的工作长度、切深抗力、刀尖强度和散热条件。主偏角越小，则切削刃工作长度越长，散热条件越好，但切深抗力越大，如图 2-9 所示。

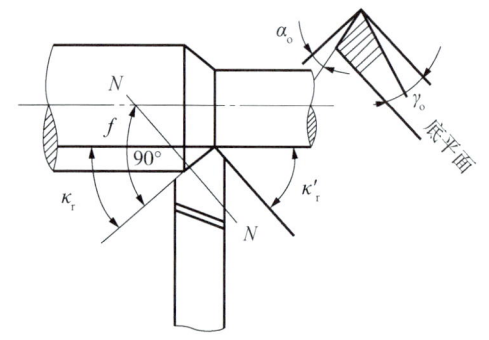

图 2-8 刀的主偏角与副偏角

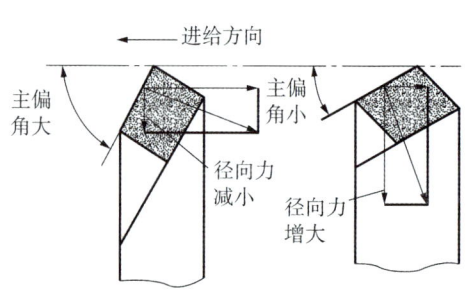

图 2-9 主偏角改变时径向切削力的变化图

选择原则：车刀常用的主偏角有 45°、60°、75°、90°几种。工件粗大、刚性好时，可取较小值。车细长轴时，为了减少径向力而引起工件弯曲变形，宜选取较大值。

4）副偏角 κ'_r

副切削刃与进给方向在基面上投影间的夹角，如图 2-10 所示。

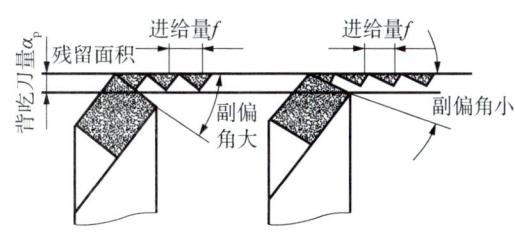

图 2-10 副偏角对残留面积高度的影响

副偏角的作用：影响已加工表面的表面粗糙度，减小副偏角可使已加工表面光洁，如图 1-20 所示。

选择原则：一般选取 $\kappa'_r = 5° \sim 15°$，精车时可取 $5° \sim 10°$，粗车时取 $10° \sim 15°$。

5）刃倾角 λ_s

主切削刃与基面间的夹角，刀尖为切削刃最高点时为正值，反之为负值。

刃倾角的作用：主要影响主切削刃的强度和控制切屑流出的方向。以刀杆底面为基准，当主切削刃与刀杆底面平行时，$\lambda_s = 0°$，切屑沿着垂直于主切削刃的方向流出，如图 2-11（a）所示；当刀尖为主切削刃最低点时，λ_s 为负值，切屑流向已加工表面，如图 2-11（b）所示；当刀尖为主切削刃最高点时，λ_s 为正值，切屑流向待加工表面，如图 2-11（c）所示。

选择原则：一般 λ_s 在 $0° \sim \pm 5°$ 之间选择。粗加工时，常取负值，虽切屑流向已加工表面无妨，但保证了主切削刃的强度。精加工常取正值，使切屑流向待加工表面，从而不会划伤它加工表面。

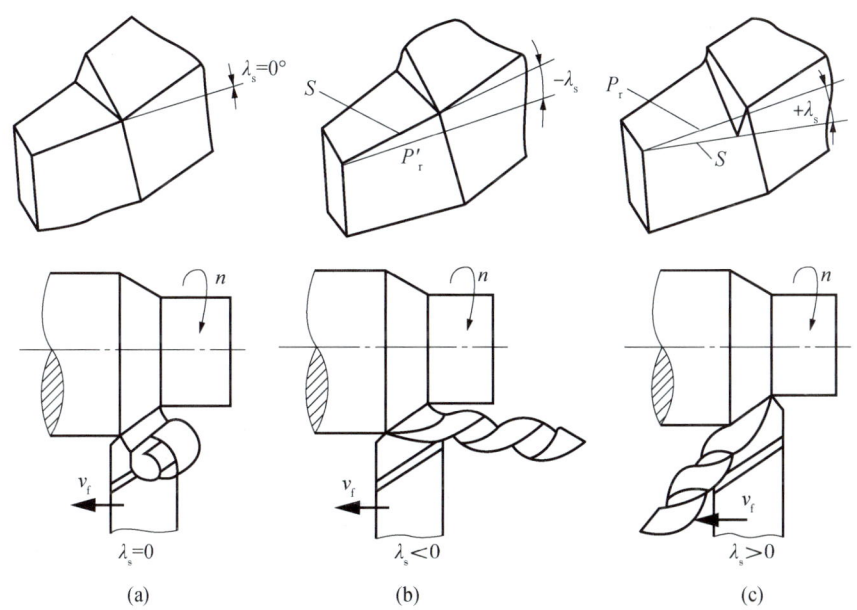

图 2-11 刃倾角对切屑流向的影响

二、操作练习

【任务1】 刃磨车刀

无论硬质合金车刀或高速钢车刀，在使用之前都要根据切削条件所选择的合理切削角度进行刃磨，一把用钝了的车刀，为恢复原有的几何形状和角度，也必须重新刃磨。刃磨硬质合金车刀用碳化硅砂轮，刃磨高速钢车刀用氧化铝砂轮。

1）磨刀步骤与工艺

以图2-12所示90°硬质合金车刀为例，进行介绍。

粗磨：

（1）首先在氧化铝砂轮上将刀面上的焊渣磨掉，并把车刀底平面磨平。

（2）在氧化铝砂轮上粗磨出刀杆上的主后刀面和副后刀面，其后角要比刀头上后角大2°~3°。

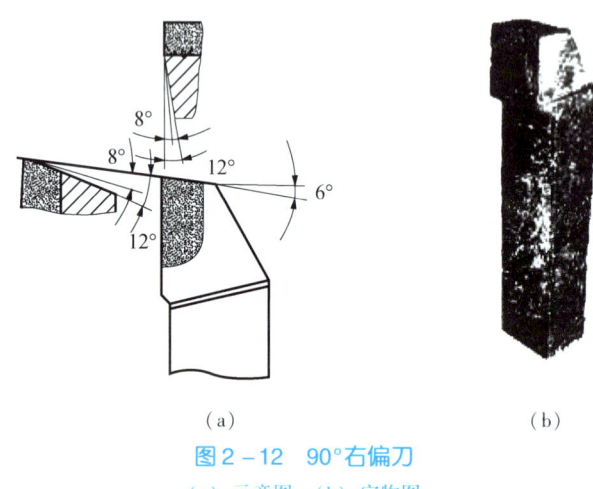

图 2-12　90°右偏刀

(a) 示意图；(b) 实物图

（3）在碳化硅砂轮上粗磨出刀头上的主后刀面和副后刀面，磨出主、副偏角和后角、副后角，如图2-13所示。

（4）在碳化硅砂轮上粗磨出刀头上的前刀面，磨出前角和刃倾角。

（5）磨断屑槽，如图2-14所示。

图 2-13　粗磨主后刀面和副后刀面

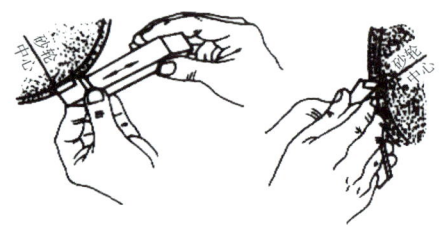

图 2-14　断屑槽的磨削方法

精磨：

（1）精磨刀头上前刀面，使其达到要求。

（2）精磨刀头上主后刀面和副后刀面，使其达到要求，如图2-15所示。

（3）磨负倒棱，如图 2-16 所示。
（4）磨过渡刃。

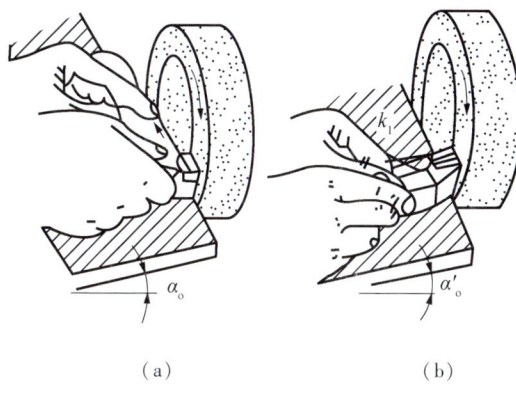

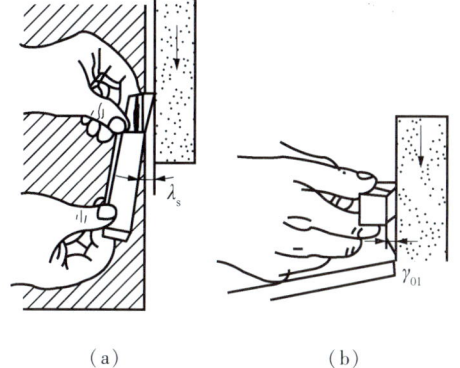

图 2-15　精磨主后刀面和副后刀面

(a) 精磨主后刀面；(b) 精磨副后刀面；

图 2-16　磨负倒棱

(a) 直磨法；(b) 横磨法

2）刃磨操作与评价

（1）刃磨要领。

刃磨焊接式普通车刀应注意砂轮的选用和有关安全保护措施，遵守操作规程。

①车刀刃磨时，双手握稳车刀，不能用力过大，以防打滑伤手。

②磨刀时，人应站在砂轮的侧前方，以防砂轮碎裂时，碎片飞出伤人。

③刃磨时，将车刀做水平方向的左右缓慢移动，以免砂轮表面产生凹坑。

④磨硬质合金车刀时，不可把刀头放入水中，以免刀片突然受冷收缩而碎裂。磨高速钢车刀时，要经常冷却，以免失去硬度。

⑤刃磨高速钢车刀时一定要注意刀头冷却，防止因磨削温度过高造成车刀退火；刃磨硬质合金车刀时一般不用冷却，若刀杆太热可将刀杆浸在水中冷却，绝不允许将高温刀头沾水，以防止刀头断裂。

（2）刃磨评价。

刀具刃磨评价主要从重要的面、角度及刃磨过程中的安全意识去评价，见表 2-3。

表 2-3　考核评分表

序号	技术要求	配分	评分细则	检测 学生自检	检测 老师检测	得分
1	前刀面及前角	20	不合格不得分			
2	主后刀面及主后角	20	不合格不得分			
3	副后刀面及副后角	20	不合格不得分			
4	主偏角、副偏角	20	不合格不得分			
5	刃倾角	10	不合格不得分			
6	文明、安全	10	不合格不得分			

【任务 2】　手工研磨车刀

车刀研磨练习，俗称"背刀"，也是车工在刀具方面必须掌握的技术之一。在普通砂轮上刃磨的车刀，刀刃一般不够平滑光洁，可用油石或研磨板研磨刀面，俗称"背刀"。由于一般砂轮机上的砂轮没有经过严格的平衡，存在一定的振动偏摆，同时砂轮表面也不够平整，刃磨过程中用双手握着车刀稳定性又较差，因此，在刃磨时砂轮与车刀有微量冲击现象，刃磨出的刀具切削刃通常不够平滑光洁，表面粗糙度较差。这样的车刀不仅直接影响被加工零件的表面粗糙度，而且还降低了车刀的使用寿命。对于硬质合金车刀，在车削时还容易产生掉渣和崩刃现象，所以对车刀必须进行研磨。

车刀研磨时，可用油石或研磨粉进行。研磨硬质合金车刀时用碳化硅；研磨高速钢车刀时用氧化铝。这里主要讲解用油石研磨车刀的方法。

用油石研磨刀具时，首先在油石上加少许润滑油，将油石与车刀的刀面紧紧贴平，然后将油石沿贴平的刀面作上下或左右均匀移动，动作应平稳，研磨后的车刀将消除刃磨的残留痕迹，刀面的表面粗糙度值可达 Ra 0.4～Ra 0.2 μm，如图 1-17 所示。

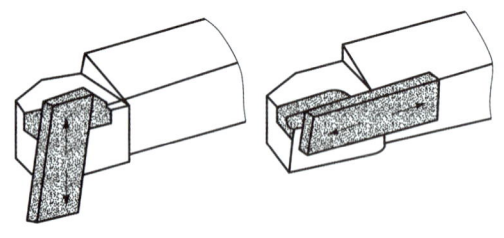

图 2-17　用油石研磨车刀

【任务 3】　车刀角度的测量

测量车刀角度的方法主要有以下两种：

1）目测法

观察车刀角度是否合乎切削要求、刀刃是否锋利、表面是否有裂痕和其他不符合切削要求的缺陷。

2）量角器和样板测量法

对于角度要求高的车刀，可用此法检查，如图 2-18 所示。

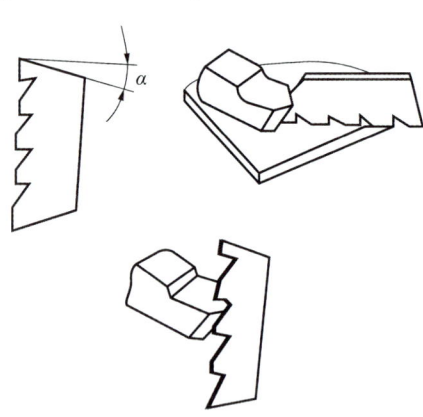

图 2-18　样板测量车刀角度

三、知识拓展

（一）刀具材料

目前机械制造中应用较广的刀具材料是高速钢、硬质合金和超硬刀具材料。

1. 高速钢

高速钢是以钨、铬、钒、钼为主要合金元素的高合金工具钢。热处理后硬度为 62～67HRC，在 550 ℃～600 ℃时仍能保持常温下的硬度和耐磨性，有较高的抗弯强度和冲击韧性，并易磨出锋利的刀刃，故生产中常称为"锋钢"。特别适宜制造形状复杂的切削刀具，如钻头、丝锥、铣刀、拉刀、齿轮刀具等。其允许切削速度一般为 v_c＜30 m/min。常用的牌号有 W18Cr4V、W6Mo5Cr4V2 等。在此基础上提高含碳量，再添加一些其他合金元素，其硬度可达 68～70HRC，温度达到 600 ℃～650 ℃时仍能保持正常的切削性能，其耐用度可提高 1.3～3 倍，如 W6Mo5Cr4V2Co8。

2. 硬质合金

硬质合金是用一种或几种难熔的金属碳化物（如 WC、TiC、TaC、NbC 等）与金属黏结剂（Co、Ni、Mo 等）在高压下成形并在高温下烧结而成的粉末冶金材料。

硬质合金具有很高的硬度、耐磨性和热硬性。硬度可达 86～93HRA（相当于 68HRC 以上），热硬性可达 800 ℃～1 000 ℃。用硬质合金制成的刀具，切削速度比高速钢高 4～7 倍，刀具寿命可提高几倍到几十倍。硬质合金的缺点是抗弯强度低，韧性、抗振动和抗冲击性能差。

常用的硬质合金可分为以下三类：

（1）长切削加工用硬质合金是以 TiC、WC 为基，以 Co（Ni + Mo，Ni + Co）作为黏结剂的合金。其国家标准类别号用字母 P 加两位数字表示，如 P10、P20 等。这类硬质合金刀具适用于加工钢、铸钢及可锻铸铁等材料。

（2）长切削或短切削加工用硬质合金是以 WC 为基，以 Co 作为黏结剂添加少量的 TiC（TaC、NbC）的合金。其国家标准类别号用字母 M 加两位数字表示，如 M10、M20 等。这类硬质合金刀具适用于加工钢、铸钢、锰钢、灰铸铁、有色金属及合金等。

（3）短切削加工用硬质合金是以 WC 为基，以 Co 作为黏结剂，或添加少量的 TaC、NbC 的合金。其国家标准类别号用字母 K 加两位数字表示，如 K01、K30 等。适用于加工铸铁、淬火钢、有色金属、塑料、玻璃、陶瓷等。

国家标准 GB/T 18376.1—2001 制定的切削工具用硬质合金牌号见表 2-4，其作业推荐条件见表 2-5。另外，该标准规定的分类分组代号不允许供方直接用来作为硬质合金牌号命名。供方应给出供方特征号（不多于两个英文字母或阿拉伯数字）、供方分类代号，并在其后缀以两位数 10、20、30 等组别号，而构成供方的硬质合金牌号，根据需要可在两个组别号之间插入一个中间代号，以中间数字 15、25、35 等表示，若需再细分时，则在分组代号后加一位阿拉伯数字 1、2 等或英文字母作细分号，并用小数点"."隔开，以区别组中不同牌号。例如：

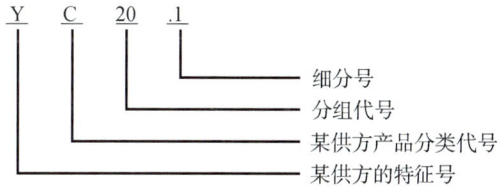

表2-4 常用硬质合金的牌号、成分及性能

分类分组代号		化学成分（质量分数,%）			物理、力学性能	
		WC	TiC（TaC、NbC等）	Co（Ni-Mo等）	洛氏硬度（HRA）	抗弯强度/MPa
					不小于	
P	01	61~81	15~35	4~6	92.0	700
	10	59~80	15~35	5~9	90.5	1 200
	20	62~84	10~25	6~10	90.0	1 300
	30	70~84	8~20	7~11	89.5	1 450
	40	72~85	5~15	8~13	88.5	1 650
M	10	75~87	4~14	5~7	91.5	1 200
	20	77~85	6~10	5~7	90.5	1 400
	30	79~85	4~12	6~10	89.5	1 500
	40	80~92	1~3	8~15	89.0	1 650
K	01	≥93	≤4	3~6	91.5	1 200
	10	≥88	≤4	5~10	90.5	1 350
	20	≥87	≤3	5~11	90.0	1 450
	30	≥85	≤3	6~12	89.0	1 650
	40	≥82	≤3	12~15	88.0	1 900

注：摘自 GB/T 18376.1—2001《硬质合金牌号第一部分：切削工具用硬质合金牌号》。

表2-5 切削工具用硬质合金作业条件推荐表

分类分组代号	作业条件		性能提高方向	
	被加工材料	适应的加工条件	切削性能	合金性能
P01	钢、铸钢	高切削速度，小切屑截面，无振动条件下精车、精镗	切削速度 ↑ 进给量 ↓	耐磨性 ↑ 韧性 ↓
P10	钢、铸钢	高切削速度，中小切屑截面条件下的车削、仿形车削、车螺纹和铣削		
P20	钢、铸钢、长切屑可锻铸铁	中等切削速度，中等切屑截面条件下的车削、仿形车削和铣削、小切削截面的刨削		
P30	钢、铸钢、长切屑可锻铸铁	中或低切屑速度，中等或大切屑截面条下的车削、铣削、刨削和不利条件下①的加工		
P40	钢、含砂眼和气孔的铸钢件	低切削速度、大切屑角、大切屑截面以及不利条件下①的车、刨削、切槽和自动机床上加工		
M10	钢、铸钢、锰钢、灰铸铁和合金铸铁	中和高等切削速度、中小切屑截面条件下的车削	切削速度 ↑ 进给量 ↓	耐磨性 ↑ 韧性 ↓
M20	钢、铸钢、奥氏体钢、锰钢、灰铸铁	中等切削速度、中等切屑截面条件下的车削、铣削		
M30	钢、铸钢、奥氏体钢、灰铸铁、耐高温合金	中等切削速度、中等或大切屑截面条件下的车削、铣削、刨削		
M40	低碳易削钢、低强度钢、有色金属和轻合金	车削、切断，特别适于自动机床上加工		

续表

分类分组代号	作业条件		性能提高方向	
	被加工材料	适应的加工条件	切削性能	合金性能
K01	特硬灰铸铁、淬火钢、冷硬铸铁、高硅铝合金、高耐磨塑料、硬纸板、陶瓷	车削、精车、铣削、镗削、刮削	↑ 切削速度 ↓ ↑ 进给量 ↓	↑ 耐磨性 ↓ ↑ 韧性 ↓
K10	布氏硬度高于220HBW的铸铁、短切屑的可锻铸铁、硅铝合金、铜合金、塑料、玻璃、陶瓷、石料	车削、铣削、镗削、刮削、拉削		
K20	布氏硬度低于220HBW的灰铸铁、有色金属：铜、黄铜、铝	用于要求硬质合金有高韧性的车削、铣削、镗削、刮削、拉削		
K30	低硬度灰铸铁、低强度钢、压缩木料	用于在不利条件下① 可能采用大切削角的车削、铣削、刨削、切槽加工		
K40	有色金属、软木和硬木	用于在不利条件下① 可能采用大切削角的车削、铣削、刨削、切槽加工		

① 不利条件系指原材料或铸造、锻造的零件表面硬度不匀，加工时的切削深度不匀，间断切削以及振动等情况。

3. 超硬刀具材料

1）金刚石

金刚石有极高的硬度，是自然界中最硬的材料，其显微硬度可达 10 000 HV，因而有极高的耐磨性。金刚石刀具能长期保持刃口的锋利，切下很薄的切屑，这对于精密加工有重要的意义。金刚石的缺点是脆性极大，且在高温下与铁有很大的亲和力，不能用于切削含铁金属。

金刚石有天然和人造之分。天然金刚石价格昂贵，用得较少。人造金刚石是由石墨在高温、高压及金属触媒的作用下转化而成，主要用做磨料，也可制成以硬质合金为基体的复合刀具，用于有色合金的高速精细车削和镗削。此外，金刚石刀具还可用于陶瓷、硬质合金等高硬度材料的加工。

2）立方氮化硼

立方氮化硼（CBN）是在高温高压下由六方晶体的氮化硼（又称白石墨）转化而成的。其硬度（显微硬度为 8 000～9 000 HV）和耐磨性仅次于金刚石，耐热性高达 1 400 ℃～1 500 ℃，且不与铁族金属发生反应。立方氮化硼可用做砂轮材料，或制成以硬质合金为基本的复合刀片，用来精加工淬硬钢、冷硬铸铁、高温合金、硬质合金及其他难加工材料。

1. 简述常用车刀类型及选用方法。
2. 简述车刀的组成。
3. 简述外圆车刀的主要角度及其对加工的影响。

项目3　车削阶台轴

一、相关知识

（一）切削运动和切削用量

1. 切削运动的含义

通常将加工时的运动分为切削运动和辅助运动。切削运动是指在切削加工时，切削刀具和工件之间的相对运动，辅助运动是指不直接参与切削加工的运动。按在切削加工中所起作用的不同，一般将切削运动分为主运动和进给运动。需要指出的是，采用不同的切削加工方法，具有不同的切削运动。

1）主运动

主运动是由机床或人力提供的刀具与工件之间主要的相对运动，它使刀具切削刃及其邻近的刀具表面切入工件材料，使被切削层转变为切屑，从而形成工件的新表面。主运动是切削加工中速度最高、消耗功率最多的运动。主运动可由刀具和工件分别完成，也可由刀具单独完成。

2）进给运动

进给运动是由机床或人力提供的运动，它使切削工具和工件之间产生附加的相对运动，配合主运动依次地或连续不断地切除切屑，从而形成具有所需几何特性的已加工表面。一般情况下进给运动是切削加工中速度较低、消耗功率较少的运动。进给运动可由刀具完成，也可由工件完成，可以是间歇的（如刨削），也可以是连续的（如车削）。

通常情况下，工件被加工时主运动只有一个，进给运动可以有一个或几个。

3）合成运动

主运动和进给运动合成的运动称为合成切削运动。

2. 常见的切削运动

1）车削加工运动

车削时工件做旋转运动，车刀做平行（或垂直）于工件轴线的直线移动，工件的旋转运动和车刀的直线移动合称为车削工件时的切削运动，共同完成对工件的车削加工。工件的旋转运动被称为车削的主运动，车刀的直线移动被称为车削的进给运动。车刀前进时切下切屑的行程，称为车刀的工作行程；车刀回程时不进行切割，要远离工件，以免车刀划伤工件已加工表面。如图3-1所示（其中v_c代表主运动，v_f代表进给运动）。

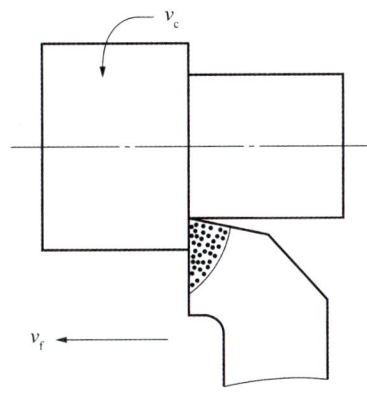

图 3-1 车削运动

在切削加工中,工件上产生三个不断变化的切削表面,即待加工表面、过渡表面和已加工表面。

待加工表面:是指在加工时即将切除的工件表面。

已加工表面:是指已被切除多余金属而形成的工件新表面。

过渡表面:是指待加工表面和已加工表面之间的表面。如图 3-2 所示。

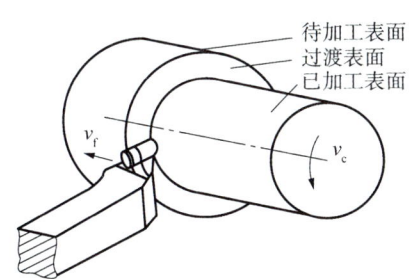

图 3-2 切削表面

2)铣削加工运动

铣削时铣刀做旋转运动,工件做直线移动(或转动),铣刀的旋转运动和工件的直线移动合称为铣削工件时的切削运动,共同完成对工件的铣削加工。通常称铣刀的旋转运动为铣削的主运动、工件的直线移动(或转动)为铣削的进给运动,如图 3-3 所示(其中 v_c 代表主运动,v_f 代表进给运动)。

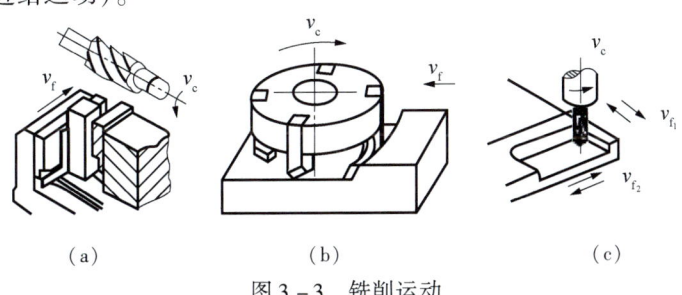

图 3-3 铣削运动
(a)周铣平面;(b)端铣平面;(c)周铣凹槽

3）磨削加工运动

磨削运动分为纵磨削和横磨削，又称轴向磨削和径向磨削。纵磨时砂轮的旋转运动被称为磨削的主运动，砂轮的间歇轴向直线运动 v_{f_1}、工件的旋转运动 v_{f_2} 和工件的轴向往复直线运动 v_{f_3} 均被称为磨削的进给运动；横磨时砂轮的旋转运动为磨削的主运动，砂轮的连续横向直线运动 v_{f_1} 和工件的旋转运动 v_{f_2} 被称为磨削的进给运动，如图 3 – 4 所示。

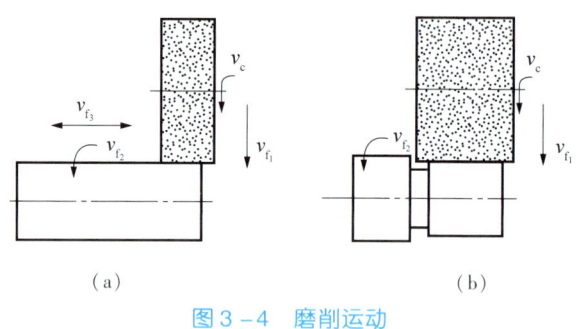

图 3 – 4　磨削运动
（a）纵磨削；（b）横磨削

4）钻削加工运动

钻削时钻头做旋转运动，同时做轴向直线运动（工件不动），完成对工件的钻削加工。通常称钻头的旋转运动 v_c 为钻削的主运动、钻头的轴向直线运动 v_f 为钻削的进给运动，钻头前进切下切屑的行程，称为钻头的工作行程；钻头回程时不进行切削。如图 3 – 5 所示。

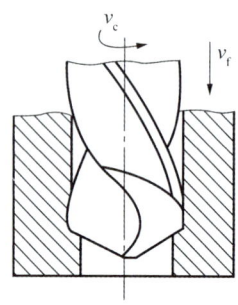

图 3 – 5　钻削运动

5）刨削加工运动

刨削时刨刀做往复直线运动，工件做间歇直线移动，刨刀的往复直线运动和工件的间歇直线移动合称为刨削工件时的切削运动，共同完成对工件的刨削加工。通常称刨刀的往复直线运动 v_c 为刨削的主运动、工件的间歇直线运动 v_f 为刨削的进给运动。如图 3 – 6 所示。

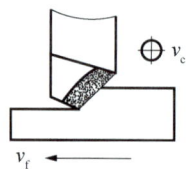

图 3 – 6　刨削运动

3. 切削用量

切削用量通常是指切削加工过程中切削速度、进给量和背吃刀量的总称。

1）切削速度

切削速度是指在进行切削加工时，工具切削刃上选定点相对于待加工表面在主运动方向上的瞬时速度。若主运动为旋转运动，切削速度为其最大的线速度。计算公式为：

$$v_c = \frac{n\pi d}{1\,000}$$

式中：v_c——切削速度，m/min；

n——工件或刀具的转速，r/min；

d——工件待加工表面直径，mm。

2）进给量 f

进给量是指刀具或工件在进给运动方向上相对于工件或刀具移动的距离，常用每转或每行程的位移量来表示。

车削时，f 为工件每转一转，车刀沿进给方向移动的距离（如图 3-7 所示）；

铣削时，f 为铣刀每转一转，铣刀沿进给方向移动的距离；

磨削时有两个进给量：径向进给量 f_r 和轴向进给量 f_a。

径向进给量 f_r 是指工作台每双（单）行程内，砂轮径向切入工件的深度；轴向进给量 f_a 是指工作台每双（单）行程内，工件相对砂轮沿轴线方向移动的距离。

钻削时，f 为钻头每转一转，钻头沿进给方向（轴向）移动的距离；

刨削时，f 为刨刀每完成一个直线往复运动（一个行程），刨刀沿进给方向移动的距离。

3）背吃刀量

背吃刀量是指工件上已加工表面与待加工表面间的垂直距离。如图 3-7 所示。

$$\alpha_p = \frac{d_w - d_m}{2}$$

式中，α_p——切削深度，mm；

d_w——待加工表面直径，mm；

d_m——已加工表面直径，mm。

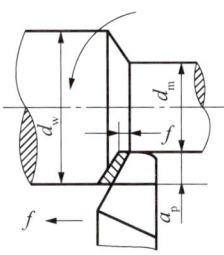

图 3-7　车外圆时的切削深度和进给量

4. 机械加工安全操作规程

机械加工的安全主要是指人身安全和设备安全，在学生实习实训之前进行人身安全和设备安全教育的目的是为了提高学生的安全意识和培养学生的安全操作技能，使工作者牢固确立"安全第一"的观念，防止生产中发生意外安全事故，消除各类事故隐患，同时也是为了保证产品质量、生产效率、设备和工量夹具使用寿命及操作者的人身安全。

1）文明生产安全常识

（1）学生在实习之前必须接受安全教育（可以以活动的方式开展安全教育），学习安全技术知识，严格遵守各项安全生产规章制度。在上机操作前必须穿戴好工作服，戴好安全帽和防护眼镜。

（2）学生进入车间不准嬉戏打闹，不准做与实习无关的事情。

（3）为牢记安全事项，每一新课题应先背出相关课堂笔记方准上机操作。要精心操作，严格执行工艺规程。

2）车间管理安全规则

（1）车间应保持整齐清洁。

（2）车间内的通道、安全门进出应保持畅通。

（3）工具、材料等应分类存放，并按规定安置。

（4）车间内保持通风良好、光线充足。

（5）安全警示标图醒目到位，各类防护器具设放可靠，方便使用。

（6）进入车间的人员应佩戴安全帽和眼睛，穿好工作服等防护用品，绝不允许穿拖鞋或高跟鞋进入车间，更不允许操作。

3）设备操作安全规则

（1）严禁为了操作方便而拆下机器的安全装置。

（2）使用机器前应熟读其说明书，并按操作规则正确操作机器。

（3）未经许可或对不太熟悉的设备，不得擅自操作使用。

（4）不准二人同时操作一台机床，不准用手指或嘴吹方式清除铁屑，严禁用手摸机器运转着的部分。

（5）定时维护、保养设备。

（6）发现设备故障应作记录并请专人维修。

（7）上班时应先开机低速运转，检查机床各部位是否正常，并按要求加油，发现故障应立即停机，切断电源，并立即报告老师处理。

（8）装卸工件、车刀、测量、清除铁屑等应先关掉主电动机。卡盘扳手不准停放在卡盘上。

（9）每天实习结束应该做好设备、工量具和周围场地的保洁工作，并按规定加油，切断机床总电源。

4）机床的日常维护保养

班前：

（1）擦净机床各部外露导轨及滑动面。

（2）按规定润滑各部位，油质油量符合要求。

（3）检查各手柄位置。

（4）空车试运转几分钟。

班后：

（1）将铁屑清扫干净。

（2）擦净机床各部位。

（3）部件归位。

（4）认真填写交接班记录及其他记录。

5. 环境保护常识

环境保护是指人类为解决现实的或潜在的环境问题，协调人与环境的关系，保障社会经济持续发展而采取的各种行动。其内容主要有：

（1）防治由生产和生活引起的环境污染，包括防治工业生产排放的"三废"（废水、废气、废渣）、粉尘、放射性物质以及产生的噪声、振动、恶臭和电磁微波辐射；交通运输活动产生的有害气体、废液、噪声，海上船舶运输排出的污染物；工农业生产和人民生活使用的有毒有害化学品，城镇生活排放的烟尘、污水和垃圾等造成的污染。

（2）防止由开发建设活动引起的环境破坏，包括防止由大型水利工程、铁路、公路干线、大型港口码头、机场和大型工业项目等工程建设对环境造成的污染和破坏；农垦和围湖造田活动、海上油田、海岸带和沼泽地的开发，森林和矿产资源的开发对环境的破坏和污染；新工业区、新城镇的设置和建设等对环境的破坏、污染和影响。

为保证企业的健康发展和可持续发展，文明生产与环境管理的主要措施有：

（1）严格劳动纪律和工艺纪律，遵守操作规程和安全规程。

（2）做好厂区的绿化、美化和净化工作，严格做好"三废"（废水、废气、废渣）处理工作，消除污染源。

（3）机器设备、工具、仪器、仪表等运转正常，保养良好，工位器具齐备。

（4）保持良好的生产秩序；坚持安全生产，安全设施齐备，建立健全的管理制度，消除事故隐患。

（5）统筹规划、协调发展，在制订发展生产规划的同时必须制定相应的环境保护措施与办法。

（6）加强教育，坚持科学发展和可持续发展的生产管理观念。

（二）轴类零件的基础常识

1. 轴类零件的功用与特点

轴是用来支承做回转运动的传动零件（如齿轮、带轮、链轮、联轴器、离合器、制动器等）、传递运动和转矩、承受载荷，以及保证装在轴上的零件具有确定的工作位置和一定的回转精度的零件。

根据结构形状的不同，轴类零件可分为光轴、阶梯轴、空心轴和曲轴等，如图3-8所示。轴的长径比小于5的称为短轴，大于20的称为细长轴，大多数轴介于两者之间。

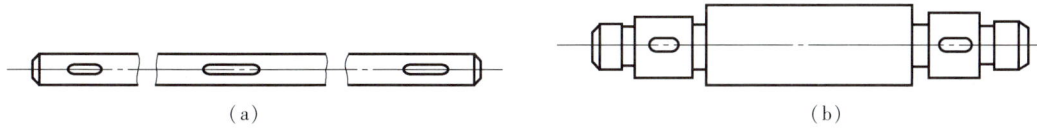

图3-8 轴的结构图

(a) 光轴；(b) 阶梯轴

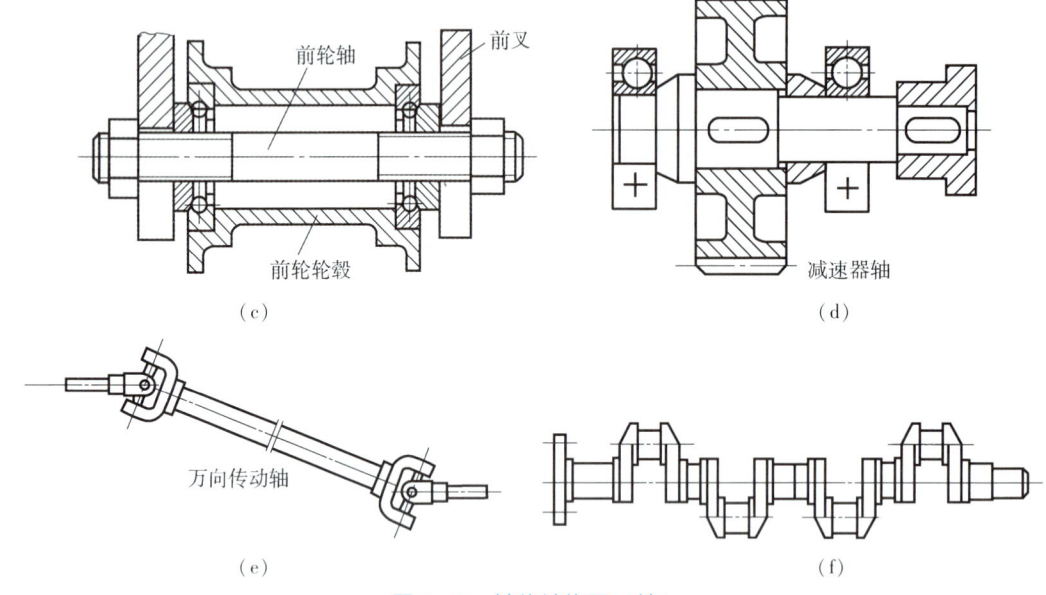

图 3-8 轴的结构图（续）

(c) 自行车前轮轴；(d) 齿轮轴；(e) 传动轴；(f) 曲轴

2. 轴类零件的技术要求

轴用轴承支承，与轴承配合的轴段称为轴颈。轴颈是轴的装配基准，它们的精度和表面质量一般要求较高，其技术要求一般根据轴的主要功用和工作条件制定，通常有以下几个方面：

1）尺寸精度

起支承作用的轴颈为了确定轴的位置，通常对其尺寸精度要求较高（IT5～IT7）。装配传动件的轴颈尺寸精度一般要求较低（IT6～IT9）。

2）几何公差

轴类零件的几何公差主要是指轴颈、外锥面、莫氏锥孔等的圆度、圆柱度等，一般应将其公差限制在尺寸公差范围内。对精度要求较高的内外圆表面，应在图样上标注其允许偏差。普通精度的轴，其配合轴段对支承轴颈的径向跳动一般为 0.01～0.03 mm，高精度轴（如主轴）通常为 0.001～0.005 mm。

3）表面结构

一般与传动件相配合的轴径表面结构为 $Ra\,2.5\sim Ra\,0.63\,\mu m$，与轴承相配合的支承轴径的表面结构为 $Ra\,0.63\sim Ra\,0.16\,\mu m$。

3. 轴类零件材料及其选用

1）轴类零件的毛坯材料

轴类零件的毛坯材料可根据使用要求、生产类型、设备条件及结构，选用棒料、锻件等毛坯形式。对于外圆直径相差不大的轴，一般以棒料为主；而对于外圆直径相差大的阶梯轴或重要的轴，常选用锻件，这样既节约材料又减少机械加工的工作量，还可改善力学性能。

毛坯制造方法主要与零件的使用要求和生产类型有关。光轴或直径相差不大的阶梯轴，一般常用热轧圆棒料毛坯。当成品零件尺寸精度与冷拉圆棒料相符合时，其外圆可不进行车削，这时可采用冷拉圆棒料毛坯。比较重要的轴多采用锻件毛坯，因为毛坯加热锻打后，能使金属内部纤维组织沿表面均匀分布，从而能得到较高的机械强度。对于某些大型、结构复杂的轴（如曲轴等），可采用铸件毛坯。

2）轴类零件的材料

轴类零件应根据不同的工作条件和使用要求选用不同的材料并采用不同的热处理规范（如调质、正火、淬火等），以获得一定的强度、韧性和耐磨性。

45钢是轴类零件的常用材料，它价格便宜，经过调质（或正火）后可得到较好的切削性能，而且能获得较高的强度和韧性等综合力学性能，淬火后表面硬度可达45~52HRC。

40Cr等合金结构钢适用于中等精度而转速较高的轴类零件，这类钢经调质和淬火后，具有较好的综合力学性能。

轴承钢GCr15和弹簧钢65Mn，经调质和表面高频淬火后，表面硬度可达50~58HRC，并具有较高的耐疲劳性能和较好的耐磨性能，可制造较高精度的轴。

精密机床的主轴（例如磨床砂轮轴、坐标镗床主轴）可选用38CrMoAlA氮化钢。这种钢经调质和表面氮化后，不仅能获得很高的表面硬度，而且能保持较软的芯部，因此耐冲击、韧性好。与渗碳淬火钢比较，它有热处理变形很小、硬度更高的特性。

（二）工件的装夹方法

<u>轴类零件加工时常以两端中心孔或外圆面定位，以顶尖或卡盘装夹</u>。普通车床上常用顶尖、拨盘、三爪自定心卡盘、四爪单动卡盘、中心架、跟刀架和心轴等，以适应装夹各种工件的需要。

外圆车削加工时，最常见的工件装夹方法见表3-1。

表3-1 车削工件常用的装夹方法

名称	装夹图	装夹特点	应用
三爪自定心卡盘		三爪自定心卡盘可同时移动，自动定心，装夹迅速方便	长径比小于4，截面为圆形、六方体的中、小型工件加工
四爪单动卡盘		四个卡爪都可单独移动，装夹工件需要找正	长径比小于4，截面为方形、椭圆形的较大、较重的工件

续表

名　称	装夹图	装夹特点	应　用
花盘	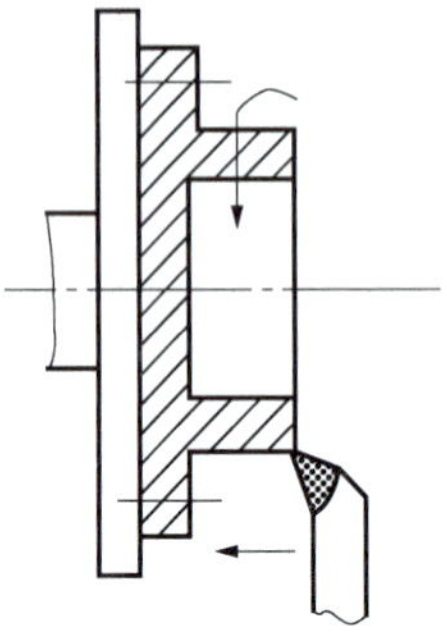	盘面上多通槽和T形槽，使用螺钉、压板装夹，装夹前须找正	形状不规则的工件、孔或外圆与定位基面垂直的工件的加工
双顶尖	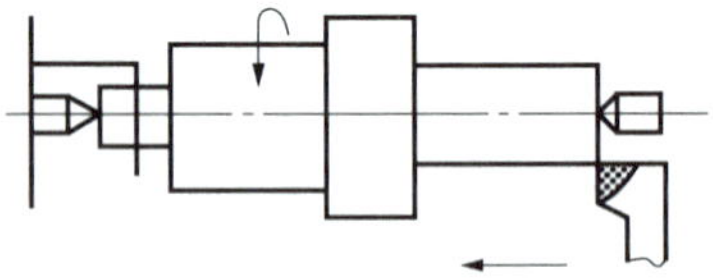	定心正确，装夹稳定	长径比为4～15的实心轴类零件的加工
双顶尖中心架	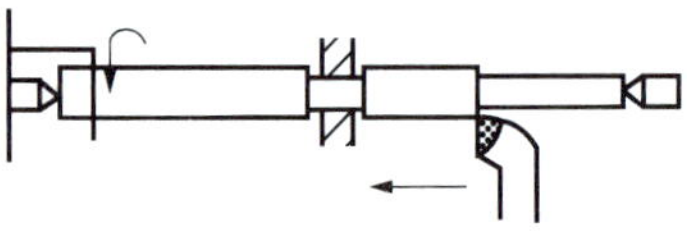	支爪可调，增加工件刚性	长径比大于15的细长轴工件粗加工
一夹一顶跟刀架	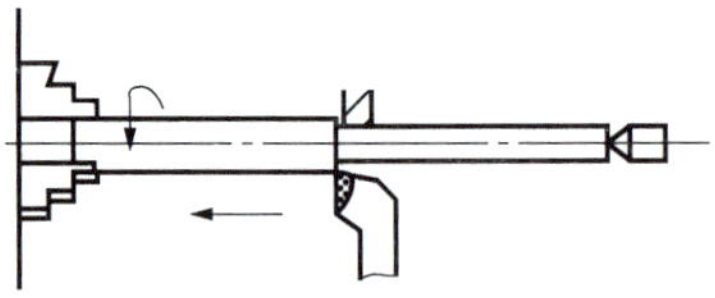	支爪随刀具一起运动，无接刀痕	长径比大于15的细长轴工件半精加工、精加工
心轴	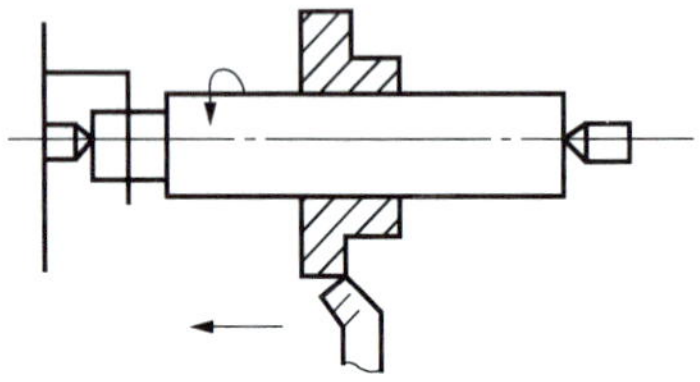	能保证外圆、端面对内孔的位置精度	以孔为定位基准的套类零件的加工

（二）台阶轴的品质检验方法

车削台阶轴时常用的量具及使用见表3-2。

表3-2　常用的量具及使用

量具	基本常识	图例
钢直尺	钢直尺是简单量具，其测量精度一般在±0.2 mm左右，在测量工件的外径和孔径时，必须与卡钳配合使用 钢直尺上刻有米制或英制尺寸，常用的米制钢直尺的长度规格有150 mm、300 mm、600 mm、1 000 mm四种	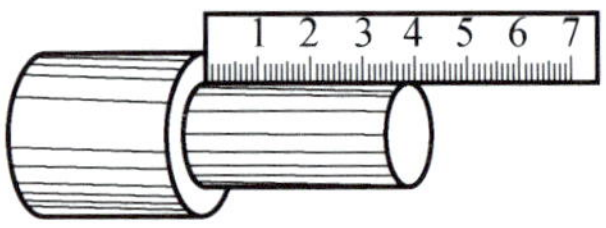

续表

量具	基本常识	图例
卡规	大批量生产，可以用卡规测量，止端为最小极限尺寸，通端为最大极限尺寸	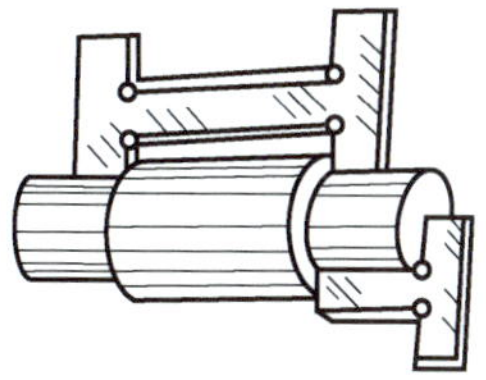
游标卡尺	游标卡尺的测量范围很广，可以测量工件外径、孔径、长度、深度以及沟槽宽度等。测量工件的姿势和方法如图所示。 游标卡尺的读数精度由主尺和副尺刻线之间的距离来确定。我们常用的游标卡尺精度为 0.02 mm。读游标卡尺的读数时，要先读副尺 0 刻度线左侧主尺上的整数，然后再通过副尺读主尺上的非整数。寻找副尺上从 0 刻度线开始第几条刻度线与主尺上某一条刻度线对齐，将副尺上的刻度线数与游标卡尺的精度乘积即为副尺的读数。最后将主尺读数与副尺读数相加就是测量的实际尺寸 如：主尺读数为 40 mm，副尺与主尺刻度线对齐处的刻度读数是 3.2mm，则测量的实际尺寸为：40 mm + 0.32 mm = 40.32 mm 。如果游标卡尺的精度为 0.05mm，副尺与主尺刻线对齐处的刻度读数是 32mm，则测量的实际尺寸为：40 mm + 0.32 mm = 40.32 mm	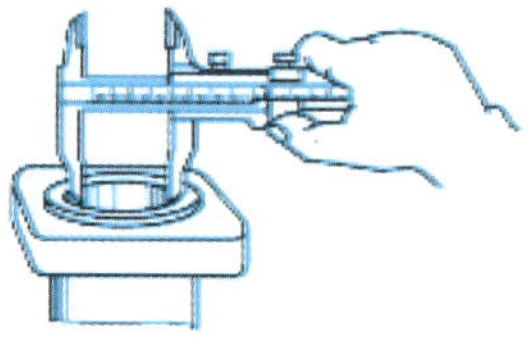 （b）测量孔径 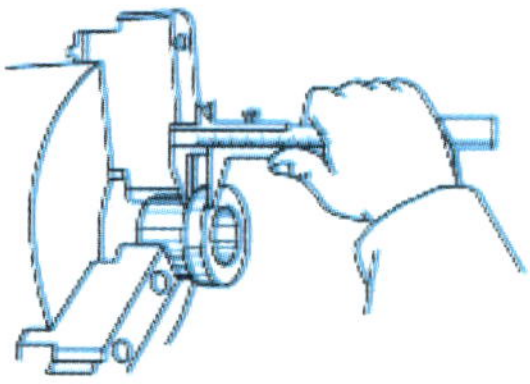 （c）测量长度 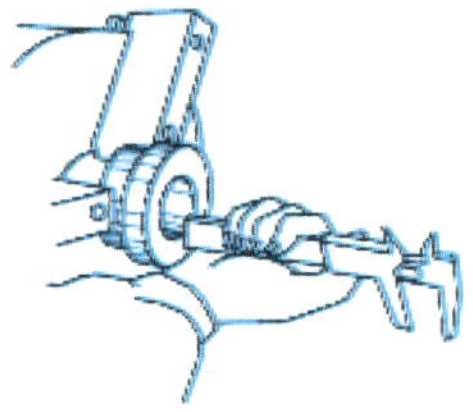 （d）测量深度
外径千分尺	外径千分尺是车削加工时最常用的一种精密测量仪器，其测量精度可以达到 0.01mm。 读外径千分尺的读数时，要先读出微分筒左侧固定套筒上露出刻线的整毫米数和半毫米数。识读时千万要注意不要错读或漏读套筒上露出的半毫米刻线的读数 0.5 mm；然后找出微分筒上、与固定套筒基准线对齐的那一处刻线，读出尺寸不足 0.5 mm 的小数部分；最后将两部分读数相加，就是测量的实际尺寸。 如：微分筒左侧固定套筒上露出刻线的整毫米读数是 10 mm，微分筒上与固定套筒基准线对齐的那一处刻线读数是 26 mm，则测量的实际尺寸为：10 mm + 0.26 mm = 10.26 mm；若微分筒左侧固定套筒上露出刻线的整毫米读数是 10 mm，半毫米数是 0.5 mm，微分筒上与固定套筒基准线对齐的那一处刻线读数是 16 mm，则测量的实际尺寸为：10.5 mm + 0.16 mm = 10.66 mm	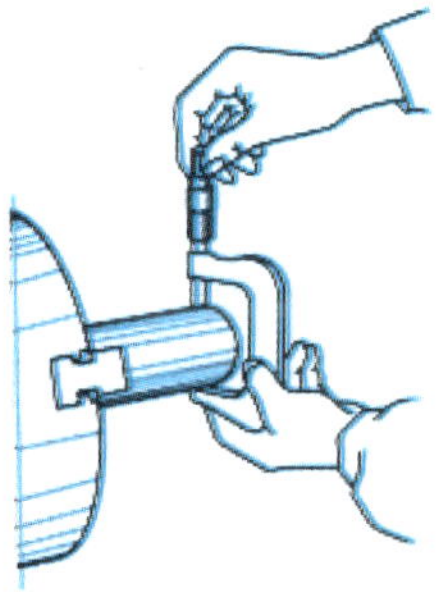 （a）测量工件的姿势和方法 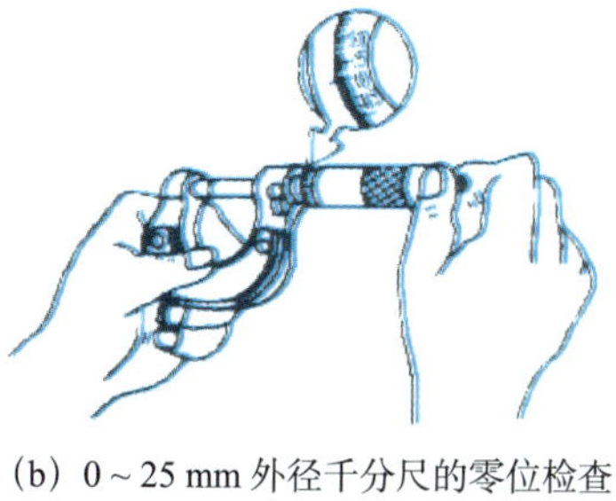 （b）0～25 mm 外径千分尺的零位检查

39

2. 使用游标卡尺和千分尺时的注意事项

（1）主轴转动中禁止测量工件；

（2）使用前须校对"零"位。使用游标卡尺测量尺寸前，先移动游标并使量爪与工件被测表面保持良好接触，并把螺钉旋紧，以防测量时尺寸发生变动；使用千分尺测量尺寸前，使千分尺微分筒上的零线和固定套筒上的零线对齐。在测量工件时游标卡尺和千分尺尽量要配合使用；

（3）使用游标卡尺测量时，测量平面要垂直于工件中心线，不许敲打卡尺或拿游标卡尺勾铁屑。

（4）使用游标卡尺测量时，应先拧松紧固螺钉，移动游标不能用力过猛。两量爪与待测物的接触不宜过紧。不能使被夹紧的物体在量爪内挪动。

（5）千分尺在使用时应小心谨慎，不要让它受到打击和碰撞。测量时要注意：①旋钮和测力装置在转动时都不能过分用力，测量时用力要均匀；②当转动旋钮使测微螺杆靠近待测物时，一定要改旋测力装置，不能转动旋钮使螺杆压在待测物上；③当测微螺杆与测砧已将待测物卡住或旋紧锁紧装置的情况下，决不能强行转动旋钮。④工件必须在测量杆中心测量，即测量杆要通过零件的直径。⑤千分尺在测量时，应把测量杆擦干净，并检查是否有磨损。

（6）千分尺和游标卡尺读数时，视线应与尺面垂直。如需固定读数，可用紧固螺钉将游标固定在尺身上，防止滑动。

（7）千分尺和游标卡尺在测量同一尺寸时，一般应反复测量几次，取其平均值作为测量结果。

（8）不要把游标卡尺、千分尺与其他工具、刀具混放，更不要把卡尺、千分尺当工具使用，以免降低测量精度

（9）游标卡尺和千分尺是比较精密的测量工具，要轻拿轻放，不得碰撞或跌落地下。使用时不要用来测量粗糙的物体，以免损坏量爪，如长期不用，应用纱布擦干净，抹上黄油或机油，放入盒中，放置在干燥的地方。

（四）产生废品的原因及预防方法

车削台阶时产生废品的现象、原因及预防措施见表 3-3。

表 3-3 车削台阶时产生废品的现象、原因及预防措施

序号	产生废品的现象及原因	预防措施
1	台阶平面和外圆相交处有凹坑或出现小台阶	台阶平面和外圆相交处要清角
2	台阶平面出现凹凸。原因可能是车刀没有从里到外横向进给或车刀装夹主偏角小于 90°，其次与刀架、车刀、滑板等发生位移有关	检查刀具的角度，检查刀架及刀具是否固定。将它们固定好
3	多台阶工件长度的测量造成积累误差	应从一个基面测量

续表

序号	产生废品的现象或原因	预防措施
4	平面与外圆相交处出现较大的圆弧，原因是刀尖圆弧较大或刀尖磨损	重新刃磨刀具
5	用游标卡尺测量时产生测量误差	卡脚应和测量面贴平，以防卡脚歪斜。从工件上取下游标卡尺读数时，应把紧固螺钉拧紧，以防副尺移动，影响读数
6	测量过程造成安全问题	车未停稳，不能测量工件

（五）台阶轴加工工艺分析

1. 车端面

车削工件时，往往采用工件的端面作为测量轴向尺寸的基准，必须先进行加工。这样，既可以保证车外圆时在端面附近是连续切削的，也可以保证钻孔时钻头与端面是垂直的。

1）端面车刀的选择

车端面的车刀一般有45°端面车刀和90°端面车刀，用45°车刀车端面，中心凸台是逐步车掉的，不易损坏刀尖；用90°车刀车端面时由于中心凸台是瞬时车掉的，容易损坏刀尖。45°车刀是较常用且更宜初学者使用的端面车刀。

2）顶尖装夹车端面

（1）先在轴的一端用120°中心钻钻中心孔。

（2）将顶尖装入尾座套筒，推动尾座，使顶尖顶紧中心孔，紧固尾座螺母。

（3）启动车床，用5°偏刀车端面，方法同上。操作方法如图3-9所示。

顶尖装夹车端面时，在车刀快接近顶尖时需放慢进刀速度，以免车刀碰上顶尖。

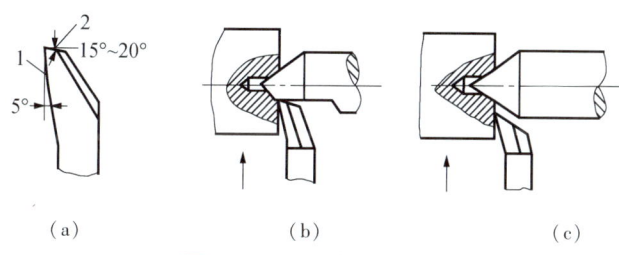

图3-9 顶尖装夹车端面

(a) 5°偏刀；(b) 死顶尖装夹；(c) 活顶尖装夹

1—副偏角；2—主切削勿与工件轴线方向夹角

3）车端面时需要注意的事项

（1）车端面一般用三爪夹盘装夹，因为三爪自定心夹盘可以自定心，无须找正。

（2）端面车刀在装夹时一定要与车床的主轴中心线等高，车刀高于主轴中心线会形成凸台，并且使车刀的后角抵住凸台，导致工件变形，无法完成加工项目；车刀低于主轴中心线，也会形成凸台并且会损坏刀尖。

（3）车削端面时，切削速度应比车外圆时略高。进给量不能过高，否则会形成螺纹状粗糙表面。

2. 车外圆

车外圆是车削轴类零件中最基本、最常见的加工方法。外圆车削是通过工件旋转和车刀的纵向进给运动来实现的，如图 3-10 所示。

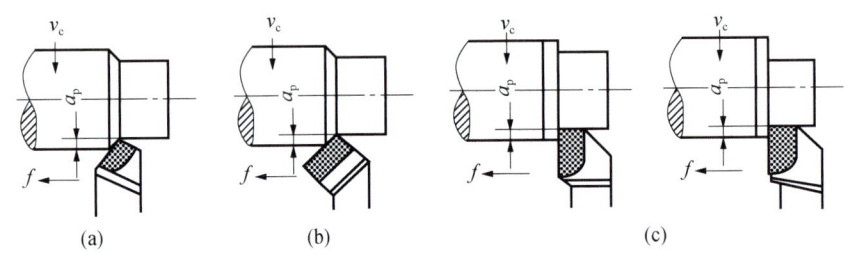

图 3-10 车外圆
(a) 75°车刀；(b) 45°车刀；(c) 90°车刀

1) 外圆车刀的选择

车外圆的车刀一般有 75°车刀（图 3-10（a））、45°车刀（图 3-10（b））、90°车刀（图 3-10（c））。粗车外圆时一般用 75°车刀，精车外圆时一般用 90°车刀。

2) 车外圆时的试切方法

车外圆时为了保证背吃刀量的准确性，一般采取试切法。即在开始车削时让车刀的刀尖轻轻接触工件的表面，此时记住溜板刻度盘上的数字，然后退回车刀，再以上次的数字作为基准，决定进刀量，如图 3-11 所示。

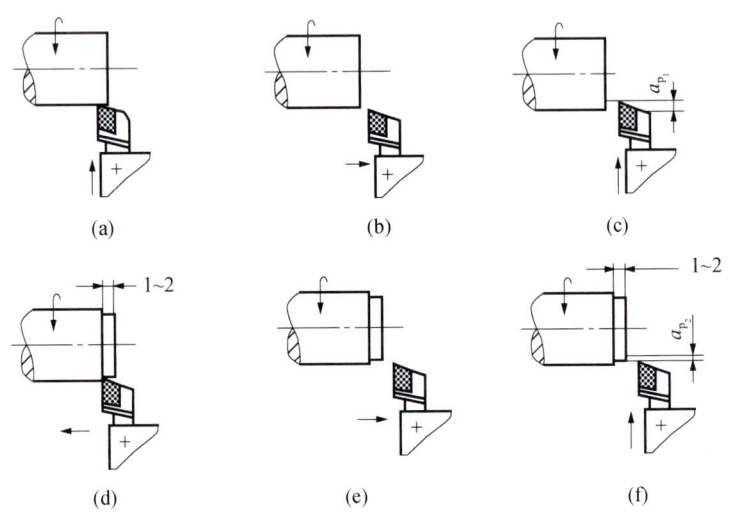

图 3-11 车外圆的试切方法及步骤

3) 车外圆时需要注意的问题

（1）粗车的目的是切除大部分余量，只要刀具和机床性能许可，粗车时，背吃刀量可以大一点，以减少切削时间，提高工效。

（2）精车时主要保证零件的加工精度和表面质量，因此，精车时切削速度较高，进给量较小,背吃刀量较小。

(3)车床转速要适宜,手动进给量要均匀。

(4)切削时先开车后进刀,切削完毕先退刀后停车。

(5)停车才能变速,检测工件时,变速手柄应置于空挡位置。

3. 车台阶

1)台阶

轴经常会由多个不同直径的圆组成,不同直径外圆的交界处称为台阶。台阶的车削需考虑外圆的尺寸和台阶的位置。台阶有低台阶和高台阶之分。

2)台阶车刀

车高台阶一般使用75°右偏刀和90°车刀,采用分层切削的方法进行;也可以先用75°右偏刀粗车后,再用90°外圆车刀精车。车低台阶可以一次车出。

3)车台阶的方法

车削低台阶(台阶高度小于5 mm),可用90°右偏刀在车外圆的同时车出台阶的端面。

车削高台阶时,可用75°车刀分几次先粗车,再用90°车刀最后一次纵向进给后,横向退出,将台阶端面精车一次。如图3-12所示。

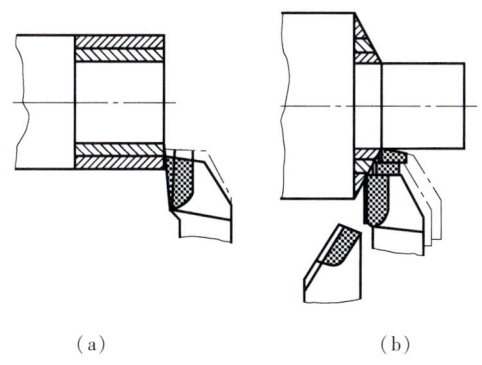

(a)　　　　　　　　(b)

图3-12　高台阶车削方法

(a)右偏刀分层切削;(b)75°、90°刀切削

4)台阶的测量

车削时,台阶长度可用钢直尺测量,同时用刀尖刻出线痕来确定,注意留有余地(一般留1~2 mm),如图3-13(a)所示。外圆表面直径用游标卡尺或外径千分尺直接测量。如图3-13(b)所示,对于长度要求精确的台阶可用深度游标卡尺来测量。

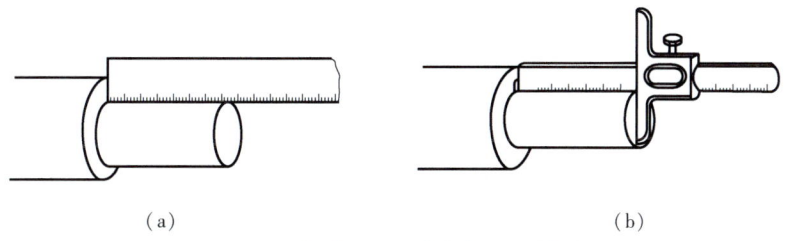

(a)　　　　　　　　(b)

图3-13　用钢直尺或深度游标卡尺检测台阶

(a)钢直尺测量长度;(b)深度尺测量长度

4. 用两顶尖安装方法车台阶轴

较长或加工工序较多的轴类工件，为保证工件同轴度要求，常采用两顶尖的装夹方法。如图 3-14 所示，工件支承在前后两顶尖间，由鸡心夹头、拨盘等带动旋转。前顶尖装在主轴锥孔内与主轴一起旋转，后顶尖装在尾架锥孔内固定不转。

在两顶尖上车削工件的优点是定位正确可靠，安装方便，车削的各挡外圆之间的同轴度良好，因此，它是车工广泛采用的方法之一。

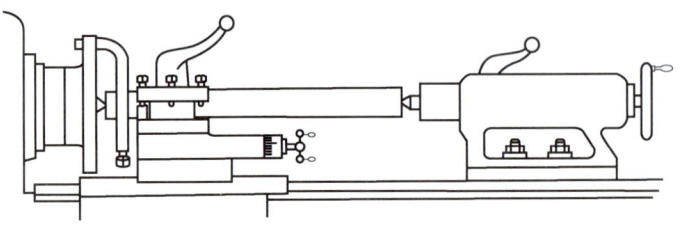

图 3-14 两顶尖安装工件

1）顶尖

顶尖的作用是定中心，承受工件的重量和车削切削力。顶尖分前顶尖和后顶尖两类。

（1）前顶尖：前顶尖随工件一起旋转，与中心孔间无相对运动，因而不产生摩擦。前顶尖的类型有两种：一种是插入主轴锥孔内的前顶尖，如图 3-15（a）所示，这种顶尖安装牢靠，适用于批量生产；另一种是夹在卡盘上的前顶尖，如图 3-15（b）所示。用一段钢料车一个台阶与三卡爪端面贴平夹紧，一端车 60°作顶尖即可，优点是制造安装方便，定心准确，缺点是顶尖硬度不够，容易磨损，车削过程中容易抖动，只适用于小批量生产。

（2）后顶尖：插入尾座套筒的顶尖叫后顶尖。后顶尖又分固定顶尖和回转顶尖两种，如图 3-16 所示。

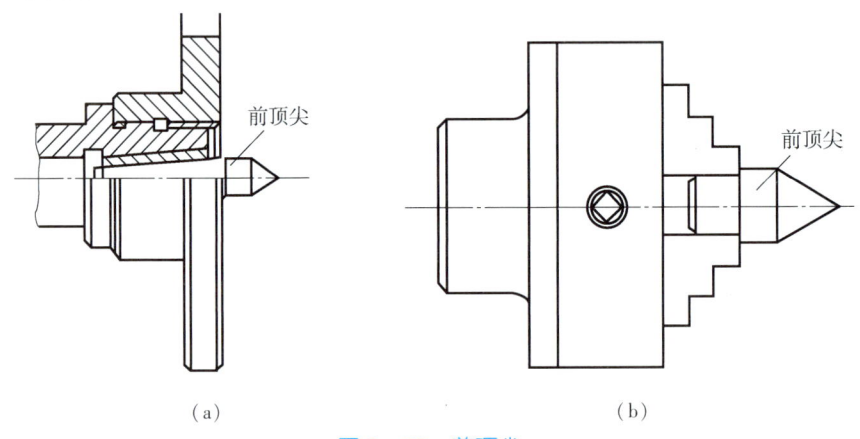

图 3-15 前顶尖
(a) 插入主轴锥孔的前顶尖；(b) 夹在卡盘上的前顶尖

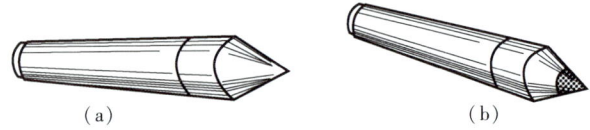

图 3-16 后顶尖
(a) 普通固定顶尖；(b) 硬质合金固定顶尖

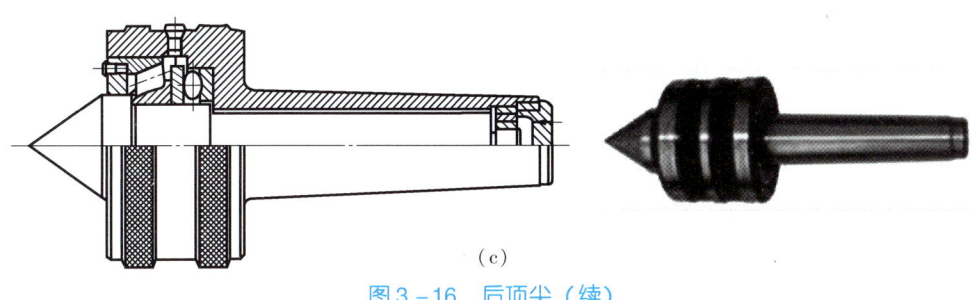

(c)

图 3-16 后顶尖（续）

(c) 回转顶尖

固定顶尖：在切削中，固定顶尖的优点是，定心准确，刚性好，切削时不容易产生振动，缺点是中心孔要产生滑动摩擦，容易发生高热，常会把中心孔或顶尖烧坏。一般适宜于低速精切削，目前固定顶尖大都用硬质合金制作，如图 3-16（b）所示。这种顶尖在高速旋转下不易损坏，但摩擦产生高热的情况仍然存在，会使工件发生热变形。

回转顶尖：为了避免后顶尖与工件之间摩擦，目前大都采用回转顶尖，如图 3-16（c）所示，以回转顶尖内部的滚动摩擦代替顶尖和工件中心孔的滑动摩擦，这样既承受高速，又可消除滑动摩擦产生热量，是目前比较理想的顶尖。缺点是定心精度和刚性差。

2）工件的安装和车削

（1）后顶尖的安装和对准中心。先擦净顶尖锥柄和尾座锥孔，然后用轴向力把顶尖装紧，接着向车头方向移动尾座，对准前、后顶尖中心，如图 3-17 所示。然后根据工件长度，调整尾座距离，并紧固。

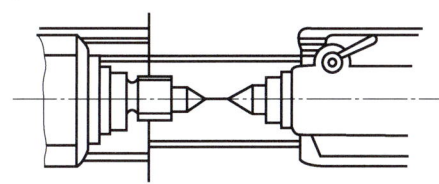

图 3-17 尾座与主轴对中心

用对分夹头或鸡心夹头（如图 3-18（a）、(b) 所示）夹紧工件一端，拨杆伸向端面，如图 3-18（c）所示。因两顶尖对工件只起定心和支撑作用，必须通过对分夹头或鸡心夹头的拨杆来带动工件旋转。

将夹有对分夹头的一端中心孔放置在前顶尖上，另一端中心孔用后顶尖支顶，松紧程度以没有轴向窜动为宜。如果后顶尖用固定顶尖支顶，应加润滑油，然后将尾座套筒的紧固螺钉压紧。

（2）粗车外圆、测量并逐步校正外圆锥度。工件安装完毕，粗车外圆，并测量两端直径差的 1/2（对光轴），调整尾座的横向偏移量。如工件右端直径大，左端直径小，尾座应向操作者方向移动。如工件右端直径小，左端直径大，尾座的移动方向则相反。为了节省校正工件的时间，往往先将工件中间车凹，如图 3-19 所示，注意留精车余量。然后车削两端外圆，并测量找正即可。

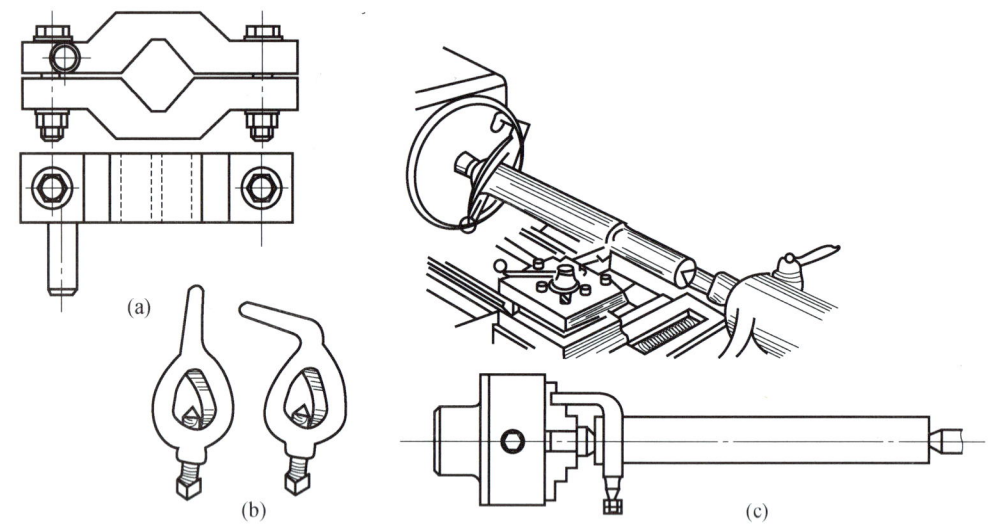

图 3-18 用鸡心夹头装夹工件

(a) 分夹头；(b) 鸡心夹头；(c) 拨杆带动工件旋转

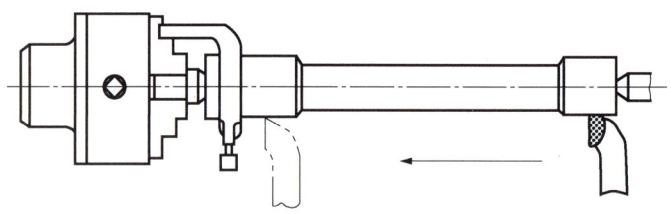

图 3-19 车两端外圆、校正尾座中心

（3）容易产生的问题和注意事项：

①切削时，大拖板应左右移动全过程，观察大拖板有无碰撞现象。

②注意防止对分夹头的拨杆与卡盘平面碰撞而破坏顶尖的定心作用。

③防止死顶尖支顶太紧，否则工件容易发热、膨胀变形。

④顶尖支顶太松，切削时工件容易振动，造成工件的外圆不圆，从而影响同轴度。

⑤随时注意前顶尖是否松动，以防工件不同轴。

⑥工件在顶尖上安装时，应保持中心孔的清洁和防止碰伤。

⑦在车削过程中要随时注意两顶尖的松紧程度，并及时加以调整。

⑧切削时为了增加工件的刚性，在条件许可下，尾座套筒不宜伸出过长。

⑨鸡心夹头或对分夹头必须牢靠支撑住工件，以防止切削时移动、打滑、损坏刀具。

⑩注意安全，防止对分夹头或鸡心夹头勾衣伤人。要及时使用专用工具清除没有折断的长铁屑。

5. 用一夹一顶安装方法车台阶轴

用两顶尖车削轴类零件的优点虽然很多，但刚性较差，对粗大笨重的工件，安装时稳定性不够，切削用量不能太高，因此，通常选用一夹一顶的安装方法。如图 3-20 所示，它的定位是一端外圆和另外一端的中心孔。为了防止轴向移动，通常在卡盘内装一个轴向限位支撑或在工件的被夹部位车一个 10~20 mm 长度台阶，作为轴向限位支撑，如图 3-20 所示。这种装夹方法比较安全、可靠，能承受较大的轴向切削力，因此它是车工通常用的装夹方法。但是这种方法的缺点是，对于有相互位置精度要求的工件，调头车削时校正比较困难。

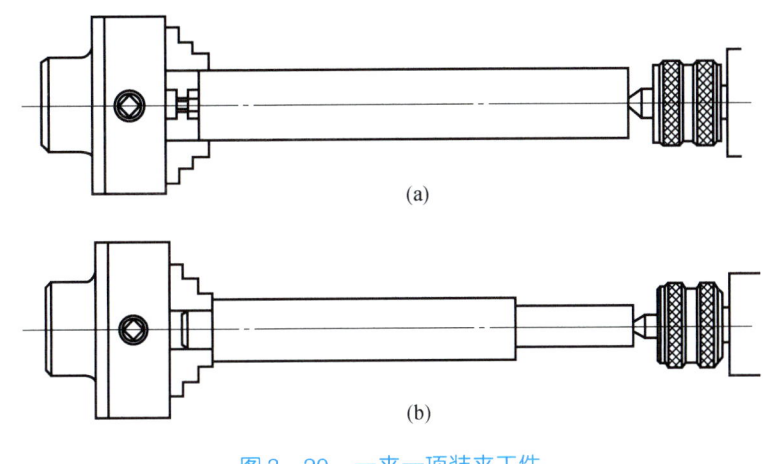

图 3-20 一夹一顶装夹工件
(a) 轴向限位支撑；(b) 台阶限位支撑

容易产生的问题和注意事项：

(1) 一夹一顶，通常要求用轴向限位支撑，否则在轴向切削力的作用下，工件易产生轴向移动，要随时注意后顶尖的松紧情况，并及时给予调整，以防发生事故。

(2) 顶尖支顶不能过松或过紧。过松，工件跳动形成扁圆，同轴度误差较大。过紧，容易产生摩擦热，容易烧坏顶尖，工件要产生热变形。

(3) 不准用手拉切屑，以防割破手指。

(4) 粗车多台阶工件时，台阶长度余量一般只需要留右端第一挡。

(5) 台阶内、外应保持垂直、清角，防止产生凹坑和小台阶。

二、操作练习

【任务 1】 车削简单外圆

(一) 实施目标

学会分析零件的工艺内容，并能合理确定零件的加工工艺方案；

(二) 工艺分析

1. 识读零件图

本任务实训零件图如图 3-21 所示。

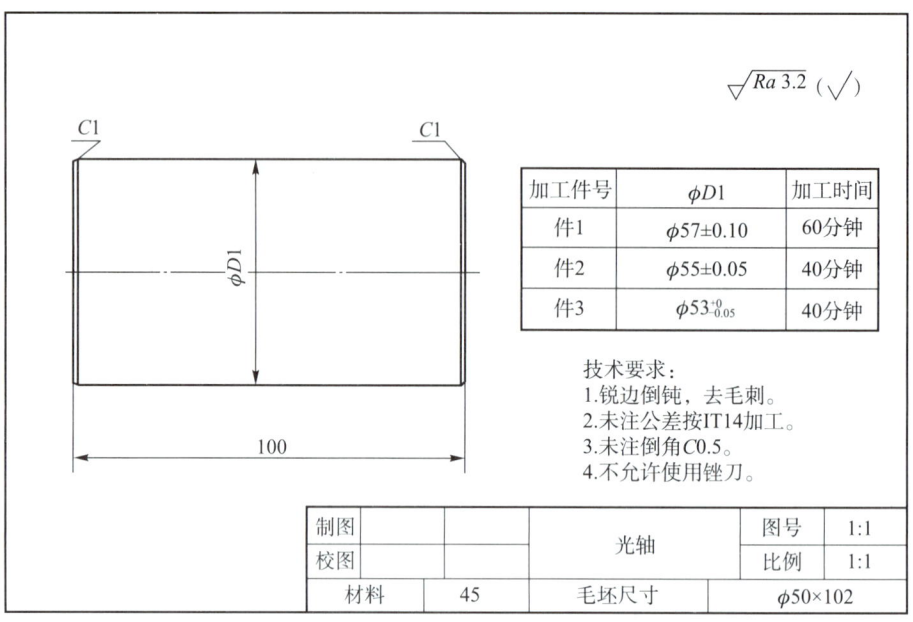

(a)

(b)

图 3-21 光轴零件图与实物图
(a) 光轴零件图；(b) 光轴实物图

根据图样要求，此轴分三次加工，加工后的轴命名为件1、件2和件3，其相关尺寸与技术要求，见图中技术要求与尺寸列表。同一轴经三次外圆加工，既节约原材料，同时又能达到熟练掌握车削简单外圆基本技能的目的。由零件图可知，外圆尺寸精度有要求，而且工件2的精度比工件1的精度高，工件3的精度比工件2的精度高，这样随着加工熟练程度的提高，加工精度要求也随之提高。零件材料为45钢。毛坯尺寸为 $\phi 60 \text{ mm} \times 102 \text{ mm}$。

2. 工艺分析

1）工、量、刃具准备

图3-21所示零件工、量、刃具准备清单如表3-4所示。

表 3-4 工、量、刃具清单

序号	名称	规格	精度	数量	备注
1	游标卡尺	0～150 mm	0.02 mm	1	
2	千分尺	25～50 mm	0.01 mm	1	
3		50～75 mm	0.01 mm	1	
4	百分表及表座	0～10 mm		各1	
5	90°外圆车刀	刀杆 25 mm×25 mm		1	
6	45°端面车刀	刀杆 25 mm×25 mm		1	
7	其他附具	垫刀片		若干	
8		油石		1	
9		铜皮	厚 0.2 mm	若干	
10		活络顶尖	莫氏 5#	1	
11		铁屑钩子		若干	
12		油壶		1	
13		刷子		1	
14		卡盘、刀架扳手	CA6140	1	
15		加力杆		1	
16	材料	45#钢 φ60×102 mm			
17	车床	CA6140			

2）制定工艺路线

（1）夹紧工件毛坯，伸出卡盘约 65 mm。

（2）粗车零件端面。

（3）粗车外圆，留半精车余量 1 mm。

（4）半精车外圆，留精车余量 0.5 mm。

（5）在线测量。

（6）精车零件外圆至图纸尺寸要求。

（7）调头，用铜皮装夹工件，伸出卡盘约 50 mm。

（8）车削端面符合图纸长度尺寸要求。

（9）粗车外圆，留半精车余量 1 mm。

（10）半精车外圆，留精车余量 0.5 mm。

(11) 在线测量。

(12) 精车零件外圆至图纸尺寸要求。

(三) 操作注意事项

(1) 能合理组织工作位置，掌握正确的操作姿势。

(2) 遵守操作规程，养成文明生产、安全生产的良好习惯。

(3) 正确使用量具进行检测。测量时，应关掉主电动机，防止发生意外。尺与测量面要贴平，以防止测量误差。

(4) 车未停稳时，不准测量与装卸工件。

(5) 加工工件时，刀具和工件必须夹紧，否则会发生事故。车削时，应注意力集中，防止滑板与刀架相撞等事故的发生。

(6) 工件加工前后，都要将工、量、刃具有序摆放。使用后的工、量、刃具要摆放回原处。

(7) 加工之前要测量毛坯的外圆与长度是否符合要求。

(8) 加工过程中注意冷却液浇注在刀尖上。

(9) 车削工件时应先开车后进刀，车削结束时应先退刀后停车，否则车刀容易损坏。变换刀架时应远离工件，防止车刀打坏。

(10) 变换转速时应先停车后变换，否则容易损坏主轴箱内的齿轮。

(11) 装夹工件时注意工件的伸出长度要比最终加工长度稍长。

(12) 掌握试刀、试切削的方法，控制外圆尺寸。

(13) 加工工件时要粗、精车分开，粗车后要检测精度后再精车。粗精车时应变换转速和进给量，变换时应先停车，关掉主电动机，否则容易损坏主轴箱内的齿轮。

(14) 精车工件外圆时，夹持部分的外圆表面要包铜皮以免夹具夹伤工件，同时夹具不可夹得太紧，以免夹伤工件，也不可夹的太松，以免加工时工件受力太大而脱落或飞出。

(15) 摇动中滑板进行车削时，应注意消除中滑板的空行程，防止产生机床误差。

(16) 加工时车刀必须对准工件的旋转中心。工件端面留有凸台，是45°刀尖没有对中心，偏高或偏低。

(四) 加工零件，符合图样要求

检查坯料尺寸后，装夹毛坯，安装刀具并对刀，加工零件。

(五) 任务评价

工件加工过程中，要对工件进行检测及误差和质量分析，将检测和分析结果填写在任务实施评价表中。如表3-5和表3-6所示。

表 3-5　任务实施评价表

姓名		机床号		任务序号		加工日期	
序号	考核内容	考核要求	配分	评分标准	检测结果	扣分	得分
1	光轴件1	$\varphi 57 \pm 0.10$	50	超差0.01 mm扣3分			
2		100	20	超差不得分			
3		表面粗糙度3.2μm	5	超差1处扣0.5分			
4		倒角	10（2处）	未成形不得分			
5	安全文明生产	按要求操作或者按企业有关规定	从总分中扣除	每违反一项规定扣2分（包括非正常崩刀）			
6	其他要求	工件局部无缺陷		有一处没有成形扣2分（最多扣10分）			
7	合计						

表 3-6　职业素养与安全操作规范评价表

姓名	安全操作规范			职业素养						总评
	着装		规范操作	工作态度	迟到	早退	文明礼仪	团队合作	遵守纪律	
××	优		良	优	无	无	良	合格	优	

（六）加工件2、件3

以件1操作步骤与工艺为参考，请学生分别自行制订件2、件3的加工工艺与加工步骤。并修改加工程序，先加工件2，后加工件3，分别符合图样要求。

【任务2】　加工台阶轴

（一）实施目标

学会分析零件的工艺内容，并能合理确定零件的加工工艺方案；

（二）工艺分析

1. 识读零件图

本任务实训零件图如图3-22所示。

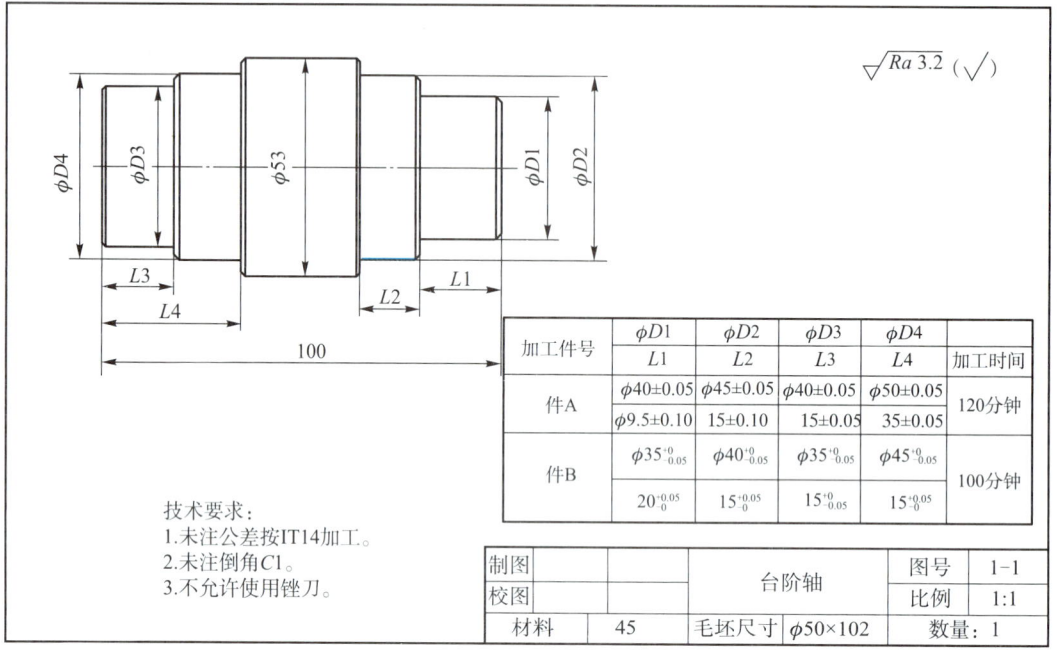

(a)

(b)

图 3-22 台阶轴零件图与实物图
(a) 台阶轴零件图 (b) 台阶轴实物图

根据图样要求，此轴分两次加工，加工后的轴命名为件 A 和件 B，其相关尺寸与技术要求，见图中技术要求与尺寸列表。由零件图可知，外圆尺寸精度要求比较高，除此之外的外圆表面质量和长度尺寸精度也有一定的要求。工件 B 的精度比工件 A 的精度高，加工时应注意。零件材料为 45 钢，毛坯尺寸为 $\phi 60 \text{ mm} \times 102 \text{ mm}$。本次任务是一个多台阶轴的加工，注意倒角处的加工方式。

2．工艺分析

1）工、量、刃具准备

图 3-22 所示零件工、量、刃具准备清单如表 3-7 所示。

表3-7 工、量、刃具准备清单

序号	名称		规格	精度	数量	备注
1	游标卡尺		0~150 mm	0.02 mm	1	
2	千分尺		25~50 mm	0.01 mm	1	
3			50~75 mm	0.01 mm	1	
4	百分表及表座		0~10 mm		各1	
5	90°外圆车刀		刀杆25 mm×25 mm		1	
6	45°端面车刀		刀杆25 mm×25 mm		1	
7	其他附具	垫刀片			若干	
8		油石			1	
9		铜皮	厚0.2 mm		若干	
10		活络顶尖	莫氏5#		1	
11		铁屑钩子			若干	
12		油壶			1	
13		刷子			1	
14		卡盘、刀架扳手	CA6140		1	
15		加力杆			1	
16	材料		45#钢 φ60×102 mm			
17	车床		CA6140			

2）制定工艺路线

（1）夹紧工件，伸出卡盘约50 mm。

（2）粗精车端面。

（3）粗车外圆 $\phi D4$ 至 $\phi 51$ mm，长度为（$L4-0.5$）mm，再粗车外圆 $\phi D3$ 至 $\phi 41$，长度为（$L3-0.5$）mm。

（4）精车外圆 $\phi D3$ 至 $\phi 40 \pm 0.05$ mm，长度为 15 ± 0.05 mm，再精车外圆 $\phi D4$ 至 $\phi 50 \pm 0.05$ mm，长度为 35 ± 0.05 mm。

（5）倒角，锐边倒钝。

（6）调头夹住外圆 $\phi D3$，粗精车端面、保证总长100 mm。

（7）粗车外圆 $\phi D1$ 至 $\phi 41$ mm，长度为（$L1-0.5$）mm，再粗车外圆 $\phi D2$ 至 $\phi 46$，长度为（$L2-0.5$）mm。

（8）精车外圆 $\phi D1$ 至 $\phi 40 \pm 0.05$ mm，长度为 19.5 ± 0.10 mm，再精车外圆 $\phi D2$ 至 $\phi 45 \pm 0.05$ mm，长度为 15 ± 0.10 mm。

（9）倒角，锐边倒钝。

（10）检测。

(三)操作注意事项

(1) 台阶面和外圆相交处要清角,防止产生凹坑和小台阶。

(2) 台阶面不垂直,可能是车刀主偏角小于90°,以及车刀没有从里向外横向切削。

(3) 相交处发现凹凸圆弧,原因是刀钝及刀尖圆弧较大。

(4) 台阶面和外圆相交处要清角,防止产生凹坑和小台阶,并引起测量误差。

(5) 45°车刀必须严格对准工件的旋转中心,防止工件端面留有凸台。

(6) 粗车后要检测精度。

(四)加工零件,符合图样要求

检查坯料尺寸后,装夹毛坯,安装刀具并对刀,加工零件。注意粗车、半精车后及时检测零件尺寸,及时调整,精加工后零件符合图样要求。

(五)任务评价

工件加工过程中,要对工件进行检测及误差和质量分析,将结果填写在任务实施评价表中。如表3-8和表3-9所示。

表3-8 任务实施评价表

姓名		机床号		任务序号		加工日期	
序号	考核内容	考核要求	配分	评分标准	检测结果	扣分	得分
1		$\phi D1$	10	超差0.01 mm扣2分			
2	件A	$L1$	9	超差不得分			
		$\phi D2$	10	超差0.01 mm扣2分			
		$L2$	9	超差不得分			
		$\phi D3$	10	超差0.01 mm扣2分			
		$L3$	9	超差不得分			
		$\phi D4$	10	超差0.01 mm扣2分			
		$L4$	9	超差不得分			
3		表面粗糙度3.2 μm	8	超差1处扣0.5分			
4		倒角	8	不合要求不得分			
		锐角倒钝	8	不合要求不得分			
5	安全文明生产	按要求操作或者按企业有关规定	从总分中扣除	每违反一项规定扣2分(包括非正常崩刀)			
6	其他要求	工件局部无缺陷		有一处没有成形扣2分(最多扣10分)			
7	合计						

表3-9 职业素养与安全操作规范评价表

姓名	安全操作规范		职业素养						总评
^	着装	规范操作	工作态度	迟到	早退	文明礼仪	团队合作	遵守纪律	^
××	优	良	优	无	无	良	合格	优	

（六）加工件B

以件A操作步骤与工艺为参考，请学生分别自行制订件B的加工工艺与加工步骤。

【任务3】 一夹一顶车削外圆轴

（一）实施目标

学会分析零件的工艺内容，并能合理确定零件的加工工艺方案；

（二）工艺分析

1. 识读零件图

本任务实训零件图如图3-23所示。

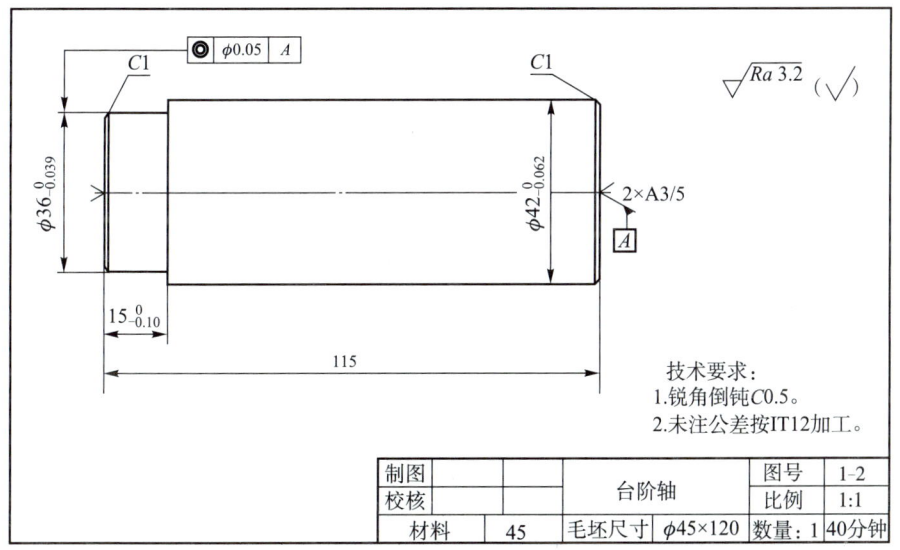

图3-23 台阶轴零件图

由零件图可知，外圆尺寸精度要求比较高，加工时应粗、精加工分开。两轴有同轴度的要求，加工时要注意保证精度。零件材料为45钢，毛坯尺寸为 $\phi 45 \ mm \times 120 \ mm$。

2. 工艺分析

1）工、量、刃具准备

图 3-23 所示零件工、量、刃具准备清单如表 3-10 所示。

表 3-10 工量刃具清单

序号	名称	规格	精度	数量	备注
1	游标卡尺	0～150 mm	0.02 mm	1	
2	外径千分尺	0～25 mm	0.01 mm	1	
3		25～50 mm	0.01 mm	1	
4	百分表及表座	0～10 mm		各1	
5	90°外圆车刀	刀杆 25 mm×25 mm		1	
6	45°端面车刀	刀杆 25 mm×25 mm		1	
7	中心钻	A3		1	
8	其他附具	垫刀片		若干	
9		油石		1	
10		铜皮	厚 0.2 mm	若干	
11		活络顶尖	莫氏 5#	1	
12		铁屑钩子		若干	
13		油壶		1	
14		刷子		1	
15		卡盘、刀架扳手	CA6140	1	
16		加力杆		1	
17	材料	45#钢 $\phi45 \times 120$ mm			
18	车床	CA6140			

2）制定工艺路线

（1）装夹工件毛坯外圆，伸出 50 mm 左右，找正夹紧。

（2）粗精车端面。

（3）钻中心孔 A3/5。

（4）粗精车毛坯外圆至 $\phi36_{-0.039}^{0}$ mm，长度为 $15_{-0.10}^{0}$ mm。

（5）倒角 $C1$。

（6）工件掉头，夹工件毛坯外圆，伸出 50 mm 左右，找正夹紧。

（7）粗精车端面，保证总长 115 mm。

（8）钻中心孔 A3/5。

（9）一夹一顶（夹工件外圆 $\phi36$ mm 长为 10 mm 左右，顶中心孔）。

(10) 粗精车毛坯外圆至 $\phi 42_{-0.062}^{0}$ mm，长度至台阶处。

(11) 倒角 C1，锐角倒钝 C0.5。

(12) 检验。

（三）操作注意事项

(1) 加工工件时，刀具和工件必须夹紧，否则会发生事故。

(2) 装夹时中心钻的轴线应与工件旋转中心一致。

(3) 中心孔钻好时不能马上退出，应停留 1~2 秒钟再退出，使中心孔光、圆、准确。

(4) 一夹一顶时顶尖不能顶的太紧或太松。过紧，易产生摩擦热，烧坏顶尖及中心孔。过松，工件产生跳动，外圆变形。

(5) 一夹一顶车削时，工件在轴向力的作用下，工件容易产生轴向位移。因此要随时注意活络顶尖的转动情况，并及时调整，防止产生事故。

(6) 注意粗车、半精车后要及时检测零件尺寸。精加工后零件要符合图样要求。

（四）钻削时中心钻折断的原因

(1) 工件端面留有凸台，使中心钻钻偏折断。

(2) 中心钻没有对准工件的旋转中心。

(3) 在移动尾座时不小心撞断。

(4) 钻削时转速太低，进给太大。

（五）加工零件，符合图样要求

检查坯料尺寸后，装夹毛坯，安装刀具并对刀，加工零件。

（六）任务评价

工件加工过程中，要对工件进行检测及误差和质量分析，将检测和分析结果填写在任务实施评价表中。如表 3 – 11 和表 3 – 12 所示。

表 3 – 11　任务实施评价表

姓名		机床号		任务序号		加工日期	
序号	考核内容	考核要求	配分	评分标准	检测结果	扣分	得分
1	外圆	$\phi 42_{-0.062}^{0}$	14	超差 0.01 mm 扣 2 分			
2		$\phi 36_{-0.039}^{0}$	14	超差 0.01 mm 扣 2 分			
3	长度	115	5	超差不得分			
4		$15_{-0.10}^{0}$	12	超差不得分			
5	形位公差	◎ $\phi 0.05$ A	12	超差不得分			

续表

序号	考核内容	考核要求	配分	评分标准	检测结果	扣分	得分
6	安全文明生产	按要求操作或者按企业有关规定	从总分中扣除	每违反一项规定扣2分（包括非正常崩刀）			
7	其他要求	工件局部无缺陷		有一处没有成形扣2分（最多扣10分）			
8		中心孔 A3/5（两端）	8	各4分、不符无分			
9		倒角 C1	8	不符合无分			
10		锐角倒钝 C0.5	4	不符合无分			
11	合计						

表3-12 职业素养与安全操作规范评价表

姓名	安全操作规范		职业素养					总评
	着装	规范操作	工作态度	迟到	早退	文明礼仪	团队合作	遵守纪律	
××	优	良	优	无	无	良	合格	优	

【任务4】 两顶尖装夹车削外圆轴

（一）实施目标

学会分析零件的工艺内容，并能合理确定零件的加工工艺方案；

（二）工艺分析

1. 识读零件图

本任务实训零件图如图3-24所示。

由零件图可知，三个外圆尺寸精度要求都比较高，加工时应粗、精加工分开。轴的左右两端有同轴度的要求，加工时要注意保证同轴度的精度。零件材料为45钢，毛坯尺寸为 $\phi 45$ mm×120 mm。

2. 工艺分析

1）工、量、刃具准备

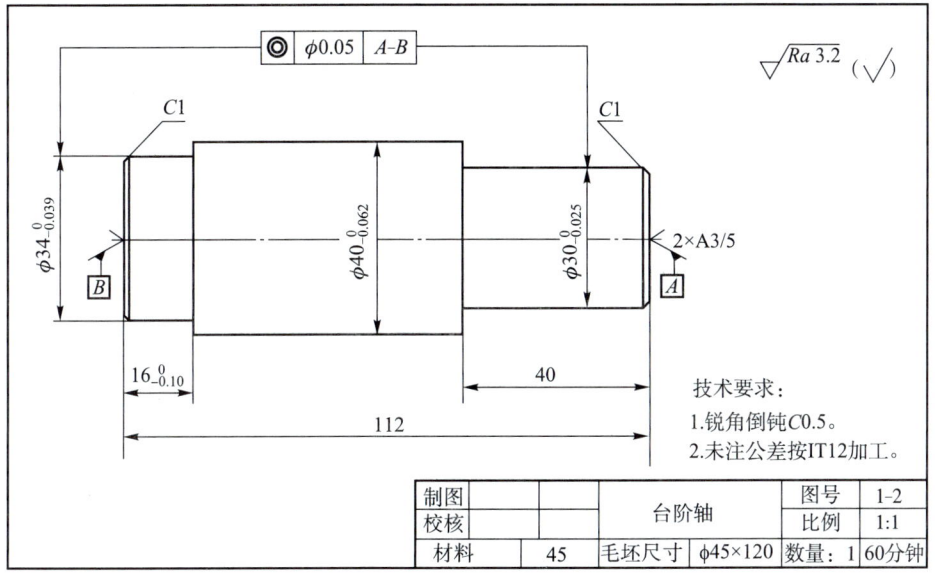

图 3-24 台阶轴零件图

图 3-17 所示零件工、量、刃具准备清单如表 3-13 所示。

表 3-13 工、量、刃具清单

序号	名称	规格	精度	数量	备注
1	游标卡尺	0~150 mm	0.02 mm	1	
2	外径千分尺	0~25 mm	0.01 mm	1	
3		25~50 mm	0.01 mm	1	
4	百分表及表座	0~10 mm		各1	
5	90°外圆车刀	刀杆 25 mm×25 mm		1	
6	45°端面车刀	刀杆 25 mm×25 mm		1	
7	中心钻	A3		1	
8	钻夹头	莫氏 5#、1~13 mm		1	
9	自制前顶尖	60°		1	
10	鸡心夹头	夹持外圆 $\phi25~\phi50$		1	
11	其他附具	垫刀片		若干	
12		油石		1	
13		铜皮	厚 0.2 mm	若干	
14		活络顶尖	莫氏 5#	1	
15		铁屑钩子		若干	
16		油壶		1	

续表

序号	名称	规格	精度	数量	备注
17	其他附具	刷子		1	
18		卡盘、刀架扳手	CA6140	1	
19		加力杆		1	
20	材料		45#钢 $\phi 45 \times 120$ mm		
21	车床		CA6140		

2）制定工艺路线

（1）装夹工件 $\phi 42$ mm 外圆，伸出 50 mm 左右，找正夹紧。

（2）粗精车端面，钻中心孔 A3/5。

（3）粗车外圆 $\phi 42$ mm 至 $\phi 31$ mm，长度为 39.5 mm。

（4）掉头装夹工件外圆 $\phi 42$ mm，伸出 20 mm 左右，找正夹紧。

（5）粗精车端面，保证总长 112 mm。

（6）钻中心孔 A3/5。

（7）一夹一顶（夹工件外圆 $\phi 31$ mm 长为 20 mm）

（8）粗车外圆 $\phi 36$ mm 至 $\phi 35$ mm，长度为 15.5 mm。粗精车外圆 $\phi 42$ mm 至 $\phi 41$ mm，长度至台阶处。

（9）精车外圆 $\phi 41$ mm 至 $\phi 40_{-0.062}^{0}$ mm，长度至台阶处。

（10）两顶尖装夹工件。

（11）精车外圆 $\phi 35$ mm 至 $\phi 34_{-0.039}^{0}$ mm，长度 15.5 mm 为 $16_{-0.10}^{0}$ mm。

（12）工件掉头精车外圆 $\phi 31$ mm 至 $\phi 30_{-0.025}^{0}$ mm，长度 39.5 mm 为 40 mm。

（13）倒角 C1，锐角倒钝 C0.5。

（14）检验。

(三) 操作注意事项

（1）加工工件时，刀具和工件必须夹紧，否则会发生事故。

（2）两顶尖装夹工件时，要保证前、后顶尖的中心线与车床主轴轴线同轴，否则车出的工件会产生锥度。

（3）中心孔钻好时不能马上退出，应停留 1~2 秒钟再退出，使中心孔光、圆、准确。

（4）当后顶尖用固定顶尖时，由于中心孔与顶尖间为滑动摩擦，故应在中心孔内加入润滑脂（凡士林），以防温度过高而损坏顶尖或中心孔。

（5）两顶尖装夹时，前顶尖装夹后锥面要车削一刀，保证形位公差的精确性。

（6）45°车刀必须严格对准工件的旋转中心，防止工件端面留有凸台，使中心钻钻偏折断。

（7）前、后顶尖与工件中心孔之间的配合必须松紧合适，鸡心夹头装夹应牢靠，防止工件在车削过程中掉落。

（8）注意粗车、半精车后要及时检测零件尺寸。精加工后零件要符合图样要求。

(四) 加工零件，符合图样要求

检查坯料尺寸后，装夹毛坯，安装刀具并对刀，加工零件。

(五) 任务评价

工件加工过程中，要对工件进行检测及误差和质量分析，将检测和分析结果填写在任务实施评价表中。如表 3-14 和表 3-15 所示。

表 3-14 任务实施评价表

姓名		机床号			任务序号		加工日期	
序号	考核内容	考核要求		配分	评分标准	检测结果	扣分	得分
1	外圆	$\phi 40_{-0.062}^{\ 0}$		12	超差0.01 mm扣2分			
2		$\phi 34_{-0.039}^{\ 0}$		12	超差0.01 mm扣2分			
		$\phi 30_{-0.025}^{\ 0}$		12	超差0.01 mm扣2分			
3	长度	112		6	超差不得分			
4		$16_{-0.10}^{\ 0}$		8	超差不得分			
		40		6	超差不得分			
5	形位公差	◎ $\phi 0.05$ A—B		12	超差不得分			
6	安全文明生产	按要求操作或者按企业有关规定		从总分中扣除	每违反一项规定扣2分（包括非正常崩刀）			
7		工件局部无缺陷			有一处没有成形扣2分（最多扣10分）			
8	其他要求	中心孔 A3/5（两端）		4	各2分、不符合无分			
9		倒角 C1		4	不符合无分			
10		锐角倒钝 C0.5		2	不符合无分			
11	合计							

表 3-15 职业素养与安全操作规范评价表

姓名	安全操作规范		职业素养						总评
	着装	规范操作	工作态度	迟到	早退	文明礼仪	团队合作	遵守纪律	
××	优		良	优	无	无	良	合格	优

三、知识拓展

（一）切削过程分析与切削液

金属切削过程：工件上多余的金属层，在刀刃的切割、前刀面的推挤下，产生变形、滑移、分离而形成切屑的过程。

1. 切屑的类型

常见的几种切屑类型如图 3 - 25 所示。

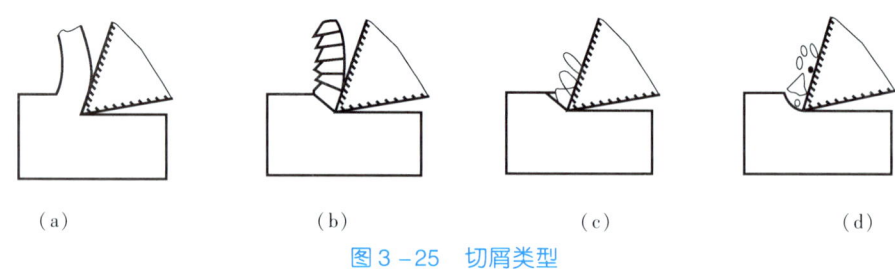

图 3 - 25　切屑类型

(a) 带状切屑；(b) 挤裂切屑；(c) 单元切屑；(d) 崩碎切屑

1）带状切屑

当选择较高的切削速度、较大的车刀前角车削塑性金属材料时，容易产生内表面光滑而外表面粗糙的切屑，称带状切屑，如图 3 - 25（a）所示。

特点：在生产中最常见的是带状切屑，产生带状切屑时，切削过程比较平稳，因而工件表面较光滑，刀具磨损也较慢。但带状切屑过长时会妨碍车削，并容易发生人身事故，所以应采取断屑措施。

2）挤裂状切屑

当切削速度较低、切削厚度较大、前角较小的情况下，切削塑性材料的金属时，容易产生内表面有裂纹、外表面呈齿状的切屑，叫挤裂状切屑，如图 3 - 25（b）所示。

3）单元切屑

在挤裂切屑形成的过程中，若整个剪切面上所受到的剪应力超过材料的破裂程度时，切屑就成为粒状，这就形成了单元切屑，又称粒状切屑，如图 3 - 25（c）所示。

4）崩碎切屑

切削铸铁、黄铜等脆性材料时，切屑层来不及变形就已经崩裂，呈现出不规则的粒状切屑，叫崩碎切屑，如图 3 - 25（d）所示。

2. 积屑瘤

1）积屑瘤的形成

在中等切削速度下切削钢料、有色金属等塑性材料时，由于切屑和前刀面产生剧烈摩擦，当摩擦力超过切屑内部结合力时，一部分金属离开切屑被"冷焊"到前刀面上，从而形成了积屑瘤，如图 3 - 26 所示。产生积屑瘤的决定因素是切削温度。

2）积屑瘤的影响

（1）积屑瘤能代替切削刃进行切削，增大实际前角，从而减小切屑变形和切削力，保护切削刃刃口，如图 3 - 27 所示。

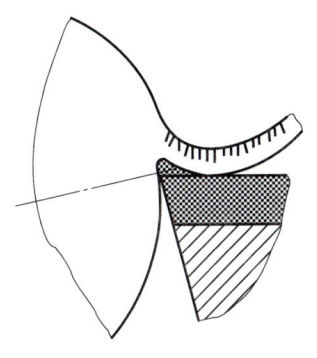

图 3 - 26　积屑瘤

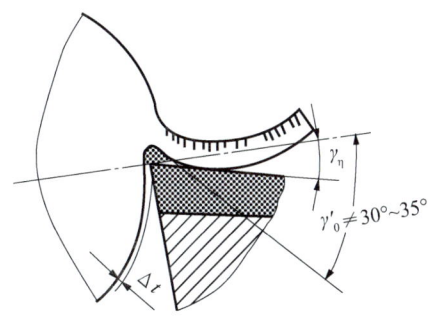

图 3 - 27　积屑瘤对加工的影响

（2）积屑瘤影响加工表面粗糙度与尺寸精度，降低切削加工质量。

（3）积屑瘤会造成切削力的波动，刀具无法形成稳定的刀面和刀刃，切削不稳定，易产生振动。

纵观上述内容，显然积屑瘤对粗加工有利，对精加工是不利的。

3）积屑瘤的控制

（1）降低工件材料的塑性，提高硬度，抑制积屑瘤的产生。

（2）控制切削速度，越过形成积屑瘤的适宜温度，在低速和高速状态下，均不会产生积屑瘤，在中速 $v_c > 15 \sim 25$ m/min 切削中碳钢时，产生的切削温度约为 300 ℃ ~ 400 ℃，是形成积屑瘤的适宜温度，此时摩擦系数最大，积屑瘤生长得最高，因而表面粗糙度值最大。

（3）增大前角，减小切削变形，切削力减小，切削温度下降，从而减小积屑瘤。

（4）减小进给量、减小刀具前刀面的表面粗糙度值、合理使用切削液等，都可以抑制积屑瘤的形成。

3. 断屑

车削时影响断屑的因素很多，主要原因有：

1）刀具几何角度

对断屑影响最大的刀具几何角度是主偏角和前角。前角增大，切屑变形减小；前角减小，切屑变形增大，易断屑。主偏角增大，切屑变形增大，易断屑。刃倾角可通过改变角度正负值从而改变切屑流向，影响断屑。

2）切削用量

实践证明，切削用量中对断屑影响最大的是进给量，其次是背吃刀量和切削速度。增大进给量，切屑变形增大，易断屑。

3）断屑槽的形状尺寸

断屑槽有直线型、圆弧形和直线圆弧形等几种。断屑槽的宽度对断屑的影响很大，宽度小，切屑变形大，易断屑。当进给量和背吃刀量增大时，断屑槽的宽度也应稍大一些。

4. 切削力

切削加工时，工件材料抵抗刀具切削所产生的阻力称为切削力。切削力来源于工件的弹性变形与塑性变形抗力、切屑对前刀面及工件对后刀面的摩擦力。影响切削力的主要原因如下：

1）工件材料

工件材料的硬度、强度越高，其切削力就越大。切削脆性材料比切削塑性材料的切削力要小一些。

2）切削用量

切削用量中对切削力影响最大的是背吃刀量，其次是进给量，影响最小的是切削速度。背吃刀量增大一倍，切削力也增大一倍。

3）车刀几何角度

车刀几何角度中对切削力影响最大的是主偏角、前角。

（1）主偏角 κ_r。增大主偏角，使径向力减小，而轴向力增大，所以在车削细长轴时一定要选用大的主偏角。

（2）前角 γ_o。增大前角，则车刀锋利，切削变形小，切削力也小。

5. 切削热与切削温度

切削热与切削温度是金属切削过程中的重要物理现象之一，切削热与切削力产生的原因相同。切削温度与切削热有着密切的联系，切削温度一般指切屑与前刀面接触区域的平均温度。切削温度的高低与切削热的产生和切削热的传递两个因素有关，切削热通过切屑、工件、刀具和周围的介质传递出去。其中切屑传导的最多，能达切削热的50%～80%；工件传导40%～15%；车刀传导9%～4%；从空气中传递的最少，约1%。

影响切削热的因素有工件材料、刀具几何角度和切削用量等，其中对切削热影响最大的是切削速度，其次是进给量，而影响最小的是背吃刀量。

6. 使用切削液的注意事项

（1）粗加工时产生热量多，应采用以冷却为主的乳化液，精加工时主要是为了获得较高的加工精度，应采用以润滑为主的切削液。

（2）切削液必须浇注于切削区域。

（3）用硬质合金车刀切削时，一般不加切削液。如果使用切削液，必须从开始连续充分地浇注。

（4）控制好切削液的流量。太小起不到应有的作用，太大会造成切削液的浪费。

（5）加注切削液可以采用浇注法和高压冷却法。浇注法简便易行，一般车床均有这种冷却系统。高压冷却法是以较高的压力和流量将切削液喷向切削区，这种方法一般用于半封闭加工或车削难加工的材料。

（6）车削脆性材料时，如铸铁，一般不加切削液，若加只能加注煤油。车削镁合金时，为防止燃烧起火，不加切削液，若必须冷却时，应用压缩空气法进行冷却。

思考与练习

1. 简述轴类零件的功用与特点。
2. 轴类零件的技术要求有哪些?
3. 如何根据工作条件合理选用轴类零件的材料?
4. 简述工件的装夹方法。
5. 台阶轴的品质检验方法有哪些?
6. 简述预防产生废品的原因及方法。

项目4 车削套类零件

一、相关知识

(一) 套类零件基础常识

1. 套类零件的功用与特点

套类零件在机械加工中的应用范围很广。套类零件通常起支承和导向作用。由于功用不同，套类零件的结构和尺寸有很大差别，但结构上仍有共同的特点：零件的主要表面为同轴度要求较高的内外回转面；零件的壁厚较薄，易变形；长径比 $L/D>1$ 等。如图 4-1 所示是常见套类零件的示例。

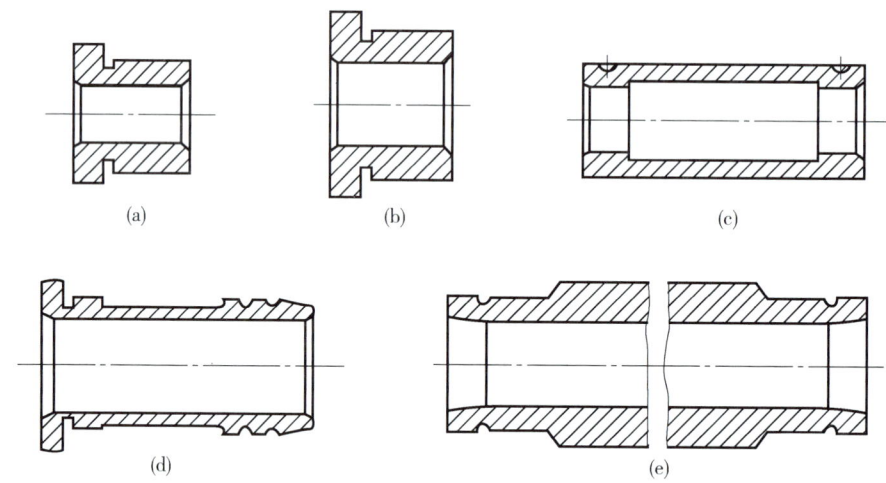

图 4-1 套类零件
(a) 滑动轴承；(b) 钻套；(c) 轴承衬套；(d) 气缸套；(e) 液压缸

2. 套类零件的技术要求

1）尺寸精度

内孔是套类零件起支承作用或导向作用的最主要表面，它通常与运动着的轴、刀具或活塞等相配合。内孔直径的尺寸精度一般为 IT7，精密轴套有时取 IT6，液压缸由于与其相配合的活塞上有密封圈，要求较低，一般取 IT9。

外圆表面一般是套类零件本身的支承面，常以过盈配合或过渡配合的方式同箱体或机架上的孔连接。外径的尺寸精度通常为 IT6～IT7。也有一些套类零件外圆表面不需加工。

2）几何公差

内孔的形状精度应控制在孔径公差以内，有些精密轴套控制在孔径公差的 1/2～1/3，甚至更严。对于长的套件除了圆度要求外，还应注意孔的圆柱度。外圆表面的形状精度控制在外径公差以内。套类零件本身的内外圆之间的同轴度要求较低；如最终加工是在装配前完成则要求较高，一般为 0.01～0.05 mm。当套类零件的外圆表面不需加工时，内外圆之间的同轴度要求很低。

3）表面结构

为保证套类零件的功用和提高其耐磨性，内孔表面结构 Ra 值为 2.5～0.16 μm，有的要求更高达 Ra 为 0.04 μm。外径的表面结构达 Ra 5～Ra 0.63 μm。

3. 套类零件的材料及其选用

1）套类零件的毛坯材料

套类零件的毛坯与其材料的结构和尺寸等因素有关。孔径较小（如 $D<20$ mm）的套类零件一般选择热轧或冷拉棒料，也可采用实心铸件。孔径较大时，常采用带孔的铸件或无缝钢管和锻件。大量生产时可采用冷挤压和粉末冶金等先进的毛坯制造工艺，既提高生产率又节约金属材料。

2）套类零件的材料

套类零件一般是用钢、铸铁、青铜等材料制成。有些滑动轴承采用双金属结构，即用离心铸造法在钢或铸铁套内壁上浇注巴氏合金等轴承合金材料，这样可节省贵重的有色金属，又能提高轴承的寿命。

(二) 车削加工时的装夹方法

1. 用三爪卡盘装夹

(1) 三爪卡盘是自定心卡盘，如图 4-2 所示。盘上有 3 个方向的 3 个方孔。用手柄插入任何一个方孔转动，卡盘上的 3 个爪便同时收缩或张开。如果安上工件，便可达到夹紧的目的。

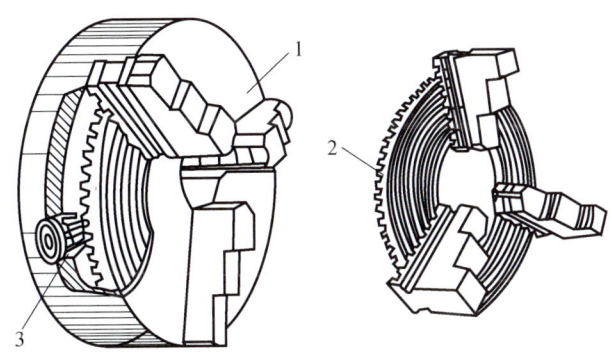

图 4-2　三爪卡盘结构图
1—卡盘体；2—大锥齿轮；3—小锥齿轮

（2）三爪卡盘在夹紧后回转时可以实现自定心，所以装夹后一般不需要找正。

（3）三爪卡盘的夹紧力较小，适合于装夹表面光滑的套类工件或者已加工过外圆的套类工件，尤其是夹持棒料比较牢固，并且无须找正。

（4）如果装夹外圆直径较大的套类零件或孔径较大的套类零件，就可以利用卡盘反爪来装夹。已加工过的较大的有孔的套类零件还可以利用三爪卡盘从孔内撑紧来车削外圆或沟槽。

（5）三爪卡盘装夹时注意的问题。

①工件毛坯上的飞边应避开三爪的位置。

②卡爪夹持毛坯外圆长度一般不小于10 mm。

③夹持棒料时，爪外悬伸长度不要超过工件的3～4倍，以防工件掉落打刀伤人。

④工件装夹后，卡盘扳手必须随即取下，以防开车后扳手飞出伤人。

⑤三爪卡盘夹持薄壁型套类工件时，用力不可太大，否则易把工件夹碎。

⑥用三爪卡盘装夹工件时，注意套类零件的端面须与卡盘端面平行或靠紧卡爪，否则会影响套类零件的同轴度。

2. 用四爪卡盘装夹

（1）四爪卡盘与三爪卡盘不一样，四爪卡盘不能自定心，每个卡爪可以独立收缩和张开，只要用扳手转动卡爪上的方孔，即可调节卡爪，如图4－3所示。

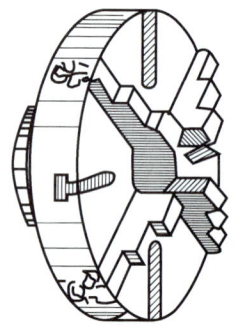

图4－3　四爪卡盘

（2）用四爪卡盘装夹工件时，必须用校调针找正工件，使工件中心线与主轴中心线在同一条线上。

（3）四爪卡盘可以装夹外周非圆形（如方形、八角形等）但中间有孔的工件，并且夹紧力大，可以装夹大型工件，找正时必须依照孔的圆周来找正，所以比较费时间，如图4－4所示。

3. 用心轴装夹

在加工盘类零件和套类零件时，常常采用心轴来装夹。心轴装夹可以使盘类零件和套类零件的径向与轴向跳动公差要求得到保证。

常用的心轴有圆柱心轴、锥度心轴和胀力心轴，其中圆柱心轴应用最为普遍。

1）圆柱面心轴

圆柱面心轴适合于多个薄圆片类零件的加工，为提高加工精度，常采用在零件公差范围内分组的办法，如图4－5（a）所示。

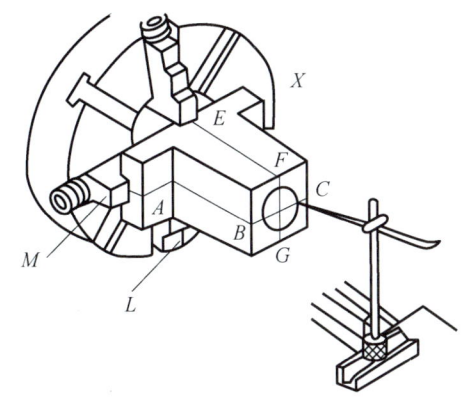

图 4-4 用四爪卡盘装夹后对工件进行找正

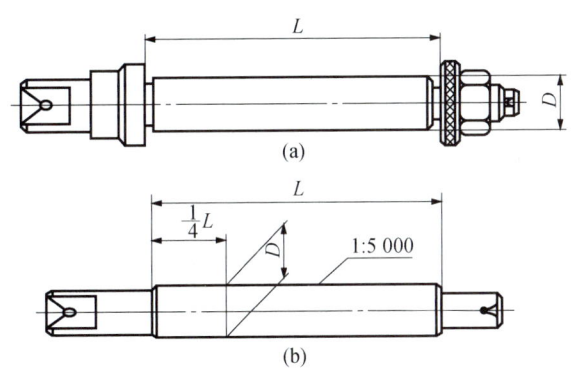

图 4-5 心轴装夹
(a) 圆柱面心轴；(b) 圆锥面心轴

2) 圆锥面心轴

圆锥面心轴带有 1∶5 000 的锥度，适合于同心度较高、公差要求较小的零件加工。圆锥面心轴不需夹紧结构，仅靠锥度自锁即可完成零件加工，一般适用于精加工，如图 4-5（b）所示。

3) 锥柄心轴

锥柄心轴的一端有莫氏圆锥柄，使用时将锥柄插入零件的主轴圆锥孔内即可，一般适用于短小零件或薄壁零件，如图 4-6 所示。

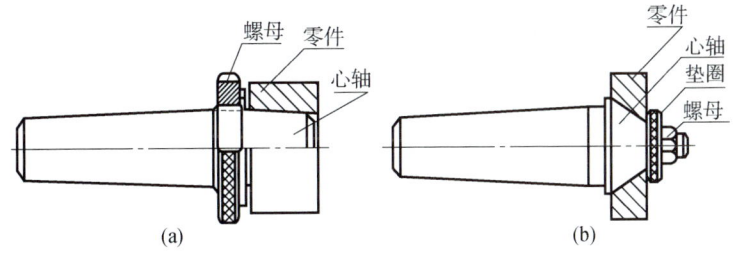

图 4-6 锥柄心轴插入零件孔内的安装情况

装夹时将套类零件套在心轴上，用螺母固定后，采用一夹一顶或两顶尖加鸡心夹头装夹的方法均可加工。装夹方法如图4-7所示。

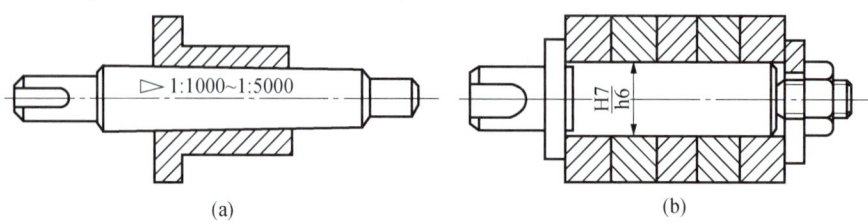

图4-7 用心轴装夹加工套类零件
(a) 零件套在心轴上；(b) 零件用螺母固定

4. 内加填充物装夹

在加工套类工件的过程中，遇到的最大问题是薄壁套的装夹问题。因为薄壁套的壁较薄，不论用三爪卡盘还是四爪卡盘，夹紧力太小，工件夹不紧，夹紧力太大，工件又容易夹变形或夹坏。解决的办法是预先车好一个与套的内孔相配合的填充物（可以是铜件，可以是质地较硬的木头），填充到套内去，然后再装夹加工，就不易被夹碎了。待加工完成后，再将填充物取下即可。

(三) 套类零件的车削工艺

不论什么套类工件，为了保证加工质量，车削时，均有一些共同的规律需要遵循。

(1) 根据套类零件的材料和几何尺寸来决定装夹形式和装夹方法。一般来说，钢件或锻造件，夹持力可以大一些；而铸铁件、铜件、铝件等脆性材料，夹持力要小一些。对于薄壁件，必须在孔中加上填充物或用心轴装夹才能加工，否则容易造成变形或损坏。

(2) 在车削短小的套类零件时，为了保证套的内外圆的同轴度和位置精度，应在一次装夹中车削完成外圆、端面和内孔，然后用切断刀切下，掉头车端面并倒角。

(3) 车削内沟槽安排在精车之前完成，然后精车内孔。

(4) 车削套类零件的一般顺序是：装夹坯料—粗车端面—粗车外圆—钻中心孔引导—钻孔—粗车孔—粗、精车沟槽—半精车、精车孔—精车外圆—切断—调头精车端面—倒角。

(5) 在车平底盲孔时，先用钻头钻孔，然后用平头盲孔车刀将孔底车平。

(6) 如果套类零件的内外圆同轴度要求较高，端面与内孔的垂直度要求较高，可以先将套的端面和内孔精车好以后用心轴装夹，再车外圆和端面。这种方法在套类零件加工中应用得非常广泛。

(7) 套类零件内孔的加工方法有钻孔、扩孔、镗孔、锪孔和铰孔。孔径较小、孔较深时可以采用钻、扩、铰的方法。孔径较大、孔较短时，可以采用钻、镗、车的方法。

(8) 将套的内孔作为定位基面，容易保证加工以后套类零件的形状、位置精度。

(9) 加工套类零件时，一般来说，进给量和背吃刀量不能过大，以免引起工件变形和损坏。

(四) 套类零件的品质检验方法

套类零件的测量，主要是测量外圆尺寸、长度尺寸、孔径尺寸、形状误差和位置误差。

1. 外圆尺寸、长度尺寸的测量

外圆尺寸的测量主要根据图样要求采用游标卡尺或千分尺测量，方法与测量轴类零件的外圆尺寸一样；长度测量可用深度尺或游标卡尺来测量，尺寸要求不高的，也可用钢直尺和钢卷尺测量。

2. 内孔直径尺寸的测量

测量内孔尺寸要根据图样对工件尺寸及精度的要求，使用不同的量具来进行。如果孔的精度要求不高，可以使用钢直尺或游标卡尺测量；如果精度要求很高，可以用以下方法测量。

1) 用塞规测量

在大批量生产的过程中，为了提高工效、节省时间，常使用塞规来测量孔径，如图4-8所示。

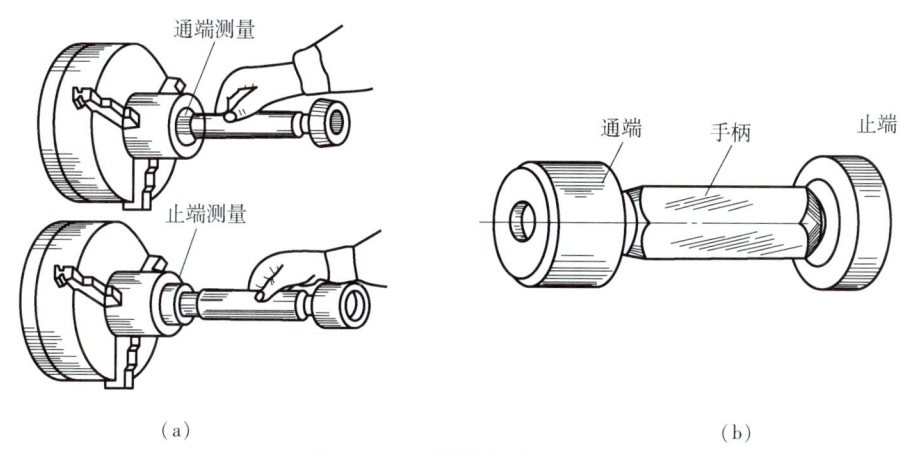

图4-8 塞规及其使用方法

(a) 用塞规测量套类零件；(b) 塞规的结构

塞规是一种定型的测量工具，它由通端、止端和手柄组成。通端的尺寸等于孔的最小极限尺寸，止端尺寸等于孔的最大极限尺寸，为了区别两端，通端比止端长。测量时，用手握住手柄，沿孔的轴线方向，将通端塞入孔内，如果通端通过，而止端不能通过，就说明尺寸合格。

测量盲孔的塞规上还开有排气槽，以便于盲孔内的空气排出。使用塞规测量时一是要注意塞规轴线应与孔的轴线一致，二是不能强行塞入，以免造成塞规拔不出或损坏工件。

2) 用内径千分尺测量

内径千分尺的形状如图4-9所示，它由测量头和各种尺寸的接长杆组成，每根接长杆上均注有公称尺寸和编号，可以按照孔径的大小选用。内径千分尺的测量范围为50~1 500 mm，它的分度值为0.01 mm。内径千分尺的读数方法与外径千分尺一样，但由于其无测力装置，所以有一定的误差。

3) 用内测千分尺测量

内测千分尺的结构和使用方法如图4-10所示，内测千分尺的刻线方向与外径千分尺相反，可用于测量5~30 mm的孔径，使用方法与游标卡尺大致相同，其分度值为0.01 mm，如果顺时针旋转微分筒时，活动爪向右移动，测量值随之增大。

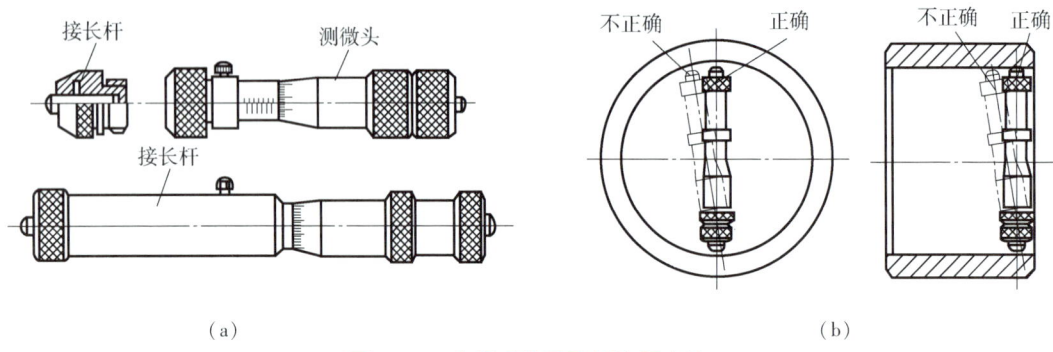

图 4-9 内径千分尺及其使用方法
(a) 内径千分尺的结构；(b) 内径千分尺的使用方法

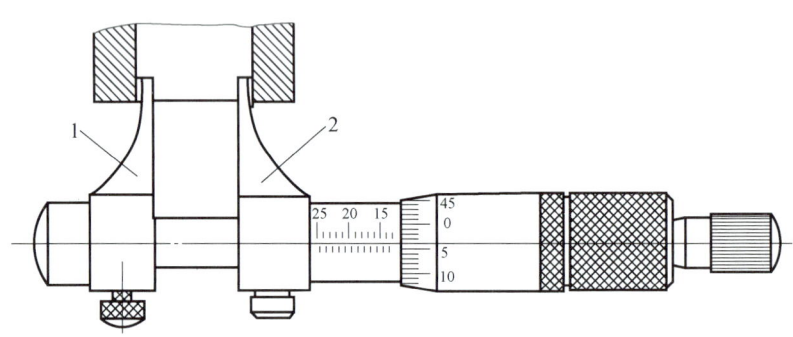

图 4-10 内测千分尺及其使用方法
1—固定爪；2—活动爪

4) 用内径百分表测量

内径百分表是一种比较精密的测量工具，常常用于测量精度要求高而又较深的孔。内径百分表的形状如图 4-11 所示，测量时，将百分表装夹在测架 1 上，触头 6 通过摆动块 7 和杆 3，将测量值 1:1 传递给百分表。根据孔径的大小，可以选择测量头 5；为使触头能准确地处于所测孔的直径位置，在它的旁边设有定心器 4，如图 4-12 所示。

测量前，应让百分表对准零位，测量时，活动测量头要在径向方向摆动以便找出最大值，在轴向方向摆动以便找出最小值，两者重合尺寸就是孔径的准确尺寸。

3. 形状误差的测量

用内径百分表还可以测量孔的形状误差。测量时，将测量头放入孔内，不仅要测量各个方向，而且要测量孔的前、中、后多个截面，在截面内取最大值与最小值之差的一半作为单个截面上的圆度误差，在若干个被测的截面中，取最大的误差作为该圆柱孔的圆度误差。

4. 位置误差的测量

位置误差主要指套类工件的径向圆跳动、端面圆跳动、端面与轴线的垂直度与同轴度等。

1) 用百分表测量径向圆跳动误差

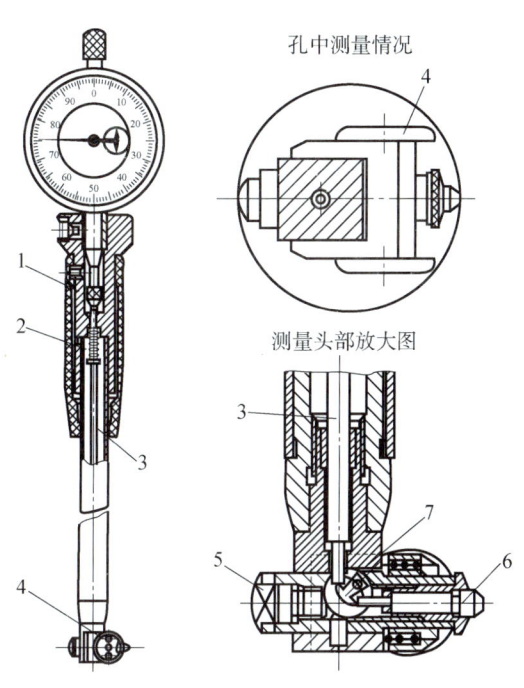

图4-11 内径百分表
1—测架;2—弹簧;3—杆;4—定心器;
5—测量头;6—触头;7—摆动块

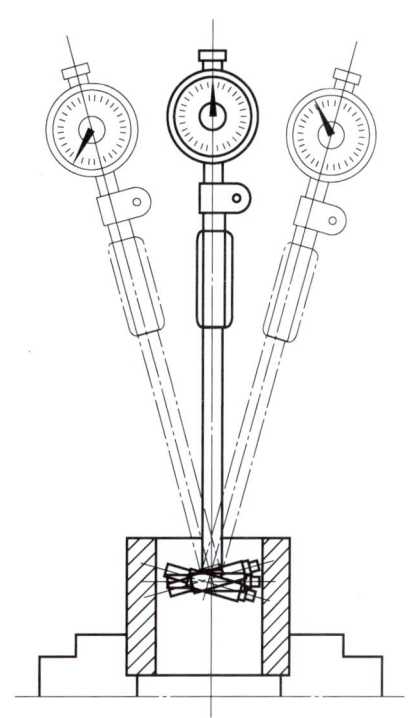

图4-12 内径百分表的测量方法

套类工件的测量常以内孔作为测量基准,如图4-13所示。

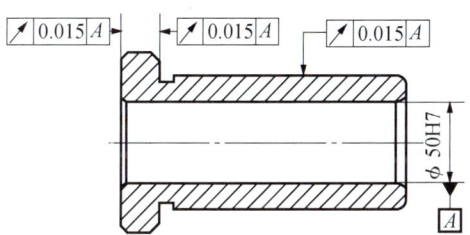

图4-13 测量径向圆跳动及端面圆跳动

测量时,将工件套在精度很高的心轴上,再用两顶尖顶住心轴,让百分表的测头接触套的外圆,当工件转一周后,百分表上所显示的最大读数差就是该套的径向圆跳动误差。

如果不便用心轴装夹,则可以将工件放在V形架上,将外圆作为基准,用百分表测量内孔,同样可以测得径向圆跳动误差,如图4-14所示。

2) 用百分表测量端面圆跳动误差

测量端面圆跳动时,套类工件的装夹方法与测量径向圆跳动相同,不同的是将百分表的测头接触套的端面而不是内孔或外圆,测量时先将测头压下1 mm,当工件转一圈,百分表读数的最大差值就是该直径处的端面圆跳动误差,在不同直径处测得的最大值就是该工件的端面圆跳动误差,如图4-15所示。如图4-16所示为使用V形架测量圆跳动误差。

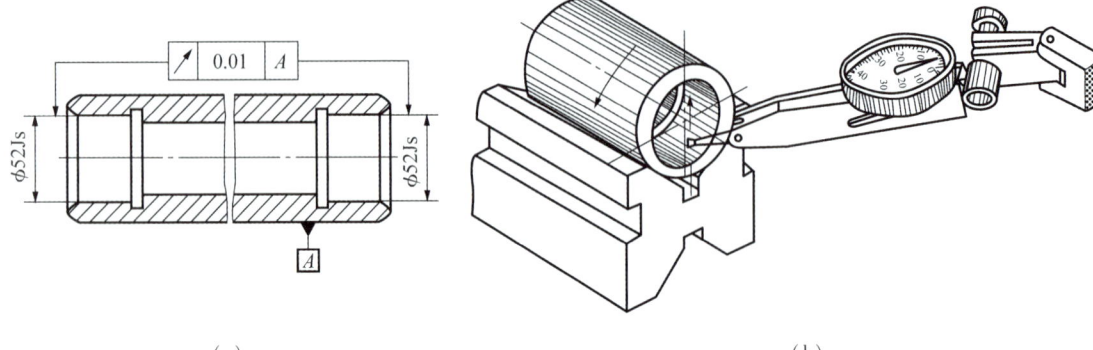

(a)　　　　　　　　　　　　　　　　　　(b)

图 4-14　在 V 形架上用百分表测量径向圆跳动
(a) 套类工件；(b) 测量方法

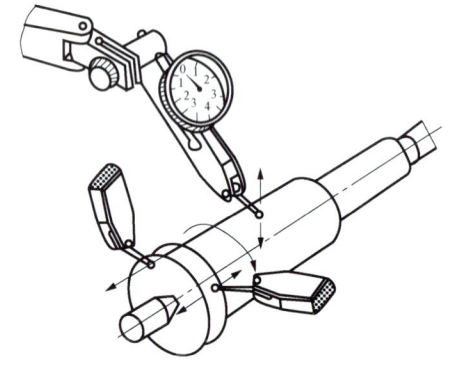

图 4-15　使用百分表测量圆跳动

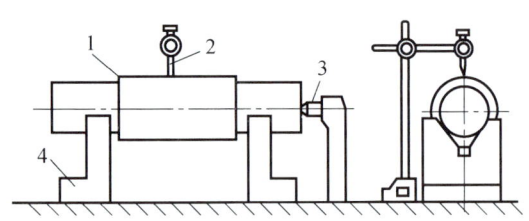

图 4-16　使用 V 形架测量圆跳动
1—工件；2—百分表；3—支撑；4—V 形架

3) 用百分表测量端面对轴线的垂直度

如图 4-17 所示，在测量端面对轴线的垂直度之前，必须测量端面圆跳动是否合格，如果合格，再测量二者的垂直度。测量时，先把工件安装在 V 形架 1 的锥度心轴 3 上，再将 V 形架和工件一道放在精度很高的平板上，将杠杆式百分表 4 的测头从端面的最内一点沿径向向外移动直至边缘，百分表上显示的读数差即为该工件的端面对内孔轴线的垂直度误差。

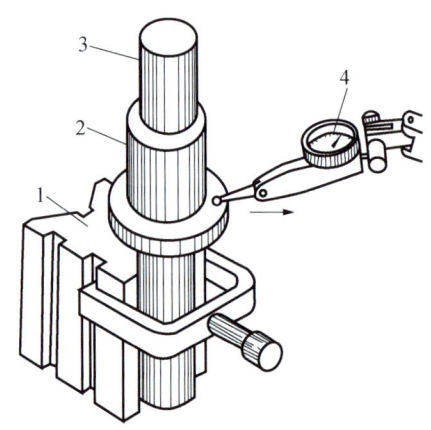

图 4-17　在 V 形架上用百分表测量端面对轴线的垂直度
1—V 形架；2—工件；3—锥度心轴；4—杠杆式百分表

（五）套类零件产生废品的原因及预防方法

用车床镗孔时产生废品的原因及预防方法见表 4 – 1。

表 4 – 1　镗孔时产生废品的原因及预防方法

废品种类	产生原因	预防方法
尺寸不准确	1. 测量不正确	科学测量
	2. 车孔刀杆跟孔壁相碰	选择合适的刀杆直径，先把车孔刀在孔内走一遍，检查是否相碰
	3. 工件的热胀冷缩	加注充分的切削液
内孔有锥度	1. 刀具磨损	采用耐磨的硬质合金
	2. 刀杆刚性差，产生让刀现象	尽量采用大尺寸的刀杆，减小切削用量
	3. 刀杆跟孔壁相碰	正确装刀
	4. 车头轴线歪斜	检查机床精度，找正主轴线跟床身导轨的平行度
	5. 床身不水平，使床身导轨与主轴轴线不平行	找正机床水平
	6. 床身导轨磨损。由于磨损不均匀，使进给轨迹与工件轴线不平行	大修车床
内孔不圆	1. 孔壁薄，装夹时产生变形	选择合理的装夹方法
	2. 轴承间隙太大，主轴颈成椭圆	大修车床，并检查主轴线跟床身导轨的平行度
	3. 工件加工余量和材料组织不均匀	增加半精车，把不均匀的余量车去，使精车余量尽量减少和均匀。对工件毛坯进行回火处理
表面结构值大	1. 刀具磨损	重新刃磨刀具
	2. 车孔刀刃磨不良，表面结构值大	保证切削刃锋利，研磨车孔前刀、后刀面
	3. 切削用量选择不当	适当降低切削速度，减小进给量
	4. 刀杆细长，产生振动	加粗刀杆并降低切削速度

二、操作练习

【任务1】刃磨麻花钻

1. 钻头组成及功用

麻花钻的组成、功用及其相关知识见表 4 – 2。

表 4 – 2　麻花钻的组成、功用及其相关知识

组成部分	图例	功用及其相关知识
柄部		按形状不同，柄部可分为直柄和锥柄两种。直柄所能传递的扭矩较小，用于直径在 13 mm 以下的钻头。当钻头直径大于 13 mm 时，一般都采用锥柄。锥柄的扁尾既能增加传递的扭矩，又能避免工作时钻头打滑，还能供拆钻头时敲击之用

续表

组成部分	图例	功用及其相关知识
颈部		位于柄部和工作部分之间，主要作用是在磨削钻头时供砂轮退刀用。其次，还可刻印钻头的规格、商标和材料等，以供选择和识别
工作部分 — 切削部分	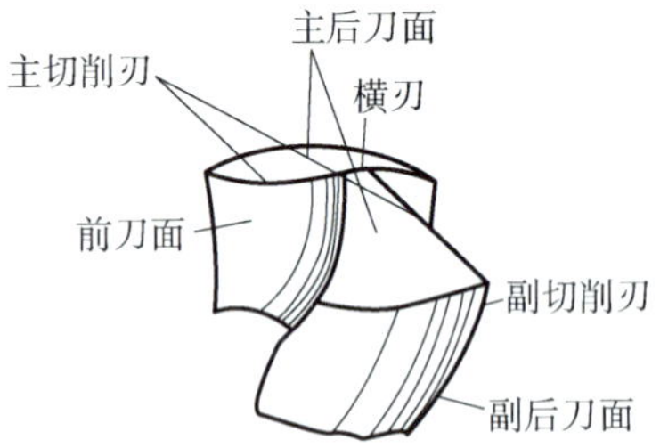	切削部分承担主要的切削工作。切削部分的六面五刃，如图所示： ①两个前刀面：切削部分的两螺旋槽表面 ②两个后面：切削部分顶端的两个曲面，加工时它与工件的切削表面相对 ③两个副后刀面：与已加工表面相对的钻头两棱边 ④两条主切削刃：两个前刀面与两个后刀面的交线，其夹角称为顶角（2φ），通常为116°~118° ⑤两条副切削刃：两个前刀面与两个副后刀面的交线 ⑥一条横刃：两个后刀面的交线
工作部分 — 导向部分		在钻孔时起引导钻削方向和修光孔壁的作用，同时也是切削部分的备用段。导向部分的各组成要素的作用是： ①螺旋槽：两条螺旋槽使两个刀瓣形成两个前刀面，每一刀瓣可看成是一把外圆车刀。切屑的排出和切削液的输送都是沿此槽进行的 ②棱边：在导向面上制得很窄且沿螺旋槽边缘突起的窄边称为棱边。它的外缘不是圆柱形，而是被磨成倒锥，即直径向柄部逐渐减小。这样，棱边既能在切削时起导向及修光孔壁的作用，又能减少钻头与孔壁的摩擦
钻心		两螺旋形刀瓣中间的实心部分称为钻心。它的直径向柄部逐渐增大，以增强钻头的强度和刚性

2. 麻花钻的刃磨

麻花钻刃磨的好坏，直接影响钻孔质量和钻削效率。麻花钻一般只刃磨两个主后面，并同时磨出顶角、后角、横刃斜角。所以麻花钻的刃磨比较困难，刃磨技术要求较高。

1）刃磨要求

麻花钻的两个主切削刃和钻心线之间的夹角应对称，刃长要相等。否则钻削时会出现单刃切削或孔径变大及钻削时产生台阶等弊端，如图 4-18 所示。

2）刃磨方法和步骤

刃磨钻头的方法如图 4-19 所示。

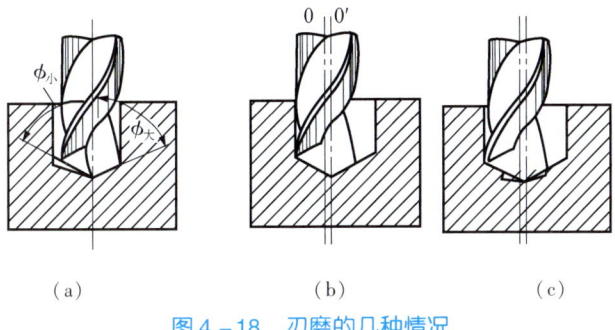

图 4-18 刃磨的几种情况

(a) 正确; (b) 不正确; (c) 不正确

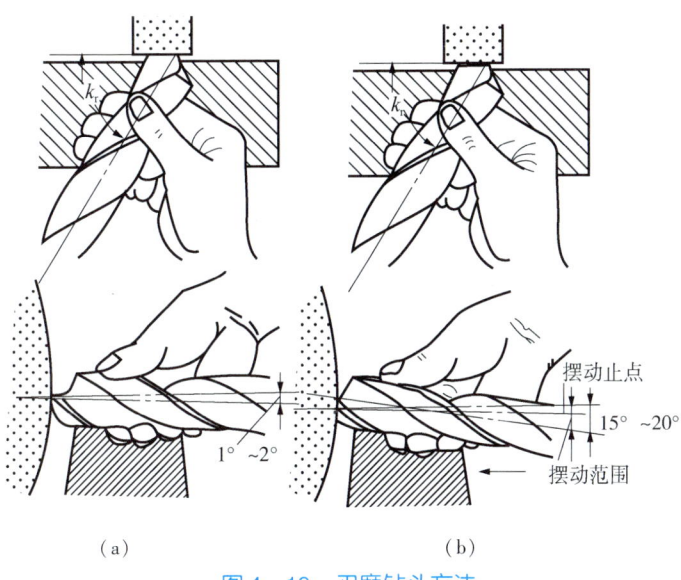

图 4-19 刃磨钻头方法

(a) 刃磨时的握法; (b) 麻花钻尾部向下压

(1) 刃磨前,钻头切削刃应放在砂轮中心水平面上或稍高些。钻头中心线与砂轮外圆柱面母线在水平面内的夹角等于顶角的一半,同时钻尾向下倾斜。

(2) 钻头刃磨时用右手握住钻头前端作支点,左手握钻尾,以钻头前端支点为圆心,钻尾上下摆动,并略带旋转,但不能转动过多或上下摆动太大,以防磨出负后角或把另一面主切削刃磨掉。特别是在磨小麻花钻时更应注意。

当一个主切削刃磨削完毕后,把钻头转过180°刃磨另一个主切削刃,人和手要保持原来的位置和姿势,这样容易达到两刃对称的目的。

3) 刃磨检查

(1) 目测法。麻花钻磨好后,把钻头垂直竖在与眼等高的位置上,在明亮的背景下用眼观察两刃的长短、高低。但由于视差关系,往往感到左刃高右刃低,此时要把钻头转过180°再进行观察。这样反复观察对比,最后感到两刃基本对称就可使用。如果发现两刃有偏差,必须继续修磨。

(2) 使用角度尺检查。将尺的一边贴在麻花钻的棱边上,另一边搁在钻头的刃口上,测量其刃长和角度,如图4-20所示。然后转过180°,以同样方法检查即可。

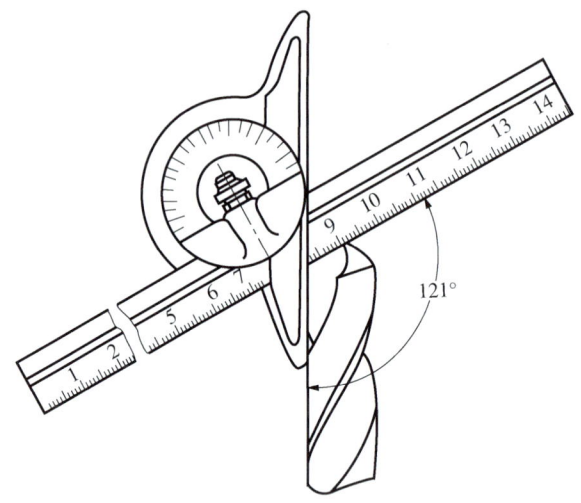

图 4-20 用角度尺检查麻花钻的刃长对称性

4）注意事项

（1）砂轮机在正常旋转后方可使用。

（2）刃磨钻头时应站在砂轮机的侧面。

（3）砂轮机出现跳动时应及时修整。

（4）随时检查两主切削刃是否对称相等。

（5）刃磨时应随时冷却，以防钻头刃口发热退火，降低硬度。

（6）初次刃磨时，应注意防止外缘边出现负后角。

【任务2】 钻孔

用钻头在实体材料上加工孔的方法叫钻孔。钻孔的加工精度可达 IT11～IT12。精度要求不高的孔，可以用钻头直接钻出。

1. 麻花钻的选用

对于精度要求不高的内孔，可以选用钻头直接钻出，不再加工。而对于精度要求较高的内孔，还需要通过镗削等加工才能完成。这时在选用钻头时，应根据下一道工序的要求，留出加工余量。

选择麻花钻的长度，一般应使钻头螺旋部分略长于孔深。钻头过长，刚性差，钻头过短，排屑困难。

2. 钻头的安装

直柄麻花钻用钻夹头装夹，再将钻夹头的锥柄插入尾座锥孔。锥柄麻花钻可直接或用莫氏锥套过渡插入尾座锥孔。

3. 钻孔方法

（1）钻孔前先把工件端面车平，中心处不准有凸头，以利于钻头正确定心。

（2）校准尾座，使钻头中心对准工件旋转中心，否则可能会扩大直径和折断钻头。

（3）用细长麻花钻时，为防钻头产生晃动，可以在刀架上夹一挡铁支撑钻头头部，帮助钻头定中，如图 4-21 所示。其方法是，先用钻头钻入工件端面（少量），然后摇动中拖板移动挡铁支顶,钻头逐渐不晃动时,继续钻削即可。但挡铁不能把钻头支过中心,否则容易折断钻头。当钻头已正确定心时,挡铁即可退出。

(4) 用小麻花钻钻孔时,一般先用中心钻定心,再用钻头钻孔,这样加工的孔同轴度较好。

(5) 钻孔后要铰孔的工件,由于余量较小,因此,当钻头钻进 1~2 mm 后,应把钻头退出,停车测量孔径,以防止孔径扩大没有铰削余量而报废。

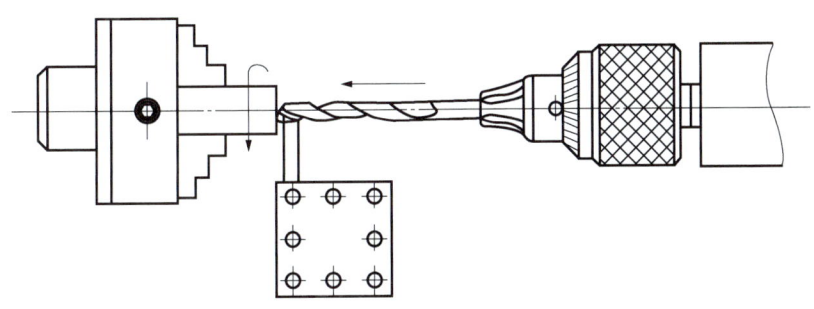

图 4-21　防止钻头晃动的方法

4. 注意事项

(1) 起钻时进给量要小,钻头头部进入工件后才可以正常钻削。

(2) 钻钢件时,应加冷却液,以防钻头发热退火。

(3) 当钻头将要钻穿工件时,由于钻头横刃首先穿出,因此轴向阻力大减,所以这时进给速度必须减慢。否则钻头容易被工件卡死,造成锥柄在尾座套筒内打滑而损坏锥柄和锥孔。

(4) 钻小孔或钻较深的孔时,由于切屑不易排出,必须经常退出钻头排屑,否则容易因为切屑堵塞而使钻头"咬死"。

(5) 钻小孔时,转速应选得高些,否则钻削时抗力大,容易产生孔位偏斜和钻头折断的现象。

【任务 2】　车削（镗）孔

铸造孔、锻造孔或用钻头钻出的孔,为了达到尺寸精度和表面结构值要求,还需要车削（镗）孔。镗孔是常用的孔加工方法之一,可以作粗加工,也可以作精加工,加工范围很广。镗孔的精度一般可达到 IT7~IT8,表面结构值一般能达到 Ra 3.2~Ra 1.6 μm。

1. 选用镗孔车刀

根据不同的加工情况,镗孔刀可分为通孔镗刀和盲孔镗刀两种,如图 1-67 所示。

1) 通孔镗刀

其切削部分的几何形状基本上跟外圆车刀相同。为了减小径向切削力,防止振动,主偏角 κ_r 一般取 60°~75°,副偏角 κ_r' 取 15°~30°。为了防止镗孔刀后刀面和孔壁的摩擦,以及不使镗孔刀的后角磨得太大,一般磨成两个后角,如图 4-22（c）所示。

2) 盲孔镗刀

盲孔镗刀是车台阶或不通孔用的,切削部分的几何形状基本上跟偏刀相同。它的主偏角大于90°，一般取 $\kappa_r = 92° \sim 95°$。刀尖在刀杆的最前端，刀尖到刀杆的距离 a 应小于内孔半径 R，否则孔的底平面就无法车平，车内孔台阶时，只要不碰即可。

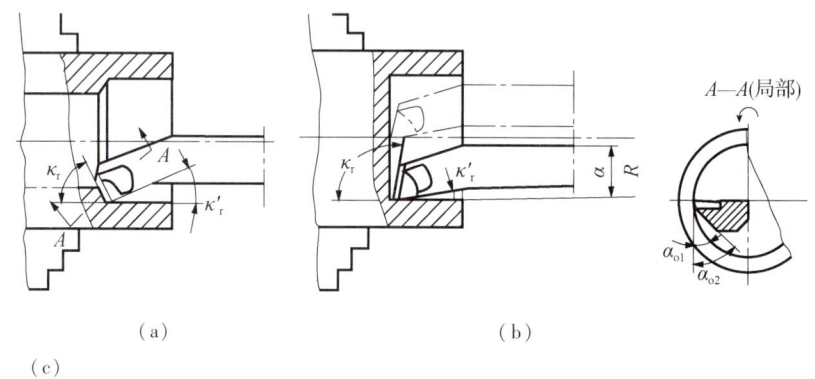

图 4-22 镗孔车刀

(a) 通孔镗刀；(b) 盲孔镗刀；(c) 两个后角

2. 镗孔工艺的关键技术

镗孔的关键技术是解决镗孔刀的刚性和排屑问题。

1）增强镗刀的刚性主要采取以下两项措施

（1）尽量增加刀杆的截面积。一般的车刀有一个缺点，刀杆的截面积小于孔截面积的 1/4，如图 4-23（b）所示。如果让车刀刀尖位于刀杆的中心平面上，这样刀杆的截面积就可达到最大程度，如图 4-23（a）所示。

（2）刀杆的伸出长度尽可能缩短。如刀杆伸出太长，会降低刀杆的刚性，容易引起振动。因此，刀杆伸出长度只要略大于孔深即可，为此，要求刀杆的伸出长度能根据孔深加以调整。

2）解决排屑问题

主要是控制切屑流出方向，精车通孔要求切屑流向待加工表面（前排屑），不通孔要求切屑从空口排出（后排屑）。

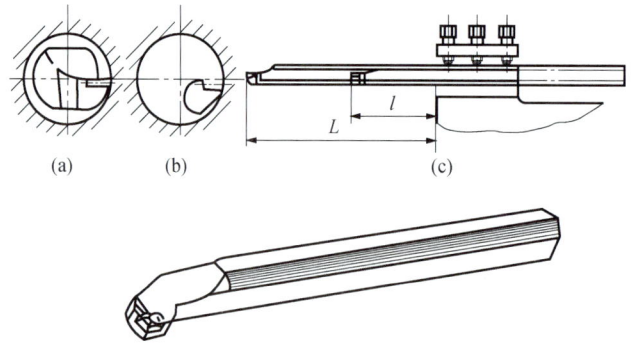

图 4-23 可调节长度的车孔刀

(a) 刀杆截面积大；(b) 刀杆截面积小于1/4孔面积；(c) 可调节长度

用硬质合金刀车孔时，一般不加切削液。车铝合金时也不加切削液，因为水和铝容易起化合作用，而使加工表面产生小针孔。精加工铝合金时，使用煤油效果更好。车孔时，由于工作条件不利，加上刀杆刚性差，容易引起振动，因此，选用的切削用量应比车外圆时小些。

【任务 4】 车削台阶孔

1. 识读零件图

本任务实训零件图如图 4-24 所示，零件材料为 45 钢。

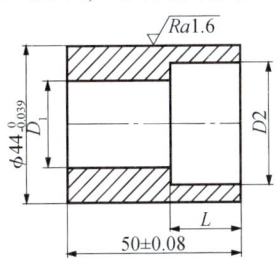

图 4-24 台阶孔

2. 台阶孔套的车削加工

1）工量刃具准备

麻花钻、内孔车刀、中心钻、外圆车刀、游标卡尺、千分尺等。

2）工艺分析

加工参考步骤如下：

（1）装夹找正，车端面。

（2）车外圆 $\phi44_{-0.039}^{0}$ 长度大于 50 mm，倒角。

（3）钻中心孔，钻孔 $\phi20$ 长度大于 50 mm。

（4）调头装夹，车端面保证总长 50 ± 0.08 mm。

（5）车孔 $\phi25_{0}^{+0.084}$ mm。

（6）车孔 $\phi30_{0}^{+0.084}$ mm，保证长度 $10_{0}^{+0.15}$ mm。

（7）检查后，取下工件，检测。

3）零件加工

按图加工零件，使其符合尺寸与技术要求。

4）检测评价（见表 4-3）

表 4-3 台阶孔车削检测评分表

序号	检测要求	配分	检测 学生自检	检测 教师检测	得分
1	$\phi44_{-0.039}^{0}$，Ra 1.6	5 + 2			
2	50 ± 0.08	3			
3	D_1，Ra 3.2	(8 + 2) × 4			
4	D_2，Ra 3.2	(8 + 2) × 4			
5	L	2 × 4			
6	$C1$	1 × 2			
7	安全文明生产，违者视情节扣 1~10 分				

三、知识拓展

(一) 车沟槽

1. 槽的作用

槽一般在轴类零件和套类零件上经常见到,槽根据其不同作用分为四类。

1) 密封槽

轴类零件台阶上的槽有利于零件的配合,套类零件的槽中嵌入油毛毡可以防止轴上的润滑油溢出。

2) 退刀槽

车内外螺纹或车孔用作退刀。便于车螺纹时退刀。

3) 轴向定位槽

有的轴套较长,在孔中开有内沟槽,以便于加工和定位。

4) 油气通道槽

在各种液压和气压滑阀中开槽用来通油或通气。

工件上常见的槽结构有外槽、内槽与端面槽。槽的作用一般是为了磨削或车螺纹时退刀方便,如图 4-25 所示。

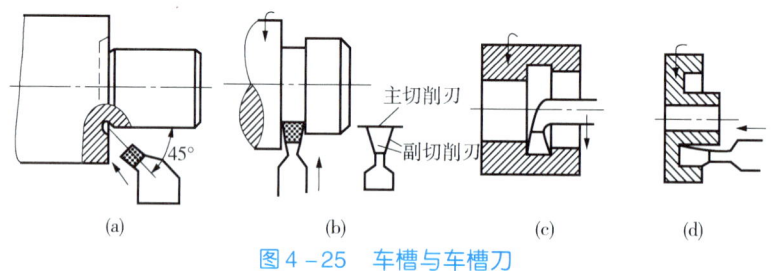

图 4-25 车槽与车槽刀

(a) 45°槽; (b) 外圆槽; (c) 内孔槽; (d) 端面槽

2. 车槽刀的刃磨与安装

车槽刀有一个主切削刃和两个副切削刃,主切削刃必须磨平整,副切削刃之间的夹角不能过大或过小。

安装车槽刀时,刀具的主切削刃必须与车床主轴中心线平行,否则会造成车槽刀的损坏。

3. 车槽方法

车削轴类零件的外槽、套类零件的内槽及端面槽方法步骤如下:

第一步:装夹工件并找正。

第二步:刃磨车刀。车槽刀有一个主切削刃和两个副切削刃,主切削刃必须磨平整,副切削刃之间的夹角不能过大或过小。

第三步:装夹车刀,使主切削刃与工件外圆素线平行,否则槽底部车不平。

第四步:车槽一般用手动进给,粗车时切削速度稍快,精车时切削速度稍慢。

第五步:宽度为 5 mm 以下的窄槽,可用与槽等宽的车槽刀一次车出。较宽的槽可以用左、右偏刀车端面,分次完成。精度要求较高的沟槽,可采取两次直进法车削,即第一次车槽时注意槽壁两侧留有精车余量，然后再根据槽深槽宽进行精车。

(二) 切断

1. 切断

在用长料加工时，往往需要切断。加工轴类零件时，有时也需要将零件从毛坯上切断。

2. 切断刀的刃磨和装夹

刃磨切断刀。方法是磨主后角、副后角—磨前角—修磨刀尖圆弧，注意将主切削刃两边磨出斜刃，并且在靠近主切削刃处磨出一个深 0.75~1.5 mm 的卷屑槽，以便于排屑。

装夹切断刀。注意切断刀不可伸出太长，切断刀主切削刃必须对准工件中心，否则不仅切不断，反而容易损坏刀具。

3. 切断方法

第一步：采用卡盘装夹工件。

第二步：选择切断刀，切断刀有高速钢切断刀和硬质合金切断刀两种，前者用于直径较小的工件，后者用于直径较大的工件和高速切断。

第三步：装夹切断刀，启动车床。

第四步：开始切断。切削速度比车外圆时略高，进给量比车外圆时略低，切断时用力要均匀并且不停顿。即将切断时，速度要放慢，以免折断刀头。

4. 切断时注意事项

(1) 切断处应尽量靠近卡盘，以保证切断时工件和刀具有足够的刚性和强度。

(2) 切断时要注意排屑是否流畅，如有堵塞要及时退刀清除铁屑。

(3) 保证切削液及时冷却刀具和工件。

思考与练习

1. 简述套类零件的功用与特点。
2. 套类零件的技术要求有哪些？
3. 如何根据工作条件合理选用套类零件的材料？
4. 简述工件的装夹方法。
5. 套类零件的品质检验方法有哪些？
6. 简述预防产生废品的原因及方法。

项目5 车削圆锥体

一、相关知识

(一) 表征圆锥体的参数

1. 圆锥表面的形成

与轴线成一定角度,且一端相交于轴线的一条直线段AB,围绕着该轴线旋转形成的表面,称为圆锥表面(简称圆锥面),如图5-1(a)所示。其斜线称为圆锥母线。如果将圆锥体的尖端截去,则成为一个截锥体,如图5-1(b)所示。

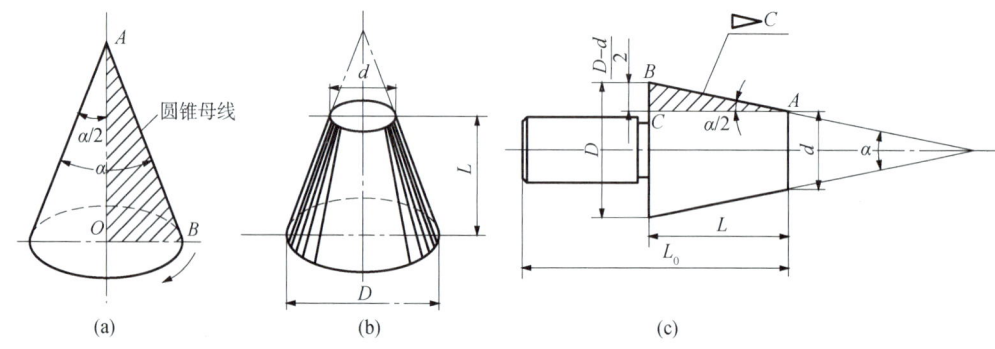

图 5-1 圆锥与圆锥体的计算
(a) 圆锥表面;(b) 截锥体;(c) 圆锥体各部分名称、代号

圆锥可分为外圆锥和内圆锥两种。通常把外圆锥称为圆锥体,内圆锥称为圆锥孔。

2. 圆锥体的计算

如图5-1(c)所示为圆锥的各部分名称、代号。
其中:
D——最大圆锥直径(简称大端直径),mm;
d——最小圆锥直径(简称小端直径),mm;
α——圆锥角,(°);
$\alpha/2$——圆锥半角,(°);
L——最大圆锥直径与最小圆锥直径之间的轴向距离(简称工件圆锥部分长),mm;
C——锥度;
L_0——工件全长,mm。

其中圆锥半角（α/2）或锥度（C）、最大圆锥直径（D）、最小圆锥直径（d）、工件圆锥部分长（L）称为圆锥的四个基本参数（量）。这四个量中，只要知道任意三个量，其他一个未知量就可以求出，计算公式为：

$$C = (D - d) / L, \tan(\alpha/2) = (D - d)/2L = C/2$$

常用锥度 C 与圆锥半角可通过表 5-1 查出。

表 5-1 常用锥度 C 与圆锥半角

锥度 C	圆锥角 α	圆锥半角 α/2	应用举例
1:4	14°15′	7°7′30″	车床主轴法兰及轴头
1:5	11°25′16″	5°42′38″	易于拆卸的连接，砂轮主轴与砂轮法兰的结合，锥形摩擦离合器等
1:7	8°10′16″	4°5′8″	管件的开关塞，阀等
1:12	4°46′19″	2°23′9″	部分滚动轴承内环锥孔
1:15	3°49′6″	1°54′23″	主轴与齿轮的配合部分
1:16	3°34′47″	1°47′24″	圆锥管螺纹
1:20	2°51′51″	1°25′56″	米制工具圆锥，锥形主轴颈
1:30	1°54′35″	0°57′17″	装柄的铰刀和扩孔钻与柄的配合
1:50	1°8′45″	0°34′23″	圆锥定位销及锥铰刀
7:24	16°35′39″	8°17′50″	铣床主轴孔及刀杆的锥体
7:64	6°15′38″	3°7′49″	刨齿机工作台的心轴孔

（二）标准圆锥体

为了降低生产成本和使用方便，常用的工具、刀具圆锥都已标准化。也就是说，圆锥的各部分尺寸，按照规定的几个号码来制造，使用时只要号码相同，就能紧密配合和互换。标准圆锥已在国际上通用，即不论哪一个国家生产的机床或工具，只要符合标准圆锥都能达到互换性。

常用的标准工具圆锥有下列两种。

1. 莫氏圆锥

莫氏圆锥是机器制造业中应用得最广泛的一种，如车床主轴孔、顶尖、钻头柄、铰刀柄等都用莫氏圆锥。莫氏圆锥分成七个号码，即 0、1、2、3、4、5、6，最小的是 0 号，最大的是 6 号。莫氏圆锥是从英制换算过来的。当号数不同时，圆锥半角也不同，见表 5-2。

表 5-2 莫氏圆锥各部分尺寸

号数	锥度	圆锥锥角 α	圆锥半角 α/2	tan（α/2）
0	1:19.212 = 0.05205	2°58′46″	1°29′23″	0.026
1	1:20.048 = 0.04988	2°51′20″	1°25′40″	0.0249
2	1:20.020 = 0.04995	2°51′32″	1°25′46″	0.025
3	1:19.922 = 0.050196	2°52′25″	1°26′12″	0.0251
4	1:19.254 = 0.051938	2°58′24″	1°29′12″	0.026
5	1:19.002 = 0.0526265	3°0′45″	1°30′22″	0.0263
6	1:19.180 = 0.052138	2°59′4″	1°29′32″	0.0261

2. 米制圆锥

米制圆锥有 8 个号码，即 4、6、80、100、120、140、160 和 200 号。它的号码是指大端的直径，锥度固定不变，即 $C=1:20$。例如 100 号米制圆锥，它的大端直径是 $100\,mm$，锥度 $C=1:20$。它的优点是锥度不变，记忆方便。

（三）圆锥体的品质检验方法

测量圆锥面，不仅要测量它的尺寸精度，还要测量它的角度（锥度）。常用的量具及检测方法见表 5-3。

表 5-3 圆锥面的检测

检验内容	量具名称	使用要领	示意图
检验角度	用万能角度尺	使用万能角度尺测量圆锥体的方法如图所示。使用时要注意 ①按工件所要求的角度，调整好万能角度尺的测量范围 ②工件表面要清洁 ③测量时，万能角度尺面应通过中心，并且一个面要跟工件测量基准面吻合，透光检查。读数时，应该固定螺钉，然后离开工件，以免角度值变动	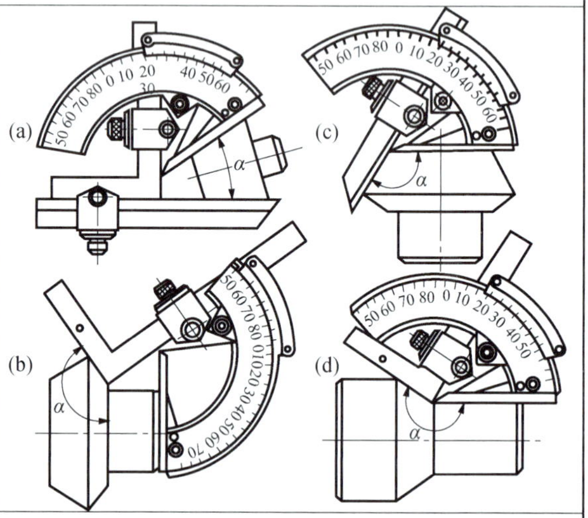
	角度样板	在成批和大量生产时，可用专用的角度样板来测量工件，检验方法如图所示	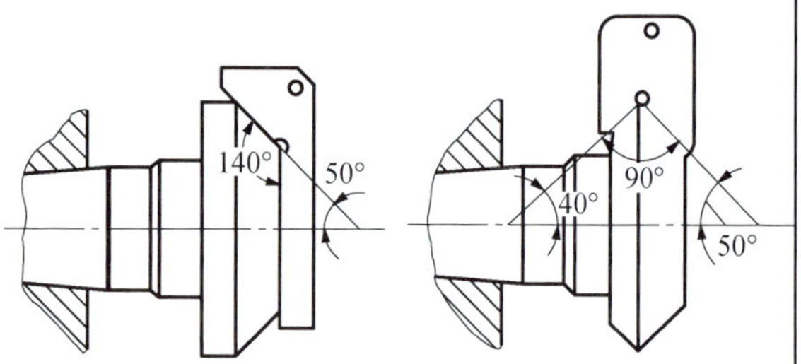
	正弦规	在平板上放一正弦规，工件放在正弦规的平面上，下面垫进量块，然后用百分表检查工件圆锥的两端高度，如百分表的读数值相同，则可记下正弦规下面的量块组高度片值，代入公式计算出圆锥角。将计算结果和工件所要求的圆锥角相比较，便可得出圆锥角的误差。也可先计算出垫块 H 值，把正弦规一端垫高，再把工件放在正弦规平面上，用百分表测量工件圆锥的两端，如百分表读数相同，就说明锥度正确，如图所示	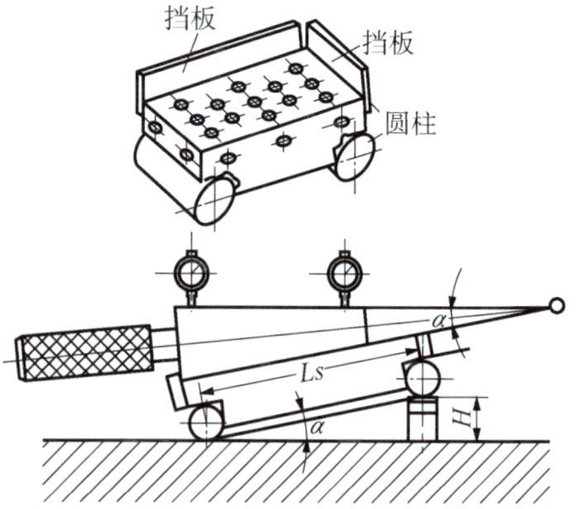

续表

检验内容	量具名称	使用要领	示意图
检验角度	圆锥量规	在测量标准圆锥或配合精度要求较高的圆锥工件时,可使用圆锥量规。圆锥量规又分为圆锥塞规和圆锥套规,如图(a)所示 用圆锥塞规测量内圆锥时,先在塞规表面上顺着锥体母线用显示剂均匀地涂上三条线(相隔约120°),然后把塞规放入内圆锥中转动(约±30°),观察显示剂擦去情况,如果接触部位很均匀,说明锥面接触情况良好,锥度正确。假如小端擦着,大端没擦去,说明圆锥角偏大;反之,就说明孔的圆锥角偏小,如图(b)所示 测量外圆锥用圆锥套规,方法与上相同,但是显示剂应涂在工件上,如图(c)所示	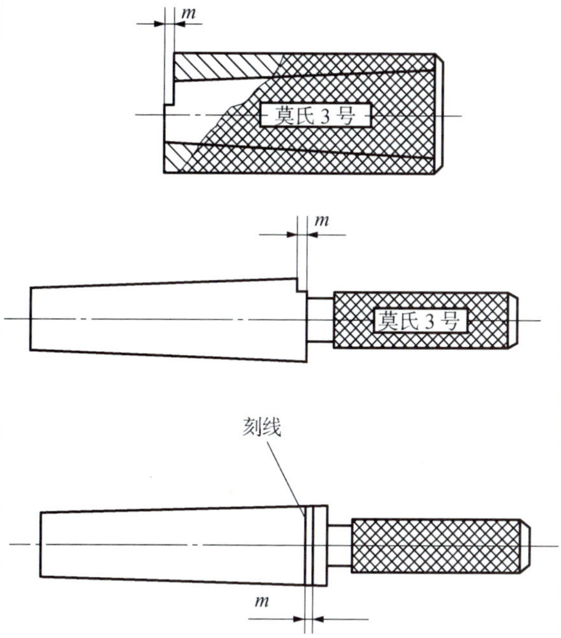 (a)
检验尺寸	圆锥量规	圆锥的尺寸一般用圆锥量规检验,如图(a)所示。圆锥量规除了有一个精确的锥形表面之外,在端面上有一个台阶或具有两条刻线。台阶或刻线之间的距离就是圆锥大小端直径的公差范围 应用圆锥塞规检验内圆锥时,如果两条刻线都进入工件孔内,则说明内圆锥太大。如果两条线都未进入,则说明内圆锥太小。只有第一条线进入,第二条线未进入,内圆锥大端直径尺寸才算合格,如图(b)、(c)所示	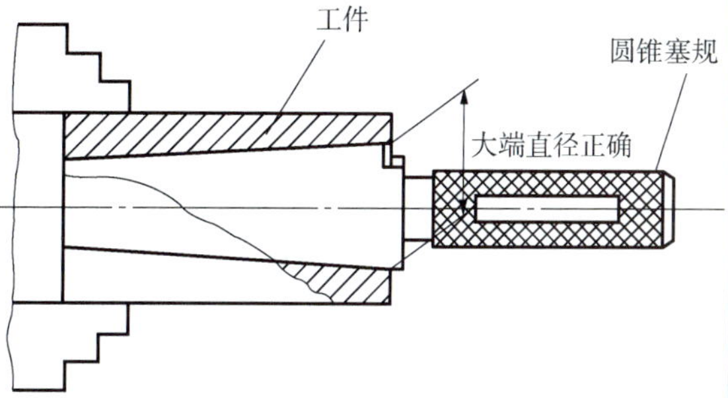 (b) 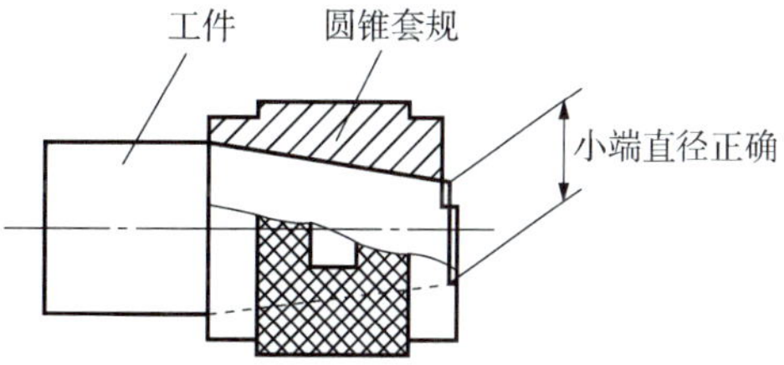 (c)

(四)车削圆锥体的技术要点

1. 车削圆锥体的技术要点

(1)车刀必须对准工件旋转中心,避免产生双曲线(母线不直)误差。

（2）车削圆锥体前对圆柱直径的要求，一般应按圆锥体大端直径放余量 1 mm 左右。

（3）车刀刀刃要始终保持锋利，工件表面应一刀车出。

（4）转动小滑板法加工时，应两手握小滑板手柄，均匀移动小滑板。在转动小滑板时，应稍大于圆锥半角，然后逐步找正。当小滑板角度调整到相差不多时，只需把紧固螺母稍松一些，用左手拇指紧贴在小滑板转盘与中滑板底盘上，用铜棒轻轻敲小滑板所需找正的方向，凭手指的感觉决定微调量，这样可较快地找正锥度。注意要消除中滑板间隙。同时小滑板不宜过松，以防工件表面车削痕迹粗细不一。同时要防止扳手在扳小滑板紧固螺母时打滑而撞伤手。

（5）粗车时，进刀量不宜过大，应先找对锥度，以防工件车小而报废。一般留精车余量 0.5 mm。

（6）偏移尾座法加工时，偏移尾座时，应仔细、耐心、熟练掌握偏移方向。

（7）用量角器检查锥度时，测量边应通过工件中心。用套规检查时，工件表面粗糙度值要小，涂色要薄而均匀，转动量一般在半圈之内，多则易造成误判。

（8）当车刀在中途刃磨以后装夹时，必须重新调整，使刀尖严格对准工件中心。

2. 产生废品的原因及预防措施

圆锥体车削产生废品的原因及预防措施见表 5-4。

表 5-4 圆锥体车削产生废品的原因及预防措施

废品种类	产生原因	预防方法
锥度不正确	1. 用转动小滑板车削时： （1）小滑板转动角度计算错误 （2）小滑板移动时松紧不匀	仔细计算小滑板应转的角度和方向，并反复试车校正调整镶条使小滑板移动均匀
	2. 用偏移尾座法车削时： （1）尾座偏移位置不正确 （2）工件长度不一致	重新计算和调整尾座偏移量，如工件数量较多，各件的长度必须一致
	3. 用仿形法车削时： （1）装置仿形角度调整不正确 （2）滑块与靠板配合不良	重新调整仿形装置角度，调整滑块和仿形装置之间的间隙
	4. 用宽刃刀车削时： （1）装刀不正确 （2）切削刃不直	调整切削刃的角度和高低对准工件轴线，修磨切削刃的直线度
	5. 铰内圆锥时： （1）铰刀锥度不正确 （2）铰刀的装夹轴线与工件旋转轴线不同轴	修磨铰刀，用百分表和试棒调整尾座轴线
双曲线误差	车刀没有对准工件轴线	车刀必须严格对准工件轴线

二、操作练习

【任务 1】 车削圆锥

1. 掌握圆锥面车削方法（见表 5-5）

表 5-5 圆锥面车削方法

车削方法	操作要领	特点	示意图
转动小滑板法	将小滑板转动一个圆锥半角，使车刀移动的方向和圆锥素线的方向平行，即可车出外圆锥，如图所示	用转动小滑板法车削圆锥面，操作简单，可加工任意锥度的内、外圆锥面。但加工长度受小滑板行程限制。另外需要手动进给，劳动强度大，工件表面质量不高	
偏移尾座法	车削锥度较小而圆锥长度较长的工件时，应选用偏移尾座法。车削时将工件装夹在两顶尖之间，把尾座横向偏移一段距离 s，使工件旋转轴线与车刀纵向进给方向相交成一个圆锥半角，如图所示，即可车出正确外圆锥	采用偏移尾座法车外圆锥时，尾座的偏移量不仅与圆锥长度有关，而且还和两顶尖之间的距离（工件长度）有关	
仿形法	仿形法（又称靠模法）是刀具按仿形装置（靠模），如图所示，进给车削外圆锥的方法	用这种方法加工的圆锥的锥度取决于靠模板的倾斜角度，操作简单、方便	
宽刃刀切削法	在车削较短的圆锥面时，也可以用宽刃刀直接车出。宽刃刀的切削刃必须平直，切削刃与主轴轴线的夹角应等于工件圆锥半角，如图所示	使用宽刃刀车圆锥面时，车床必须具有足够的刚性，否则容易引起振动。当工件的圆锥素线长度大于切削刃长度时，也可以用多次接刀方法，但接刀处必须平整	

2. 识读零件图

本任务零件图如图 5-2 所示。材料为 45 钢。

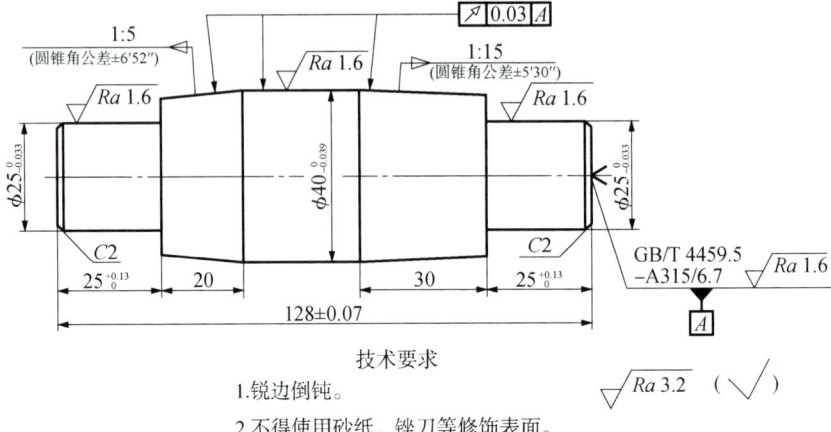

图 5-2 带锥度的轴

3. 准备工量刃具

外圆车刀、中心钻、游标卡尺、千分尺、万能角度尺、百分表等。

4. 操作步骤

（1）装夹找正，车端面，钻中心孔。

（2）车外圆 $\phi 40_{-0.039}^{0}$ mm。

（3）车外圆 $\phi 25_{-0.033}^{0}$ mm，长度 25_{0}^{+13} mm。

（4）车圆锥 1∶5，长度 20 mm，倒角。

（5）调头装夹，车端面保证总长 128±0.07 mm。

（6）钻中心孔，一夹一顶。

（7）车外圆 $\phi 25_{-0.033}^{0}$ mm，长度 $25_{0}^{+0.13}$ mm。

（8）车圆锥 1∶15，长度 30 mm，倒角。

（9）检测。

5. 按图车削圆锥轴，使其符合图样要求。

6. 检测评价（见表 5-6）

表 5-6 外圆锥面车削检测评分表

序号	检测要求	配分	检测 学生自检	检测 老师检测	得分
1	$\phi 25_{-0.033}^{0}$，Ra 1.6（两处）	(8+4)×2			
2	$\phi 40_{-0.039}^{0}$，Ra 1.6	8+4			
3	$\phi 25_{-0.033}^{0}$，Ra 1.6	8+4			
4	$25_{0}^{+0.13}$（两处）	3×2			
5	128±0.07	3			
6	30，20	2×2			
7	1∶5，Ra 3.2	10+4			

续表

序号	检测要求	配分	检测 学生自检	检测 老师检测	得分
8	1:15，Ra 3.2	10 + 4			
9	⌿ 0.03 A （三处）	2×3			
10	A3.15/6.7	3			
11	C2（两处）	1×2			
12	安全文明生产，违者视情节扣 1~10 分				

三、知识拓展

（一）成形面的车削

有些机器零件表面在零件的轴向剖面中呈曲线形，如单球手柄、三球手柄、橄榄手柄等，如图 5-3 所示，具有这些特征的表面称为成形面。

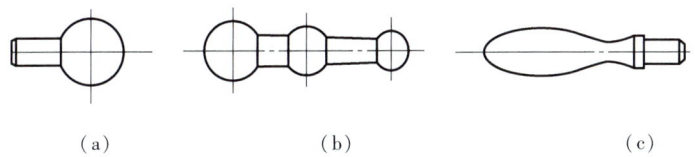

图 5-3 具有成形面的零件

(a) 单球手柄；(b) 三球手柄；(c) 橄榄手柄

1. 成形刀具的种类

常用的成形刀具按形状可分为以下几类，如图 5-4 所示。

1）普通成形刀

与普通车刀相似，可用手磨，精度低。

2）棱形成形刀

由刀头和刀杆组成，精度高。

3）圆形成形刀

圆轮形开一缺口。

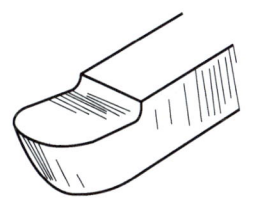 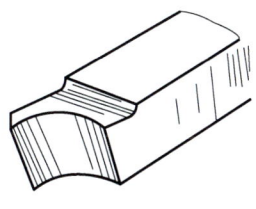  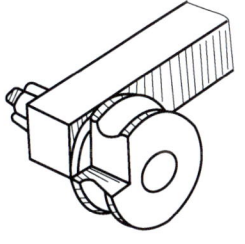

图 5-4 常用成形刀

2. 车削方法

在车床上加工成形面时，应根据工件的表面特征、精度要求和生产批量大小，采用不同的加工方法。常用的加工方法有双手控制法、成形法（即样板刀车削法）、仿形法（靠模仿形）和专用工具法等。双手控制法车成形面是成形面车削的基本方法。

当零件数量较少或单件时，可采用双手控制法车削成形面。即用双手同时摇动中滑板手柄和大滑板手柄，并通过目测协调双手进退动作，使车刀走过的轨迹与所要求的零件表同曲线相仿。

双手控制法车削成形面的特点是灵活方便，不需要其他辅助工具，但需有较灵活的操作技术。

3. 注意事项

（1）要求培养学生目测能力和协调双手控制进退的技能。

（2）用纱布抛光时要注意安全。

（二）滚花操作

某些工具和机床零件的捏手部位为了增加摩擦力和使零件表面美观，往往在零件表面上滚出各种不同的花纹。例如车床的刻度盘，外径千分尺的微分套管以及铰、攻扳手等。这些花纹一般是在车床上用滚花刀滚压而成的。

1. 花纹的种类

1）直花纹

如图 5-5（a）所示。

2）斜花纹

如图 5-5（b）所示。

3）网花纹

如图 5-5（c）所示。

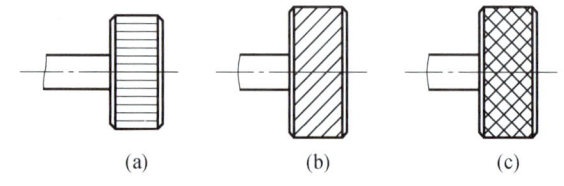

图 5-5 花纹的种类

（a）直花纹；（b）斜花纹；（c）网花纹

2. 滚花刀

1）单轮

压直花纹和斜花纹，如图 5-6（a）所示。

2）双轮

滚压网花纹，如图 5-6（b）所示。

图 5-6 常用滚花刀

（a）单轮；（b）双轮

3. 滚花方法

（1）由于滚花过程是利用滚花刀的滚轮来滚压工件表面的金属层，使其产生一定的塑性变形而形成的花纹，随着花纹的形成，滚花后工件的直径会增大。为此在滚花前将滚花部位的外圆车小约 0.2 ~ 0.5 mm。

（2）滚花刀的安装应与工件表面平行。开始滚压时，挤压力要大，使工件圆周上一开始就形成较深的花纹，这样就不容易产生乱纹。为了减少开始时的径向压力，可用滚花刀宽度的 1/2 或 1/3 进行挤压，或把滚花刀尾部装得略向左偏一些，使滚花刀与工件表面产生一个很小的夹角，这样滚花刀就容易切入工件表面，如图 5-7 所示。在停车检查花纹符合要求后，即可纵向机动进给，这样滚压一至二次就可完成。

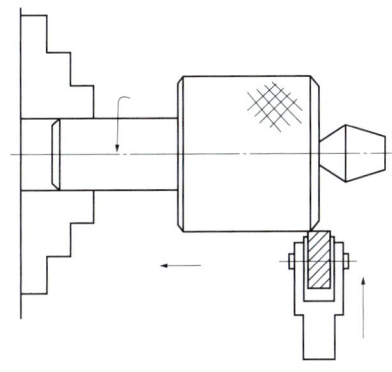

图 5-7　滚花刀横向进给位置

（3）滚花时，应取较慢转速，并应浇注充分的冷却润滑液，以防滚轮发热损坏。

（4）由于滚花时径向压力较大，所以工件的装夹必须牢靠。尽管如此，滚花时出现工件移位现象仍是难免的。因此，在加工带有滚花的工件时，通常采用先滚花，再找正工件，然后再精车的方法进行。

4. 滚花时常见的问题和注意事项

（1）滚花时产生乱纹的原因。

①滚花开始时，滚花刀与工件接触面积太大，使单位面积压力变小，易形成花纹微浅，出现乱纹。

②滚花刀转动不灵活或滚刀槽中有细屑阻塞，有碍滚花刀压入工件。

③转速太高，滚花刀与工件容易产生滑动。

④滚轮间隙太大，产生径向跳动与轴向窜动等。

（2）滚直花纹时，滚花刀的直纹必须与工件轴心线平行。否则挤压的花纹不直。

（3）在滚花过程中，不能用手和棉纱去接触工件滚花表面，以防危险。

（4）细长工件滚花时，要防止顶弯工件。薄壁工件要防止变形。

（5）压力过大，进给量过慢，压花表面往往会滚出台阶形凹坑。

（三）车削手柄

1. 手柄零件图

手柄零件图如图 5-8 所示。备料：45 钢，φ25 mm × 135 mm。

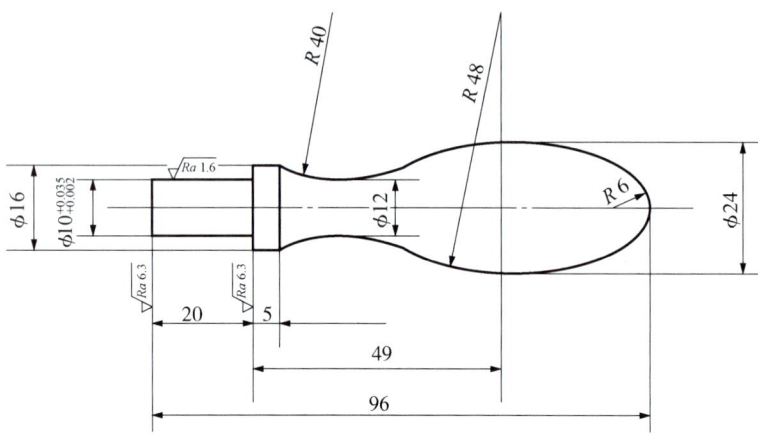

图 5-8　手柄

2. 操作步骤

（1）夹住外圆车平面和钻中心孔（前面已钻好）。

（2）工件伸出长约 110 mm 左右，一夹一顶，粗车外圆 ϕ24 mm、长 100 mm，ϕ16 mm、长 45 mm，ϕ10 mm、长 20 mm（各留精车余量 0.1 mm 左右），如图 5-9（a）所示。

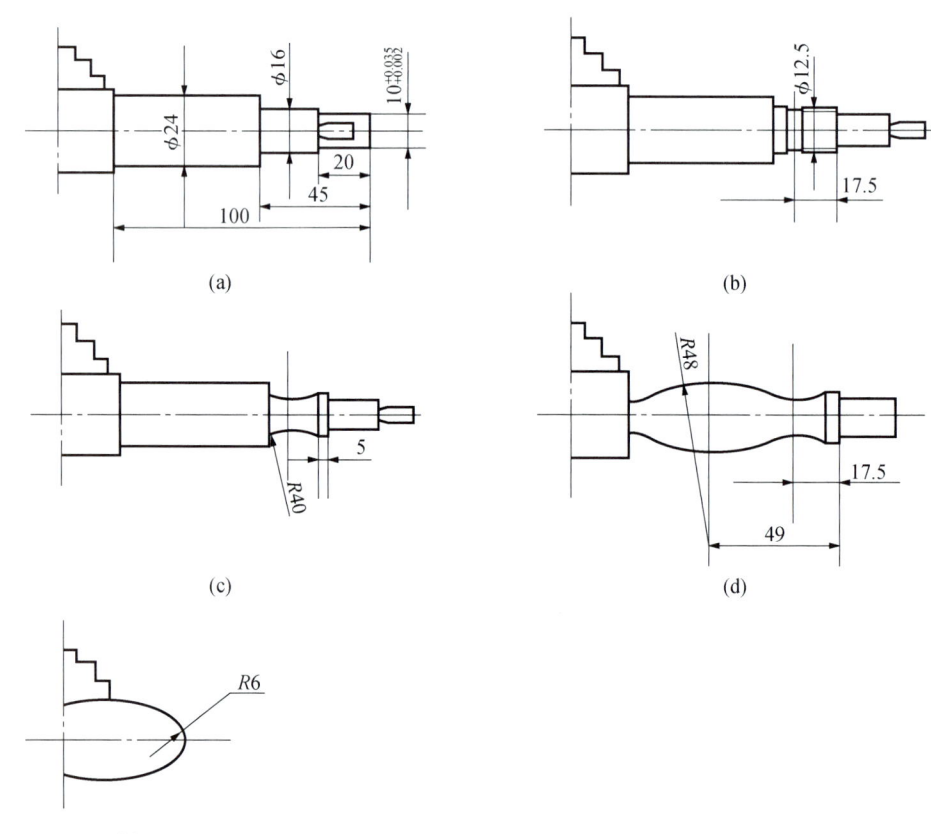

图 5-9　车削手柄步骤

(3) 从 φ16 mm 外圆的平面量起，长 17.5 mm 为中心线，用小圆头车刀车 φ12.5 mm 的定位槽，如图 5-9（b）所示。

(4) 从 φ16 mm 外圆的平面量起，长大于 5 mm 开始切削。向 12.5 mm 定位槽处移动车 R40 mm 圆弧面，如图 5-9（c）所示。

(5) 从 φ16 mm 外圆的平面量起，长 49 mm 处为中心线，在 φ24 mm 外圆上向左、右车 R48 mm 圆弧面，如图 5-9（d）所示。

(6) 精车 $\phi 10_{+0.002}^{+0.015}$、长 20 mm 至尺寸要求。

(7) 用锉刀、砂布修整抛光（专用样板检查）。

(8) 松开顶尖，用圆头车刀车 R6 mm，并切下工件。

(9) 调头垫铜皮，夹住 φ24 mm 外圆找正，用车刀或锉刀修整 R6 mm 圆弧，并用砂布抛光，如图 5-9（e）所示。

3. 检测评价（见表 5-7）

表 5-7　车削手柄检测评分表

序号	检测要求	配分	检测 学生自检	检测 老师检测	得分
1	外径 $\phi 10_{+0.002}^{+0.035}$	8			
2	外径 φ16	5			
3	R40、R48、R6	10×3			
4	φ24、φ12	5×2			
5	96、49、20、5	4×4			
6	Ra 1.6（五处）	5×5			
7	Ra 6.3（两处）	2×2			
8	倒角（两处）	1×2			
9	安全文明生产，违者视情节扣 1~10 分				

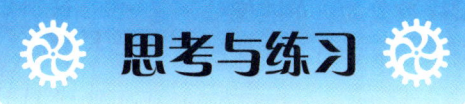

思考与练习

1. 圆锥体的品质检验方法有哪些？
2. 简述车削圆锥体的技术要点。
3. 简述成形面的车削方法。

项目6 车削三角形螺纹

一、相关知识

(一) 螺纹概述

1. 螺纹的分类

螺纹的分类方法很多，常见的分类方法有以下几种。

```
                    ┌ 三角形螺纹 ┌ 普通螺纹 ┌ 粗牙螺纹
                    │            │          └ 细牙螺纹
                    │            └ 英制螺纹
                    │            ┌ 用螺纹密封的管螺纹
          ┌ 标准螺纹 ┤ 管螺纹    ┤ 非螺纹密封的管螺纹
          │         │            └ 60°圆锥螺纹
          │         │ 梯形螺纹   ┌ 米制梯形螺纹
          │         │            └ 英寸制梯形螺纹
螺纹种类 ┤         └ 锯齿形螺纹
          │ 特殊螺纹（螺纹牙型符合标准螺纹规定，
          │           而大径和螺距不符合标准）
          └ 非标准螺纹（有矩形螺纹和平面螺纹等）
```

除上述所说明以外，三角形螺纹又分为：粗牙螺纹，用于紧固件；细牙螺纹，同样的公称直径下，螺距最小，自锁性好，适于薄壁细小零件和冲击变载等场合。根据螺旋线绕行方向螺纹分为：左旋螺纹，常用于减压阀等；右旋螺纹，较为普遍。根据螺纹线数分为：单线螺纹（$n=1$），用于连接；双线螺纹（$n=2$）；多线螺纹（$n>2$），用于传动。

2. 普通螺纹要素

螺纹要素由牙型、公称直径、螺距（或导程）、线数、旋向和精度等组成。螺纹的形成、尺寸和配合性能取决于螺纹要素，只有当内、外螺纹的各要素相同时，才能互相配合。

三角形螺纹的各部分名称如图6－1所示。

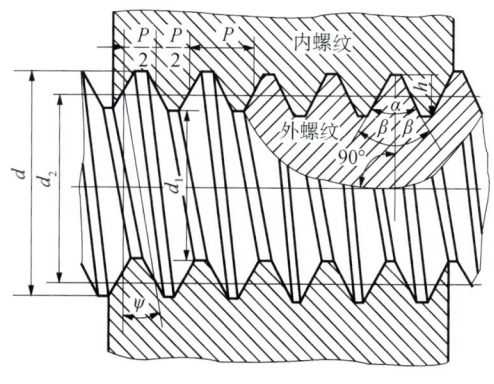

图6－1 三角形螺纹主要参数

1）牙型角 α

它是在螺纹牙型上，两相邻牙侧间的夹角。

2）螺距 P

相邻两牙在中径线上对应两点间的轴向距离。

3）导程 L

同一条螺旋线上相邻两牙在中径线上对应两点间的轴向距离。

当螺纹为单线螺纹时，导程与螺距相等（$P_h = P$）。当螺纹为多线时，导程等于螺旋线数（n）与螺距（P）的乘积，即 $P_h = nP$。

4）螺纹大径 d、D

螺纹大径是指与外螺纹牙顶或内螺纹牙底相切的假想圆柱或圆锥的直径。外螺纹大径用 d 表示，内螺纹大径用 D 表示。国家标准规定，螺纹大径的基本尺寸称为螺纹的公称直径，它代表螺纹尺寸的直径。

5）中径 d_2、D_2

中径是一个假想圆柱或圆锥的直径，该圆柱或圆锥的素线通过牙型上沟槽和凸起宽度相等的地方，该假想圆柱或圆锥称为中径圆柱或中径圆锥。同规格的外螺纹中径 d_2 和内螺纹中径 D_2 公称尺寸相等。

6）螺纹小径 d_1、D_1

它是与外螺纹牙底或内螺纹牙顶相切的假想圆柱或圆锥的直径，外螺纹小径用 d_1 表示，内螺纹小径用 D_1 表示。

7）顶径

与外螺纹或内螺纹牙顶相切的假想圆柱或圆锥的直径，即外螺纹的大径或内螺纹的小径。

8）底径

与外螺纹或内螺纹牙底相切的假想圆柱或圆锥的直径，即外螺纹的小径或内螺纹的大径。

9）原始三角形高度 H

由原始三角形顶点沿垂直于螺纹轴线方向到其底边的距离。

10）螺纹升角

在中径圆柱或中径圆锥上螺旋线的切线与垂直于螺纹轴线平面的夹角。

(二) 螺纹车刀

1. 螺纹车刀切削部分材料的选择

螺纹车刀常用的材料有高速钢和硬质合金两大类。

高速钢螺纹车刀刃磨较方便，容易磨得锋利，而且韧性较好，刀尖不易崩裂，车出的螺纹表面粗糙度值较小。但高速钢耐热性较差，在高温下容易磨损，刃磨时容易退火。因此，只适用于低速切削螺纹或精车螺纹。

硬质合金螺纹车刀的硬度高，耐磨性和耐热性好，但韧性差，刃磨时容易崩刃，只适用于高速切削螺纹使用。

2. 螺纹车刀的几何形状

螺纹车刀是一种成形刀具，螺纹截形精度取决于螺纹车刀刃磨后的形状及其在车床上安装位置是否正确。

螺纹车刀的几何角度如图 6-2 所示。

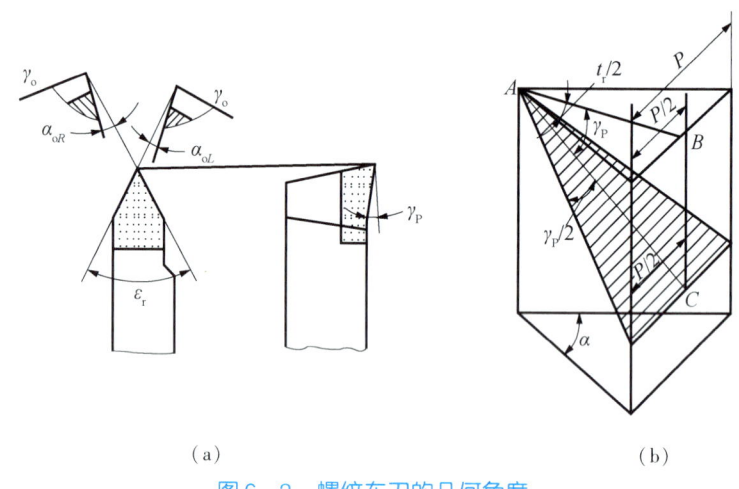

图 6-2 螺纹车刀的几何角度
（a）外螺纹车刀；（b）刀尖角的修正

1）背前角 γ_p

粗车时，$\gamma_p = 10° \sim 25°$；精车时，$\gamma_p = 5° \sim 10°$，精度要求较高时，$\gamma_p = 0°$。

2）刀尖角 ε_r

普通螺纹车刀在背前角 $\gamma_p = 0°$ 时的刀尖角等于被切螺纹牙型角，即 $\varepsilon_r = 60°$；但当 $\gamma_p \neq 0°$ 时，其刀尖角 ε_r 仍等于牙型角 α，车出的螺纹牙型角会增大，如图 1-81（b）所示，所以应对螺纹车刀的刀尖角 ε_r 进行修正。

3）侧刃后角 α_{oL}、α_{oR}

螺纹车刀左右两侧切削刃的后角 α_{oL} 与 α_{oR} 由于受螺纹升角 ϕ 的影响，进给方向上的侧刃后角应比另一侧刃后角大一个 ϕ。通常两侧切削刃的工作后角 $\alpha_{oT} = 3° \sim 5°$。

3. 螺纹车刀的刃磨要领

1）刃磨要求

刃磨螺纹车刀时，车刀的左、右侧刃必须是直线，车刀的刀尖角、两侧切削刃后角都应根据要求修正。顶刃宽度 b 应小于截形槽底宽度 w。

2）刃磨步骤

（1）粗磨。在粗粒度砂轮上刃磨左右两侧后刀面，并用螺纹角度对刀板检查刀尖角。刃磨时，注意两侧刃后角的大小，应满足切削要求。

（2）精磨。在粒度较细的砂轮上刃磨。首先精磨前刀面，保证背前角 γ_p，再精磨左右两侧刃后角 α_{oL}、α_{oR}。

（3）检查刀尖角 ε_r。因车刀磨有背前角，所以刀尖角要修正。检查刀尖角，可用螺纹样板水平放置用透光法检查。

(4) 刃磨刀尖。普通三角形螺纹车刀的刀尖可磨成圆弧，亦可磨成直线。刃磨时，顶刃宽度应小于裁形槽底宽，并注意顶刃后角的大小，切不可磨得太大。

(5) 用油石修磨前后刀面。

4. 对螺纹车刀几何形状的要求

(1) 车刀刀尖角应等于牙型角。

(2) 车刀左右切削刃必须是直线。

(3) 车刀进给方向后角因受螺纹升角的影响应磨得较大些。

(4) 车刀的背向角 γ_p：高速钢车刀一般为 50°~150°，硬质合金车刀一般取 0°。

螺纹车刀的背前角不等于 0° 时，两侧切削刃不通过工件轴线，车出的螺纹牙侧不是直线而是曲线，这种误差对要求不高的螺纹来说，可以忽略不计。但当背前角较大时，对牙型角的影响较大。此时，刀尖角 ε_r 必须进行修正。

5. 三角形螺纹车刀的几何形状

如图 6-3 所示。

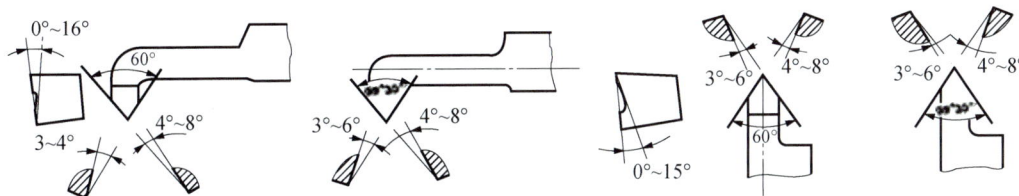

图 6-3 三角形螺纹车刀的几何形状

(1) 刀尖角 ε_r。刀尖角 ε_r 应等于牙型角 α，车削普通螺纹时，其值为 60°，车英制螺纹时其值为 55°。

(2) 背前角 γ_p。一般为 0°~15°，因螺纹车刀的背前角 γ_p 对牙型角有较大影响，对螺距精度要求较高的螺纹，背向角 γ_p 应取小些，约 0°~5°。当背前角 γ_p 较大时，刀尖角 ε_r 必须进行修正。

(3) 后角 α_o。一般取 4°~8°，进给方向后角应取大些，对于直径和螺距较小的三角形螺纹，螺纹升角对后角的影响可忽略不计。

(4) 硬质合金螺纹车刀，背前角 γ_p 为 0°，两主切削刃应磨出 0.2~0.4 mm 的负倒棱，高速切削时，刀尖角要减小。

(三) 螺纹的测量

螺纹测量常用量具及测量方法见表 6-1。

表 6-1 螺纹测量常用量具及测量方法

测量内容	练习要领	示意图
大径的测量	螺纹大径的公差较大，一般可用游标卡尺或千分尺测量	（略）

续表

测量内容	练习要领	示意图
螺距的测量	螺距一般可用钢直尺测量，如图（a）所示，因为普通螺纹的螺距一般较小，在测量时，最好量 10 个螺距的长度，然后把长度除以 10，就得出一个螺距的尺寸。如果螺距较大，那么可以量 2~4 个螺距的长度，细牙螺纹的螺距较小，用钢直尺测量比较困难，这时可用螺距规来测量，如图（b）所示。测量时把钢片平行轴线方向嵌入牙型中，如果完全符合则说明被测的螺距是正确的	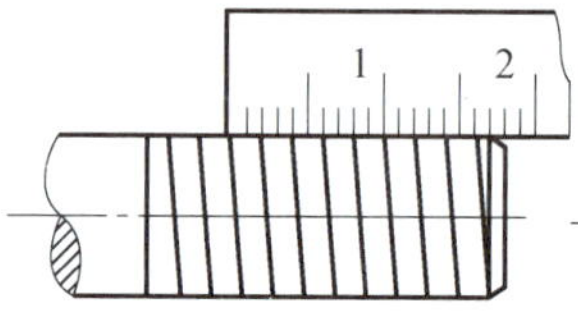 (a) 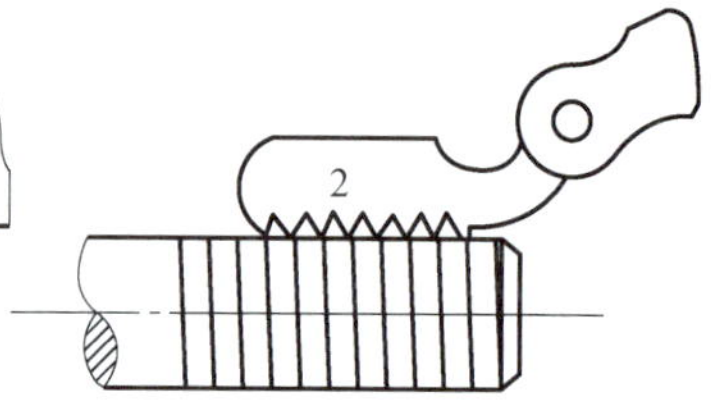 (b)
中径的测量	精度较高的三角形螺纹，可用螺纹千分尺测量，如图所示，所测得的千分尺读数就是该螺纹的中径实际尺寸	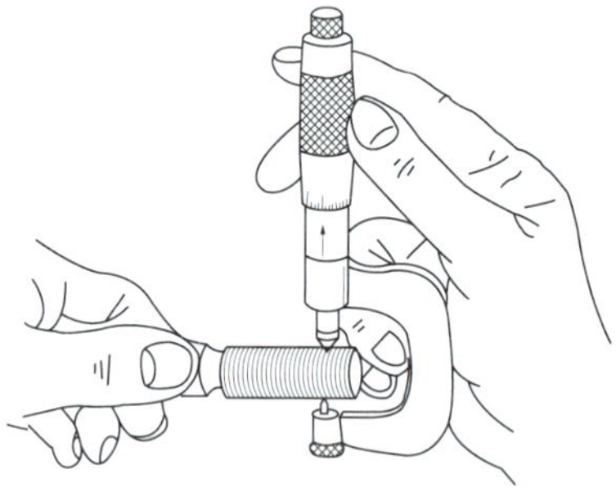 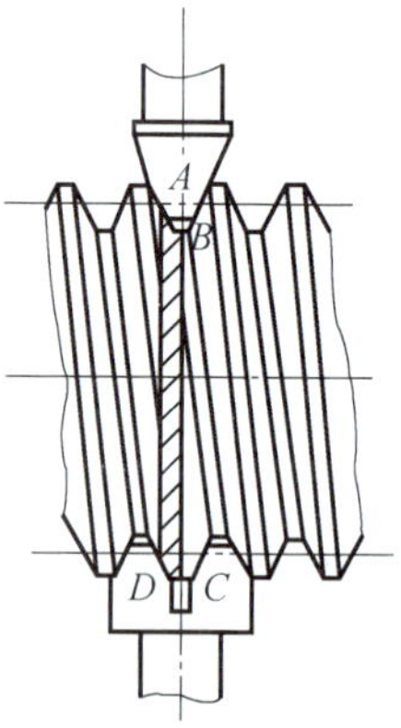
综合测量	用螺纹环规测量，如图（a）所示，综合检查三角形外螺纹。首先应对螺纹的直径、螺距、牙型和表面粗糙度进行检查，然后再用螺纹环规测量外螺纹的尺寸精度。如果环规通端正好拧进去，而止端拧不进，说明螺纹精度符合要求。对精度要求不高的螺纹也可用标准螺母检查（生产中常用），以拧上工件时是否顺利和松动的感觉来确定。检查有退刀槽的螺纹时，环规应通过退刀槽与台阶平面靠平 螺纹塞规，如图（b）所示，则是对三角形内螺纹进行综合测量的。使用方法和螺纹环规一样	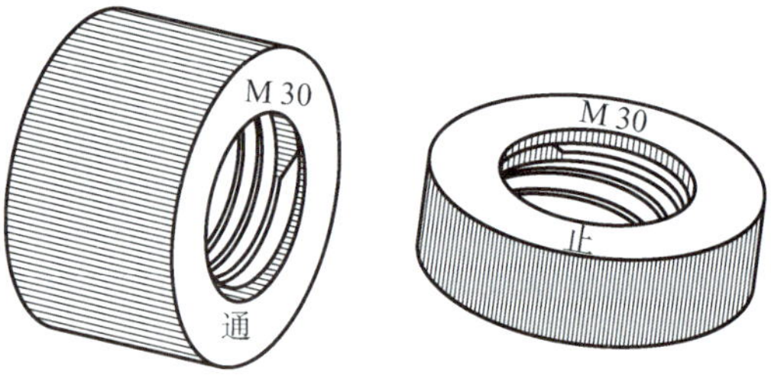 (a) 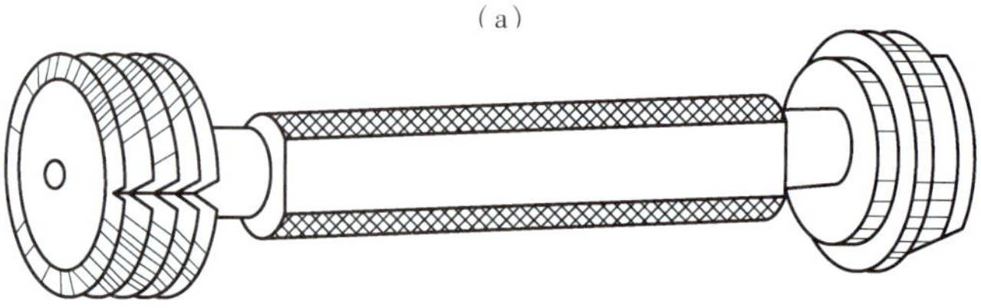 (b)

（四）车螺纹时产生废品的原因及预防措施

1. 车削三角形螺纹时的注意事项

（1）车削螺纹前要检查组装交换齿轮的间隙是否适当。把主轴变速手柄放在空挡位置，用手旋转主轴（正、反），观察是否有过重或空转量过大现象。

（2）对于初学车螺纹的人员，操作不熟练，一般宜采用较低的切削速度，并特别注意在练习操作过程中精神要集中。

（3）车螺纹时，开合螺母必须闸到位，如感到未闸好，应立即起闸，重新进行。

（4）车削铸铁螺纹时，径向进刀不宜太大，否则会使螺纹牙尖爆裂，造成废品。在最后几刀车削时，可用镗刀方法（即径向少进刀甚至不进刀的方法）把螺纹车光。

（5）车削无退刀槽的螺纹时，特别注意螺纹的收尾在1/2 圈左右。要达到这个要求，必须先退刀，后起开合螺母。且每次退刀要均匀一致，否则会撞掉刀尖。

（6）车削螺纹时，应始终保持刀刃锋利。如中途换刀或磨刀后，必须对刀以防破牙，并重新调整中滑板刻度。

（7）粗车螺纹时，要留适当的精车余量。

（8）车削时应防止螺纹小径不清、侧面不光、牙型线不直等不良现象出现。

（9）使用环规检查时，不能用力过大或用扳手强拧，以免环规严重磨损或使工件发生移位。

2. 车削塑性材料（钢件）时产生扎刀的原因

（1）车刀装夹低于工件轴线或车刀伸出太长。

（2）车刀前角或后角太大，产生径向切削力把车刀拉向切削表面，造成扎刀。

（3）采用直进法时进给量较大，使刀具接触面积大，排屑困难而造成扎刀。

（4）精车时由于采用润滑较差的乳化液，刀尖磨损严重，产生扎刀。

（5）主轴轴承及滑板和床鞍的间隙太大。

（6）开合螺母间隙太大或丝杠轴向窜动。

3. 车螺纹时的安全技术要领

（1）调整交换齿轮时，必须切断电源，停车后进行。交换齿轮装好后要装上防护罩。

（2）车螺纹时是按螺距纵向进给，因此进给速度快。退刀和起开合螺母（或倒车）必须及时、动作协调，否则会使车刀与工件台阶或卡盘撞击而产生事故。

（3）倒顺车换向不能过快，否则机床将受到瞬时冲击，容易损坏机件。在卡盘与主轴连接处必须安装保险装置，以防因卡盘在反转时从主轴上脱落。

（4）车螺纹进刀时，必须注意中滑板手柄不要多摇一圈，否则会造成刀尖崩刃或工件损坏。

（5）开车时，不能用棉纱擦工件，否则会使棉纱卷入工件，把手指也一起卷进而造成事故。

4. 产生废品的原因及预防方法

产生废品的原因及预防方法见表 6-2。

表6-2 车螺纹时产生废品的原因及预防措施

废品种类	产生原因	预防方法
螺距不正确	1. 交换齿轮在计算啮合时错误，进给箱手柄位置放错	在车削第一只工件时，先车出一条很浅的螺旋线，测量螺距的尺寸是否正确
	2. 局部螺距不正确： （1）车床丝杠和主轴窜动 （2）溜板箱手轮转动时轻重不均匀 （3）开合螺母间隙太大	加工螺纹之前，将主轴与丝杠轴向窜动和开合螺母的间隙进行调整，并将床鞍的手轮与传动齿条脱开，使床鞍能匀速运动
	3. 开倒顺车车螺纹时，开合螺母抬起	调整开合螺母的镶条，用重物挂在开合螺母的手柄上
牙型不正确	1. 车刀装夹不正确，产生螺纹的半角误差	采用螺纹样板对刀
	2. 车刀刀尖角刃磨得不正确	正确刃磨和测量刀尖角
	3. 车刀磨损	合理选择切削用量并及时修磨车刀
螺纹表面粗糙度值大	1. 高速切削螺纹时，切屑厚度太小或切屑从倾斜方向排出，拉毛已加工表面	高速切削螺纹时，最后一次切深一般要大于0.1 mm，切屑要垂直轴线方向排出
	2. 切削用量及切削液使用不当	高速钢车刀切削时，应降低切削速度，并合理使用切削液
	3. 刀杆刚性不够，切削时引起振动	选用较大尺寸的刀杆，装刀时不宜伸出过长

二、操作练习

【任务1】 操纵车床车削螺纹

车削螺纹时车床的操纵方法见表6-3。

表6-3 车削螺纹时的操纵方法

练习内容	练习要领	
装夹螺纹车刀	①装夹车刀时，刀尖位置一般应对准工件中心（可根据尾座顶尖高度检查） ②车刀刀尖角的对称中心线必须与工件轴线垂直，装刀时可用样板来对刀，如果把车刀装歪，就会产生牙型歪斜，如图所示 ③刀头伸出不要过长，一般为20~25 mm（约为刀杆厚度的1.5倍）	
调整车床	变换手柄位置	一般按工件螺距在进给箱铭牌上找到交换齿轮的齿数和手柄位置，并把手柄拨到所需的位置上
	调整交换齿轮	某些车床按铭牌表根据所具备的齿轮，需重新调整交换齿轮。其方法如下： ①切断机床电源，车头变速手柄放在中间空挡位置 ②识别有关齿轮，齿数，上、中、下轴 ③了解齿轮装拆的程序及单式、复式交换齿轮的组装方法 ④在调整交换齿轮时，必须先把齿轮套筒和小轴擦干净，并使其相互间隙要稍大些，涂上润滑油（有油杯的应装满黄油，定期用手旋进）。套筒的长度要小于小轴台阶的长度，否则螺母压紧套筒后，中间轮就不能转动，开车时会损坏齿轮或扇形板

续表

练习内容		练习要领
调整车床	调整交换齿轮	⑤交换齿轮啮合间隙的调整是变动齿轮在交换齿轮架上的位置及交换齿轮架本身的位置，使各齿轮的啮合间隙保持在 0.1~0.15 mm 左右；如果太紧，交换齿轮在转动时会产生很大的噪声并损坏齿轮
	调整滑板间隙	调整中、小滑板镶条时，不能太紧，也不能太松。太紧了，摇动滑板费力，操作不灵活；太松了，车螺纹时容易产生"扎刀"。顺时针方向旋转小滑板手柄，消除小滑板丝杠与螺母的间隙
车削螺纹时的动作练习		①选择主轴转速为 200 r/min 左右，开动车床，将主轴倒、顺转数次，然后合上开合螺母，检查丝杠与开合螺母的工作情况是否正常，若有跳动和自动抬闸现象，必须消除 ②练习开合螺母的分合动作，先退刀，后提开合螺母（间隔瞬时），动作协调 ③试切螺纹，在外圆上根据螺纹长度，用刀尖对准，开车径向进给，使车刀与工件轻微接触，车出一条刻线作为螺纹终止退刀标记，并记住中滑板刻度盘读数，退刀。将床鞍摇至离工件端面 8~10 牙处，径向进给 0.05 mm 左右，调整刻度盘"0"位，以便车削螺纹副掌握切削深度。合下开合螺母，在工件表面上车出一条有痕螺旋线，到螺纹终止线时迅速退刀，提起开合螺母（注意螺纹收尾在 2/3 圈之内）。图示为用钢直尺或螺距规检查螺距 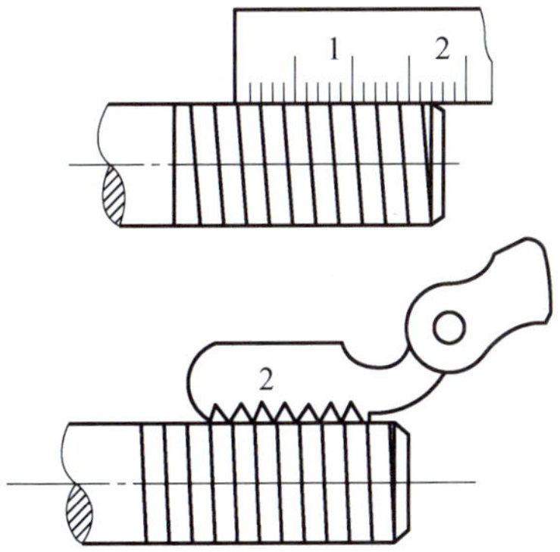

【任务 2】 车削螺纹

车削螺纹方法见表 6-4。

表 6-4 车削螺纹方法

方法	练习要领	示意图
直进法	车螺纹时，螺纹车刀刀尖及左右两侧刀刃都参加切削动作。每次切刀由中滑板做径向进给，随着螺纹深度的加深，切削深度相应减小，如图所示 这种切削方法操作简单，可以得到比较正确的牙型，适用于螺距小于 2 mm 和脆性材料的螺纹车削	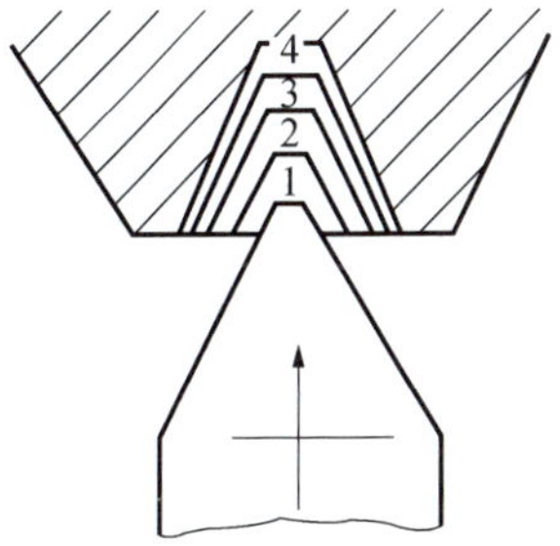

续表

方法	练习要领	示意图
左右切削法	如图所示。车削过程中，除了中滑板作垂直进给外，同时使用小滑板把车刀作左、右微量进给，这样重复切削几次，直至螺纹全部车好	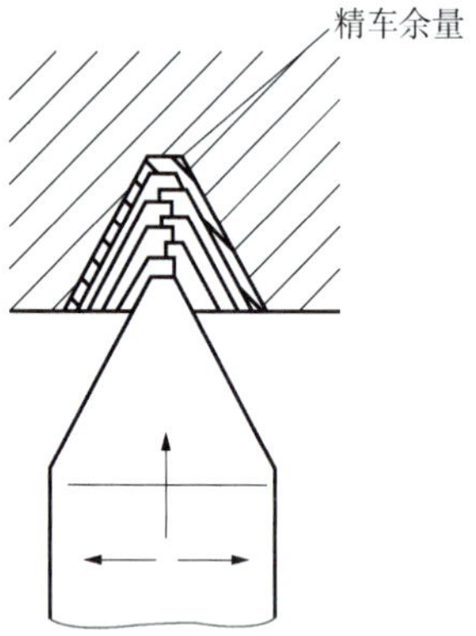
斜进法	如图所示，在粗车螺纹时，为了操作方便，除了中滑板进给外，小滑板向同一方向做微量进给	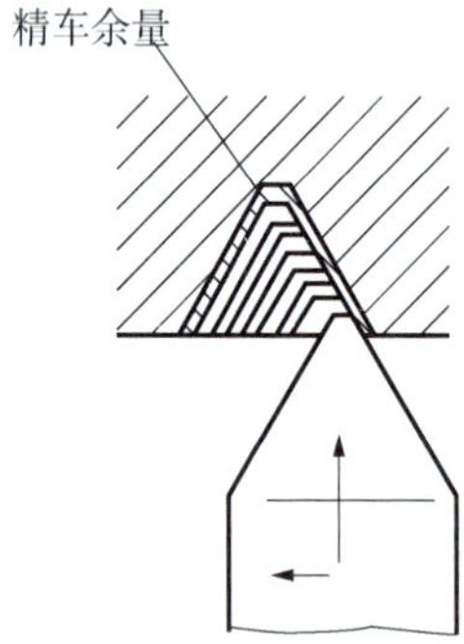
高速切削法	高速切削时使用的硬质合金车刀，如图所示。高速切削时只能采用直进法进给，采用左右切削法或斜进法会将工件的另一侧拉毛。高速切削时的切削速度一般取 50～100 m/min	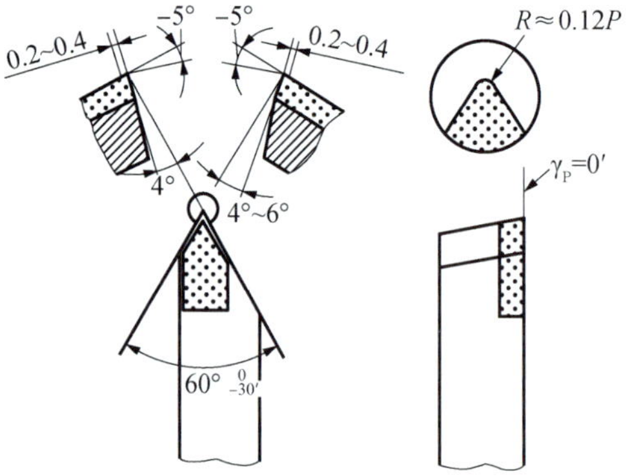

【任务3】 车削三角形螺纹

1. 识读零件图

本任务零件图如图 6-4 所示。

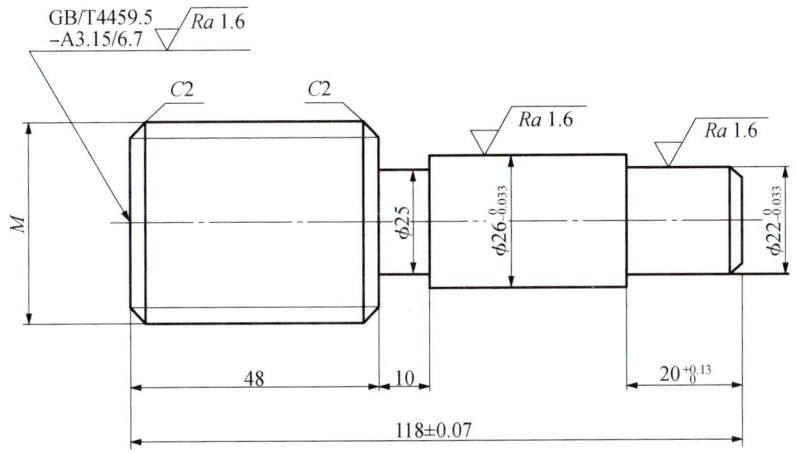

次数	M
1	M42×3-8h
2	M36×3-8h
3	M30×2-8h

技术要求
1. 不准用铣刀、砂布等修饰表面。
2. 未注倒角C1，锐边倒钝。

图6-4 带螺纹的轴

2. 准备工量刃具和辅助工具

外圆车刀、高速钢螺纹车刀、游标卡尺、螺纹千分尺、回转顶尖等。

3. 操作步骤

（1）夹工件外圆部分约40 mm长，车端面。

（2）车外圆 $\phi 26_{-0.033}^{0}$ mm，保证长度不小于50 mm。

（3）车 $\phi 22_{-0.033}^{0}$ mm 外圆，保证长度 $20_{0}^{+0.13}$ mm，倒角。

（4）调头，车端面，保证总长 118±0.07 mm。

（5）钻中心孔，一夹一顶装夹工件。

（6）车削螺纹大径，车削退刀槽φ25 mm，长度10 mm，倒角。

（7）车削 M42×3-8h 的螺纹。

（8）检查后，取下，检测。

（9）车削螺纹大径，倒角。

（10）车削 M36×3-8h 的螺纹。

（11）检查后，取下，检测。

（12）车削螺纹大径，倒角。

（13）车削 M30×2-8h 的螺纹。

（14）检查后，取下，检测。

4. 车削，按图样车削螺纹轴，使其符合图样要求

5. 检测评价（见表6-5）

表6-5 三角螺纹车削检测评分表

序号	检测要求	配分	检测 学生自检	检测 老师检测	得分
1	M42×3-8h, Ra 3.2	15+5			
2	M36×3-8h, Ra 3.2	15+5			
3	M30×2-8h, Ra 3.2	15+5			
4	$\phi 26_{-0.033}^{0}$, Ra 1.6	8+2			
5	$\phi 22_{-0.033}^{0}$, Ra 1.6	8+2			
6	48	3			
7	10	3			
8	$20_{0}^{+0.13}$	5			
9	118±0.07	5			
10	$\phi 25$	4			
11	安全文明生产,违者视情节扣1~10分				

三、知识拓展

(一) 车削梯形螺纹

梯形螺纹的轴向剖面形状是一个等腰梯形,如图6-5所示,一般做传动用,精度高,如车床上的长丝杠和中小滑板的丝杠等。

图6-5 外梯形螺纹的形状

1. 梯形螺纹车刀的几何角度和刃磨要求

梯形螺纹有英制和米制两类,米制牙型角30°,英制牙型角29°,一般常用的是米制螺纹。梯形螺纹车刀分粗车刀和精车刀两种。

1) 梯形螺纹车刀的角度

如图6-6所示。

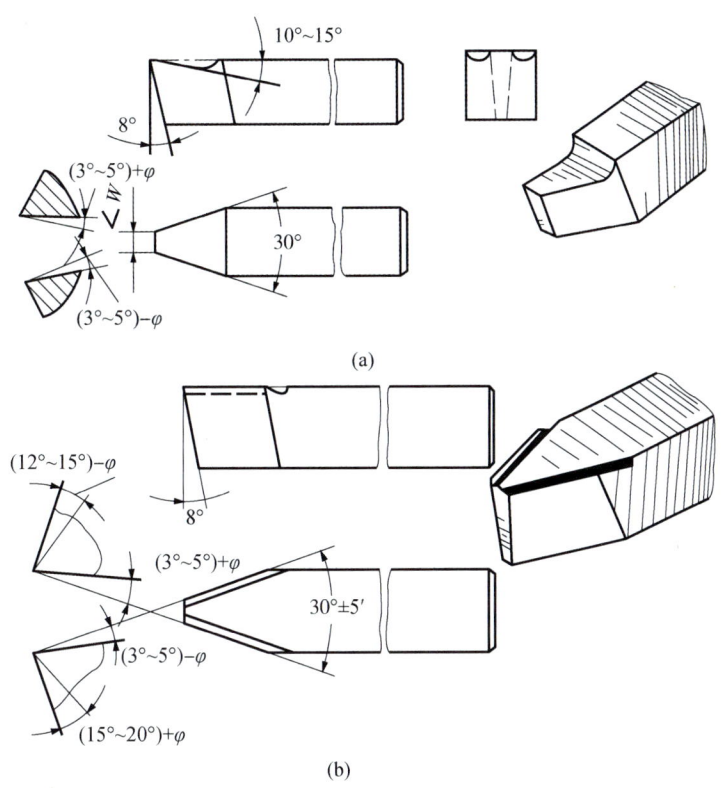

图6-6 外梯形螺纹车刀的角度
(a) 纵向前角；(b) 两侧刀刃后角

(1) 两刃夹角。粗车刀应小于牙型角，精车刀应等于牙型角。

(2) 刀尖宽度。粗车刀的刀尖宽度应为1/3螺距宽。精车刀的刀尖宽应等于牙底宽减0.05 mm。

(3) 纵向前角。粗车刀一般为15°左右，精车刀为了保证牙型角正确，前角应等于0°，但实际生产时取5°~10°。

(4) 纵向后角。一般为6°~8°。

(5) 两侧刀刃后角。$\alpha_1 = (3°~5°) + \varphi$；$\alpha_2 = (3°~5°) - \varphi$。

2) 梯形螺纹的刃磨要求

(1) 用样板校对刃磨两刀刃夹角，如图6-7所示。

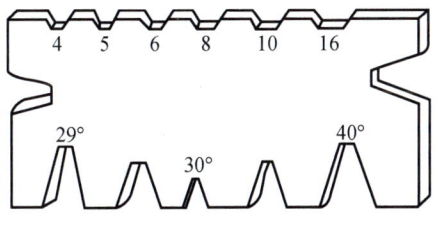

图6-7 对刀样板

（2）有纵向前角的两刃夹角应进行修正。

（3）车刀刃口要光滑、平直、无虚刃，两侧副刀刃必须对称，刀头不能歪斜。

（4）用油石研磨去各刀刃的毛刺。

2. 梯形螺纹车刀的选择和装夹

1）车刀的选择

通常采用低速车削，一般选用高速钢材料。

2）车刀的装夹

（1）车刀主切削刃必须与工件轴线等高（用弹性刀杆应高于轴线约 0.2 mm），同时应和工件轴线平行。

（2）刀头的角平分线要垂直于工件的轴线，并用样板找正装夹，以免产生螺纹半角误差，如图 6-8 所示。

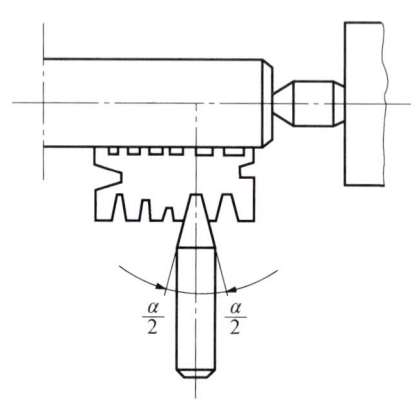

图 6-8　车刀的装夹

3. 工件的装夹

一般采用两顶尖或一夹一顶装夹。粗车较大螺距时，可采用四爪单动卡盘一夹一顶，以保证装夹牢固，同时使工件的一个台阶靠住卡盘平面，固定工件的轴向位置，以防止因切削力过大使工件移位而车坏螺纹。

4. 梯形螺纹的车削方法

（1）螺距小于 4 mm 和精度要求不高的工件，可用一把梯形螺纹车刀，并用少量的左右进给车削。

（2）螺距大于 4 mm 和精度要求较高的梯形螺纹，一般采用分刀车削的方法。

①粗车、半精车梯形螺纹时，螺纹大径留 0.3 mm 左右余量且倒角成 15°。

②选用刀头宽度稍小于槽底宽度的车槽刀，粗车螺纹（每边留 0.25～0.35 mm 左右的余量）。

③采用左右车削法车削梯形螺纹两侧面，每边留 0.1～0.2 mm 的精车余量，并车准螺纹小径尺寸，如图 6-9（a）、（b）所示。

④精车大径至图样要求（一般小于螺纹基本尺寸）。

⑤选用精车梯形螺纹车刀，采用左右切削法完成螺纹加工，如图 6-9（c）、（d）所示。

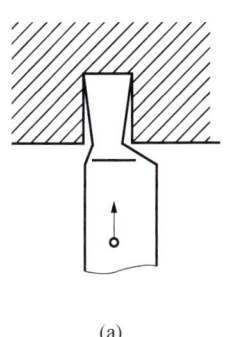 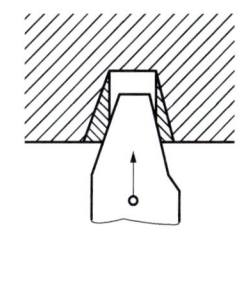 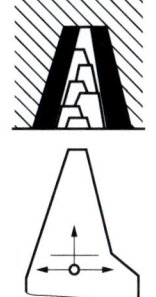 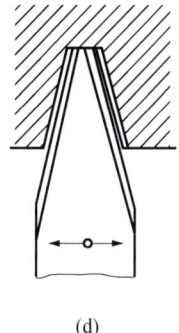

　　　　(a)　　　　　　　　(b)　　　　　　　(c)　　　　　　　(d)

图 6-9　梯形螺纹的车削方法
(a)、(b) 左右车削法；(c)、(d) 左右切削法

5. 梯形螺纹的测量方法

1）综合测量法

用标准螺纹环规综合测量。

2）三针测量法

这种方法是测量外螺纹中径的一种比较精密的方法，适用于测量一些精度要求较高、螺纹升角小于 4°的螺纹工件。测量时把三根直径相等的量针放在螺纹相对应的螺旋槽中，用千分尺量出两边量针顶点之间的距离 M，如图 6-10 所示。M 的计算公式为：

$$M = d_2 + 4.864 d_D - 1.866 P$$

式中，d_2 为螺纹中径；

d_D 为量针直径，最佳值为 $0.518P$；

P 为螺距。

根据计算的 M 值结合螺纹中径 d_2 的极限偏差可确定 M 的合格范围。

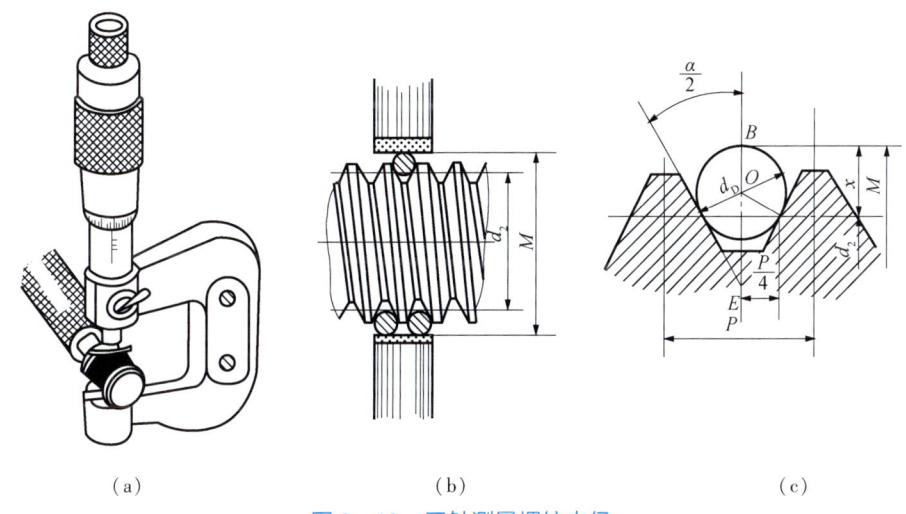

　　　(a)　　　　　　　　　　(b)　　　　　　　　　　(c)

图 6-10　三针测量螺纹中径

三针测量法采用的量针一般是专门制造的，在实际应用中，有时也用优质钢丝或新钻头的柄部来代替，但与计算出的量针直径尺寸往往不相符合，这就需要认真选择。要求所代用

的钢丝或钻柄直径尺寸,最大不能在放入螺旋槽时被顶在螺纹牙尖上,最小不能放入螺旋槽时和牙底相碰,可根据表 6-6 所示的范围内进行选用。

表 6-6 钢丝或钻柄直径的最大及最小值

螺纹牙型角 α	钢丝或钻柄最大直径	钢丝或钻柄最小直径
30°	$d_{max} = 0.656P$	$d_{min} = 0.487P$
40°	$d_{max} = 0.779P$	$d_{min} = 0.513P$

(3) 单针测量法

这种方法的特点是只需用一根量针放置在螺旋槽中,用千分尺量出螺纹大径与量针顶点之间的距离 A,如图 6-11 所示。

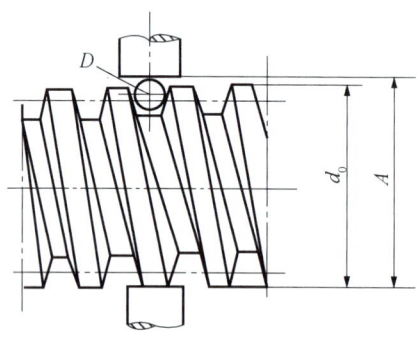

图 6-11 单针测量法

6. 安全注意事项

(1) 梯形螺纹车刀两侧副切削刃应平直,否则工件牙型角不正确;精车时刀刃应保持锋利,要求螺纹两侧表面粗糙度要低。
(2) 调整小滑板的松紧,以防车削时车刀移位。
(3) 鸡心夹头或对分夹头应夹紧工件,否则车梯形螺纹时工件容易产生移位而损坏。
(4) 车梯形螺纹中途重装工件时,应对好刀,以防乱牙。
(5) 工件在精车前,最好重新修正顶尖孔,以保证同轴度。
(6) 车梯形螺纹时要防止"扎刀"。

思考与练习

1. 简述螺纹的种类。
2. 普通螺纹要素有哪些?
3. 简述螺纹测量常用的量具及其测量方法。
4. 预防产生废品的原因及方法有哪些?
5. 简述车削梯形螺纹的方法。

第2篇
铣　　削

项目7 学会操作X6132铣床

一、相关知识

(一) X6132铣床结构及功用

1. 铣床型号的含义

铣床的型号由表示该铣床所属的系列、结构特征、性能和主要技术规格等的代号组成。例如：

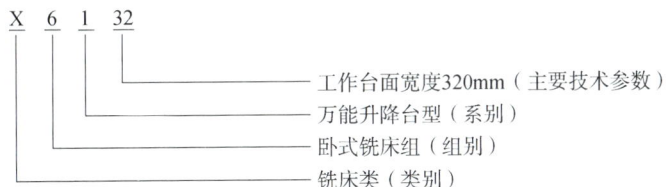

铣床种类虽然很多，但各类铣床的基本结构大致相同。现以X6132型万能升降台铣床为例，如图7-1所示，介绍铣床各部分的名称及其功用。

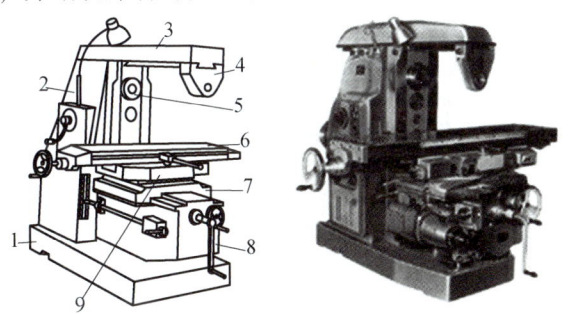

图7-1 万能升降台铣床

1—底座；2—床身；3—横梁；4—刀杆支架；5—主轴；
6—纵向工作台；7—横向工作台（床鞍）；8—升降台；9—回转盘

2. 铣床的组成及功用

万能升降台铣床的基本组成部件及各部分的功用见表7-1。

表7-1 铣床基本组成部件及其功用

序号	部件名称	结构及功用
1	底座	底座是整部机床的支承部件,具有足够的强度和刚度。底座的内腔盛装切削液,供切削时冷却润滑
2	床身	床身是机床的主体,机床上大部分的部件都安装在床身上。床身的前壁有燕尾形的垂直导轨,升降台可沿导轨上下移动;床身的顶部有水平导轨,悬梁可在导轨上面水平移动;床身的内部装有主轴、主轴变速机构、润滑油泵等
3	悬梁与悬梁支架	悬梁的一端装有支架,支架上面有与主轴同轴线的支撑孔,用来支撑铣刀轴的外端,以增强铣刀轴的刚性。悬梁向外伸出的长度可以根据刀轴的长度进行调节
4	主轴	主轴是一根空心轴,前端有锥度为7∶24的圆锥孔,铣刀刀轴一端就安装在锥孔中。主轴前端面有两键槽,通过键连接传递扭矩,主轴通过铣刀轴带动铣刀作同步旋转运动
5	主轴变速机构	由主传动电动机(7.5 kW, 1450 r/min)通过带传动、齿轮传动机构带动主轴旋转,操纵床身侧面的手柄和转盘,可使主轴获得18种不同的转速
6	纵向工作台	纵向工作台用来安装工件或夹具,并带动工件做纵向进给运动。工作台上面有三条T形槽,用来安放T形螺钉以固定夹具和工件。工作台前侧面有一条T形槽,用来固定自动挡铁,控制铣削长度
7	床鞍	床鞍(也称横拖板)带动纵向工作台做横向移动
8	回转盘	回转盘装在床鞍和纵向工作台之间,用来带动纵向工作台在水平面内做±45°的水平调整,以满足加工的需要
9	升降台	升降台装在床身正面的垂直导轨上,用来支撑工作台,并带动工作台上下移动。升降台中下部有丝杆与底座螺母连接;铣床进给系统中的电动机和变速机构等就安装在其内部
10	进给变速机构	进给变速机构装在升降台内部,它将进给电动机的固定转速通过其齿轮变速机构,变换成18级不同的转速,使工作台获得不同的进给速度,以满足不同的铣削需要

(二) X6132铣床操作安全生产常识

1. 安全操作规程

(1) 防护用品的穿戴。
①穿好工作服、工作鞋,女工戴好工作帽。
②不准穿背心、拖鞋、凉鞋和裙子进入车间。
③严禁戴手套操作。
④高速铣削或刃磨刀具时应戴防护镜。
(2) 操作前的检查。
①对机床各润滑部分注润滑油。
②检查机床各手柄是否放在规定位置上。

③检查各进给方向自动停止挡铁是否紧固在最大行程以内。

④启动机床检查主轴和进给系统工作是否正常、油路是否畅通。

⑤检查夹具、工件是否装夹牢固。

(3) 装卸工件、更换铣刀、擦拭机床必须停机,并防止被铣刀切削刃割伤。

(4) 不得在机床运转时变换主轴转速和进给量。

(5) 在进给中不准触摸工件加工表面。机动进给完毕,应先停止进给,再停止铣刀旋转。

(6) 主轴未停稳不准测量工件。

(7) 铣削时,铣削层深度不能过大,毛坯工件应从最高部分逐步切削。

(8) 要用专用工具清除切屑,不准用嘴吹或用手抓。

(9) 工作时要集中精神、专心操作,不得擅自离开机床,离开机床要关闭电源。

(10) 操作中如发生事故,应立即停机并切断电源,保持现场。

(11) 工作台面和各导轨面上不能直接放工具或量具。

(12) 工作结束,应擦清机床并加润滑油。

(13) 电器部分不准随意拆开和摆弄,发现电器故障应请电工修理。

2. 文明生产

(1) 机床应做到每天一小擦,每周一大擦,按时一级保养。保持机床整齐清洁。

(2) 操作者对周围场地应保持整洁,地面无油污、积水。

(3) 操作时,工具与量具应分类整齐地安放在工具架上,不要随便乱放在工作台上或与切屑等混在一起。

(4) 高速铣削或冲注切削液时,应加放挡板,以防切屑飞出及切削液外溢。

(5) 工件加工完毕,应安放整齐,不乱丢乱放,以免碰伤工件表面。

(6) 保持图样或工艺工件的清洁完整。

二、操作练习

【任务1】 学会铣床操作

1. 主轴变速操作

将各进给手柄及锁紧手柄放在空位,练习主轴的启动、停止及主轴变速。先将变速手柄向下压,使手柄的榫块自槽1内滑出,并迅速转至最左端,直到榫块进入槽2内,然后转动转速盘,使盘上的某一数值与指针对准,再将手柄下压脱出槽2,迅速向右转回,快到原来位置时慢慢推上,完成变速,如图7-2所示。转速盘上有30~1500 r/min共18种转速。

2. 手动进给操作

用手分别摇动纵向工作台、床鞍和升降台手柄做往复运动,并试用各工作台锁紧手柄。分别顺时针、逆时针转动各手柄,观察工作台的移动方向。控制纵向、横向移动的螺旋传动的丝杠导程为6 mm,即手柄每转一圈,工作台移动6 mm,每转一格,工作台移动0.05 mm。升降台手柄每转一圈,工作台移动2 mm,每转一格,工作台移动0.05 mm。

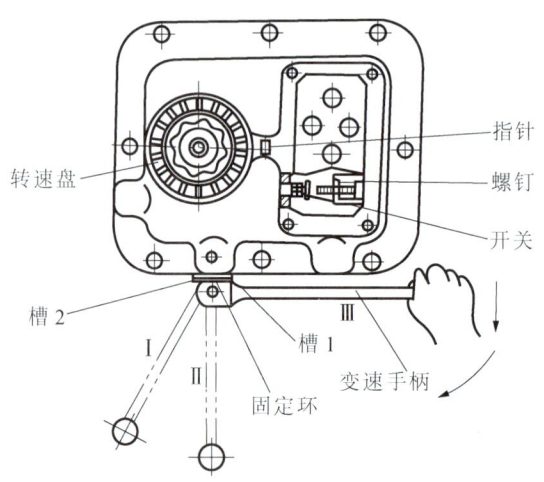

图 7-2 主轴变速操作

3. 自动进给操作

工作台的自动进给，必须启动主轴才能进行。工作台纵向、横向、垂向的自动进给操纵手柄均为复式手柄。纵向进给操纵手柄有三个位置，如图 7-3 所示。横向和垂向由同一手柄操纵，该手柄有五个位置，如图 7-4 所示。手柄推动的方向即工作台移动的方向，停止进给时，把手柄推至中间位置。变换进给速度时应先停止进给，然后将变速手柄向外拉并转动，带动转速盘转至所需要的转速数，对准指针后，再将变速手柄推回原位。转速盘上有 23.5~1180 r/min 共 8 种进给速度。

自动进给时，按下快速按钮，工作台则快速进给，松开后，快速进给停止，恢复正常进给速度。

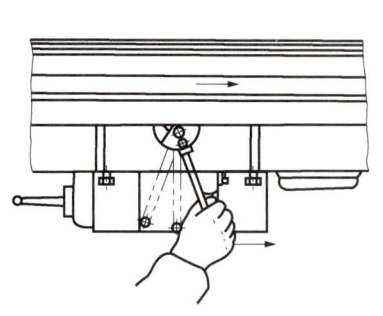
图 7-3 工作台纵向进给手柄

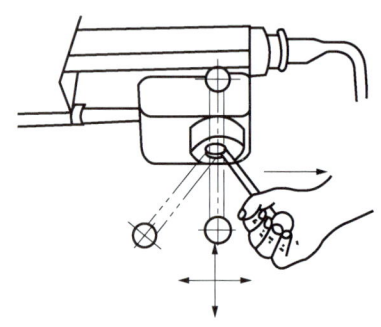
图 7-4 工作台横向、垂直进给手柄

【任务 2】 铣床的维护与保养

（1）平时要注意铣床的润滑。应根据铣床说明书的要求，定期加油和调换润滑油。对于手拉、手揿油泵和注油孔等部位，每天应按要求加注润滑油。

（2）开铣床前，应先检查各部件，如操纵手柄、按钮等是否在正常位置和其灵敏度情况。

（3）合理选用铣削用量、铣削方法等，不能让铣床超负荷工作。安装夹具及工件时应轻放，工作台面不应乱放工具、工件等。

（4）在工作中应时刻观察铣削情况，如发现异常情况应立即停车检查。

（5）工作完毕应清除铣床上及周围的切屑等杂物，关闭电源，擦净铣床，在滑动部位加注润滑油，整理工具、夹具、计量器具，做好交接班工作。

（6）铣床在运转 500 h 后，应进行一级保养。保养工作由操作人员为主、维修人员配合进行，一级保养的内容和要求见表 7－2。

表 7－2　铣床一级保养的内容和要求

序号	保养部位	保养内容和要求
1	外保养	1. 机床外表清洁，各罩盖保持内外清洁，无锈蚀 2. 清洗机床附件，并涂油防蚀 3. 清洗各部丝杠
2	传动	1. 修光导轨面毛刺，调整镶条 2. 调整丝杠螺母间隙，丝杠轴向不得窜动，调整离合器摩擦片间隙 3. 适当调整 V 带
3	冷却	1. 清洗过滤网、切削液槽，无沉淀物、无切屑 2. 根据情况更换切削液
4	润滑	1. 油路畅通无阻，油毛毡清洁，无切屑，油窗明亮 2. 检查手揿油泵，内外清洁无油污 3. 检查油质，应保持良好
5	附件	清洗附件，做到清洁、整齐、无锈迹
6	电器	1. 清扫电器箱、电动机 2. 检查限位装置，应安全可靠

三、知识拓展

（一）其他铣床简介

1. 立式升降台铣床

如图 7－5 所示，立式升降台铣床与万能升降台铣床的区别主要是主轴立式布置，与工作台面垂直。主轴 2 安装在立铣头 1 内，可沿其轴线方向进给或经手动调整位置。立铣头 1 可根据加工要求在垂直平面内向左或向右在 45°范围内回转，使主轴与台面倾斜成所需角度，以扩大铣床的工艺范围。立式铣床的其他部分，如工作台 3、床鞍 4 及升降台 5 的结构与卧式升降台铣床相同，在立式铣床上可安装端铣刀或立铣刀加工平面沟槽、斜面、台阶、凸轮等表面。

2. 工作台不升降式铣床

这类铣床的工作台不做升降运动，机床的垂直进给运动是由主轴箱的升降来实现的。其尺寸规格介于升降台铣床与龙门铣床之间，适用于加工中等尺寸的零件。

工作台不升降铣床根据工作台面的形状分为两类；一类为矩形工作台式，这类铣床的结构型式很多，如图 7－6（a）为其中的一种。另一类为圆工作台式，这类铣床分为单铣头式及双铣头式两种型式。双铣头式圆工作台铣床如图 7－6（b）所示，可在工作台上装卡多个工件，工件在一次装夹中连续进给，由两把铣刀分别完成粗、精加工，且工件的装卸时间和机动时间重合，生产效率较高，适用于汽车、拖拉机、纺织机械等行业的零件加工。

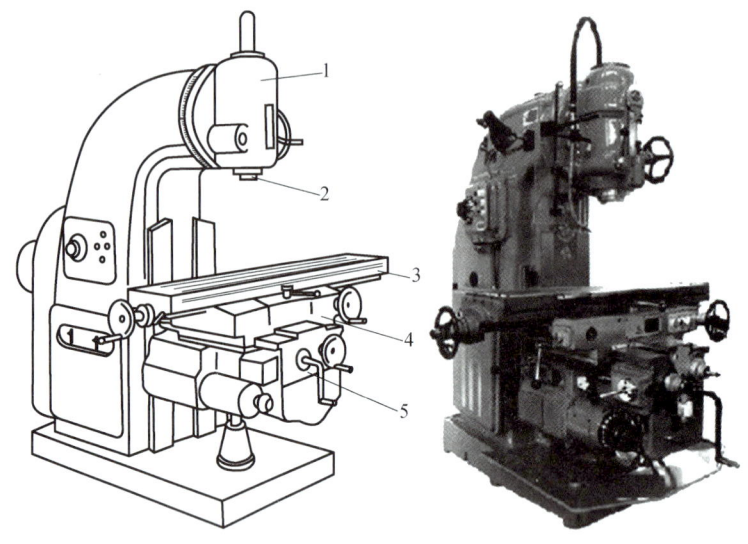

图 7-5 立式升降台铣床
1—立铣头；2—主轴；3—工作台；4—床鞍；5—升降台

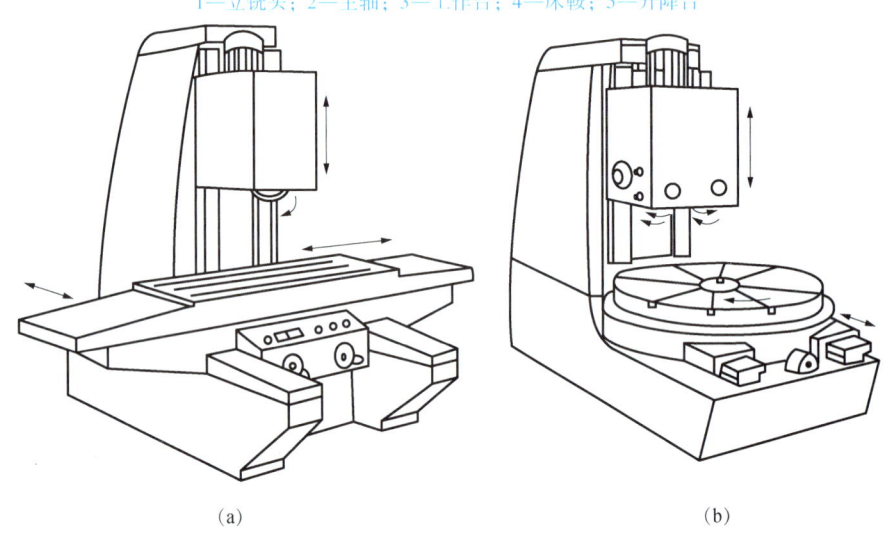

图 7-6 无升降台铣床
(a) 工作台移动；(b) 工作台转动

3. 龙门铣床

龙门铣床是一种大型高效能通用机床，主要用于加工各类大型工件上的平面、沟槽，借助于附件并可完成斜面、孔等加工。龙门铣床不仅可以进行粗加工及半精加工，也可进行精加工。如图 7-7 所示为具有四个铣头的中型龙门铣床。加工时，工件固定在工作台上作直线进给运动。横梁上的两个垂直铣头可在横梁上沿水平方向调整位置。横梁本身可沿立柱导轨调整在垂直方向上的位置。立柱上的两个水平铣头则可沿垂直方向调整位置。各铣刀的切深运动均由铣头主轴套筒带动铣刀主轴沿轴向移动来实现。龙门铣床可以用几个铣头同时加工工件的几个平面，从而提高机床的生产效率。

大型、重型及超重型龙门铣床用于单件小批生产中加工大型及重型零件，机床仅有 1～2 个铣头，但配备有多种铣削及镗孔附件，以满足各种加工需要。这种机床是发展轧钢、造船、发电站、航空等工业的关键设备，因此其生产量及拥有量是衡量一个国家工业发展水平的重要标志之一。

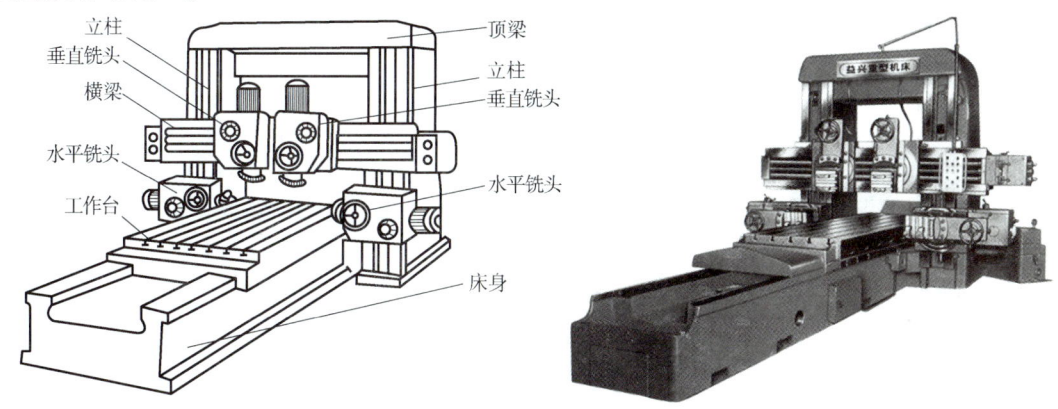

图7-7 龙门铣床

4. 仿形铣床

仿形铣床是以一定方式控制铣刀按照模型或样板形状做进给运动，铣出工件成形面的机床。在工、模具制造中常用的小型立体仿形铣床的构造与立式铣床相似，如图7-8（a）所示，一般在立铣头的一侧设有一个仿形头，仿形触头端部与指形铣刀头部形状相同，并与工件装在同一工作台上的模型接触，利用电气或液压等方式控制铣刀按照模型的形状进给做仿形铣削。大的立体型仿形铣床的仿形触头铣刀一般水平布置，如图7-8（b）所示。

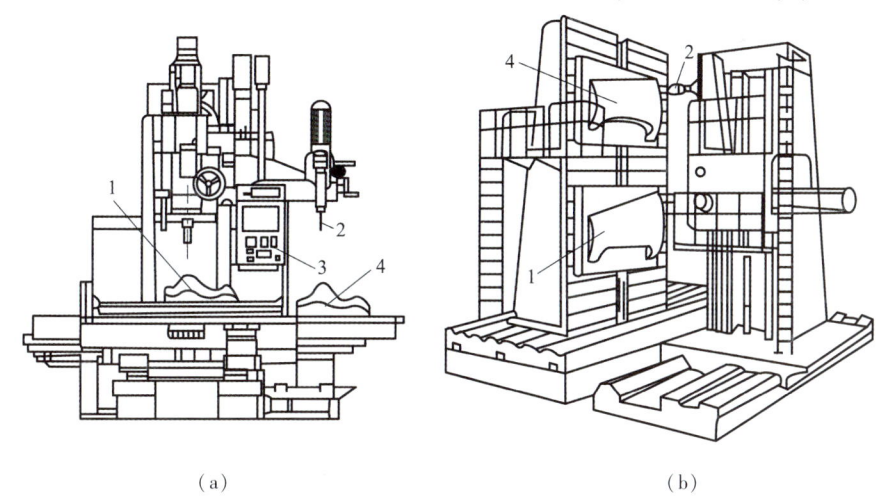

图7-8 仿形铣床
（a）中小型立体仿形铣床；（b）大型立体仿形铣床
1—工件；2—仿形控制传感器（仿形触销）；3—操作显示器；4—模型

5. 万能工具铣床

万能工具铣床的基本布局与万能升降台铣床相似，但配备有多种附件，因而扩大了机床的万能性。如图7-9所示为万能工具铣床外形及其附件，机床安装着主轴座1、固定工作台2，此时机床的横向进给运动与垂直进给运动仍分别由工作台2及升降台3来实现。根据

119

加工需要，机床可安装其他附件，万能铣床具有较强的万能性，故常用于工具车间加工形状较复杂的各种切削刀具、夹具及模具零件等。

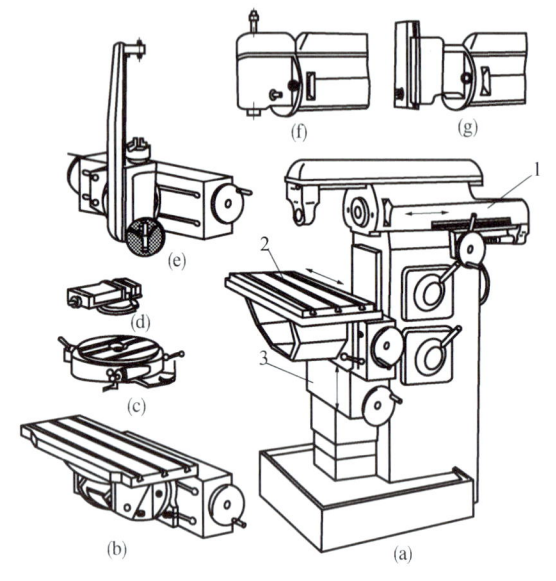

图 7-9　万能工具铣床

(a) 万能工具铣床外形；(b) 可倾斜工作台；(c) 回转工作台；
(d) 平口钳；(e) 分度装置；(f) 立铣头；(g) 插削头
1—主轴座；2—固定工作台；3—升降台

另外，还有小型的平面和立体的刻模铣床，它是利用与缩放绘图仪原理相同的平行四边形铰链四杆机构，用手动方式操纵仿形头，使铣刀按样板形状加工已缩小的仿形加工，如图 7-10 所示为刻模铣床。这种机床常用于刻字、雕刻图等。

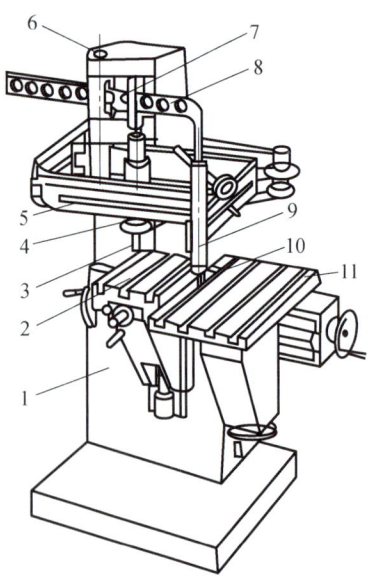

图 7-10　立体的刻模铣床

1—床身；2—工作台；3—铣刀；4—铣头；5—铰链四杆机构；6—转轴；
7—支点；8—立体仿形杠杆；9—仿形头；10—触销；11—靠模工作台

思考与练习

1. 简述 X6132 铣床的结构及功能。
2. 简述铣床的基本组成部件及其功用。
3. 简述 X6132 铣床操作安全生产常识。
4. 简述铣床润滑和维护保养的主要内容。
5. 简述立式升降台铣床。
6. 简述万能工具铣床。

项目8 铣削平面

一、相关知识

（一）铣削的主要方式

1. 周铣和端铣

1）周铣

如图8-1所示，周铣也称周边铣削或圆周铣削，是指用铣刀的圆周切削刃进行的铣削。铣削平面是利用分布在圆柱面上的切削刃铣出平面的，用周铣法加工而成的平面，其平面度和表面粗糙度主要取决于铣刀的圆柱度和铣刀刃口的修磨质量。

2）端铣

如图8-2所示，端铣也称端面铣削，是指用铣刀端面上的切削刃进行的铣削。铣削平面是利用铣刀端面上的刀尖（或端面修光切削刃）来形成平面的。用端铣法加工而成的平面，其平面度和表面粗糙度主要取决于铣床主轴的轴线与进给方向的垂直度和铣刀刀尖部分的刃磨质量。周铣与端铣的比较如表8-1所示。

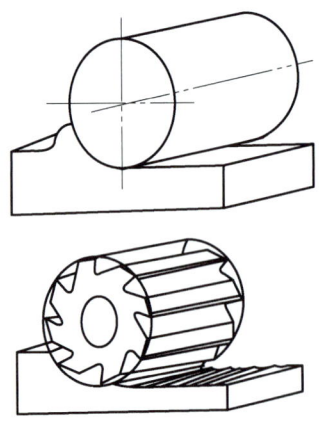

图8-1 周铣示意图

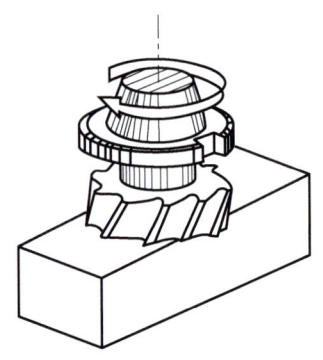

图8-2 端铣示意图

表8-1 周铣与端铣的比较

比较内容	周铣	端铣
铣削深度	铣削深度可以很大，必要时可超过20 mm	由于受切削刃长度的限制，不能很深。一般不超过20 mm

续表

比较内容	周铣	端铣
铣削宽度	由于圆柱铣刀的长度不大，故铣削宽度较小	由于铣刀直径可做得较大，铣削宽度可较宽
进给量	同时参与切削的齿数少，刀轴刚性差，进给量小	同时参与切削的齿数多，进给量大
铣削速度	刚性差，故铣削速度较低	刀轴短、刚性好、铣削平稳，故铣削速度高，尤其适于高速铣削
应用	适宜于加工较小平面	适宜于加工大平面

2. 顺铣和逆铣

（1）顺铣是铣刀对工件的作用力在进给方向上的分力与工件进给方向相同的铣削方式，如图8－3（a）所示。

（2）逆铣是铣刀对工件的作用力在进给方向上的分力与工件进给方向相反的铣削方式，如图8－3（b）所示。顺铣与逆铣的比较如表8－2所示。

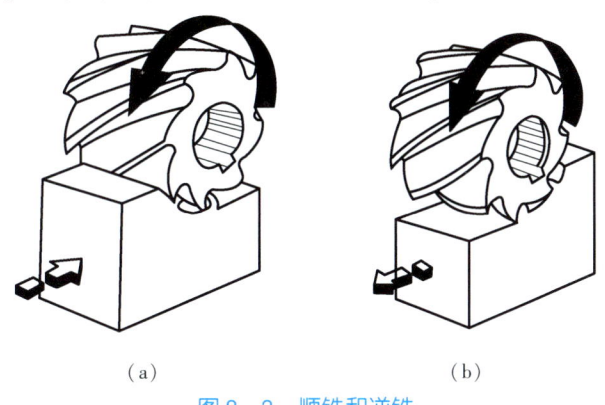

(a)　　　　　　　　(b)

图8－3　顺铣和逆铣

(a) 顺铣；(b) 逆铣

表8－2　顺铣与逆铣的比较

比较内容	顺铣	逆铣
进给方向的切削分力	与进给方向相同，易拉动工作台而造成进给量的突然增加，影响加工质量	与进给方向相反，不致影响加工质量，在周铣中应用广泛
垂直方向的切削分力	垂直切削分力向下，振动小，加工表面质量好	垂直切削分力向上，振动大，加工表面质量较差
刀具使用寿命	切削刃一开始就切入工件，切削刃磨损小，刀具寿命长	切削刃在加工表面上滑动，切削刃磨损大，刀具寿命短
应用	工件不易夹紧或工件薄而长时	一般情况下采用

3. 用圆柱铣刀铣平面

加工前，首先认真阅读零件图，了解工件的材料、技术要求等，并检查毛坯尺寸，然后确定铣削步骤。

铣平面的步骤如下：

（1）选择和安装铣刀。铣平面多选用螺旋齿高速钢铣刀。铣刀宽度应大于工件宽度，根据铣刀内孔直径选择适当的刀杆，把铣刀安装好。

（2）安装工件。安装工件一般用普通平口虎钳和台面直接安装，铣削圆柱体上的平面时，可用 V 形铁安装。

（3）选择合适的切削用量。

（4）调整工作台纵向自动停止挡铁。把工作台前面 T 形槽内的两块挡铁固定在与工件行程起止相应的位置，可实现工作台自动停止进给。

（5）开始铣削。铣平面时，应根据工件加工要求和余量大小分粗铣和精铣两阶段进行。

4. 用端铣刀铣平面

用端铣刀铣平面可以在卧式铣床上进行，铣出的平面与工作台台面垂直，常用压板将工件直接压紧在工作台上，如图 8-4 所示。铣尺寸小的工件时，也可用虎钳安装，在立式铣床上用端铣刀铣平面，铣出的平面与工作台台面平行，工件多用虎钳安装，如图 8-5 所示。

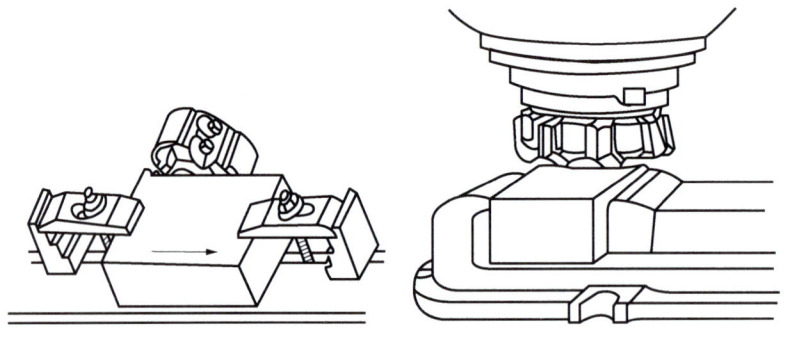

图 8-4　卧式铣床上铣平面　　　图 8-5　立式铣床上铣平面

（二）铣削各种平面的方法

1. 铣削垂直面和平行面

铣削垂直面和平行面时，应使工件的基准平面处在工作台正确的位置上，如表 8-3 所示。

表 8-3　垂直面、平行面铣削时工件基准平面的位置

类别	卧式铣床加工		立式铣床加工	
	圆周铣	端铣	圆周铣	端铣
平行面	平行于台面	垂直于台面及主轴	垂直于台面并平行于进给方向	平行于台面
垂直面	垂直于台面	平行于台面并平行于主轴	平行于台面	垂直于台面

1）铣削垂直面的方法

铣工件上相互垂直的平面时，常用虎钳或角铁安装。在虎钳上安装工件时，必须使工件

基准面与固定钳口贴紧,以保证铣削面与基准面垂直。安装工件时常在活动钳口和工件之间垫一根圆棒或窄平铁,如图 8-6 (a) 所示,否则在基准面的对面为毛坯面 (或不平行) 时,便会出现图 8-6 (b)、图 8-6 (c) 所示的情况,将影响加工面的垂直度。

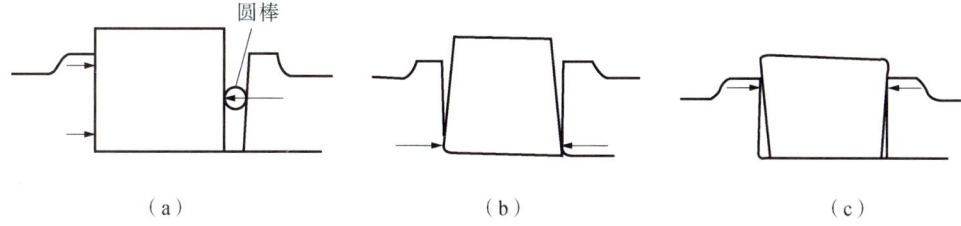

图 8-6 工件在虎钳上的安装

(a) 正确;(b) 不正确;(c) 不正确

2) 铣平行面的方法

平行平面可以在卧式铣床上用圆柱铣刀铣削,也可以在立式铣床上用端铣刀铣削。铣削时,应使工件的基准面与工作台台面平行或直接贴合,其安装方法有:

(1) 利用平行垫铁。在工件基准面下垫平行垫铁,垫铁应与虎钳导轨顶面贴紧,如图 8-7 所示。安装时,如发现垫铁有松动现象,可用铜锤轻轻敲击,直到无松动为止。如果工件厚度较大,可将基准面直接放在虎钳导轨顶面上。

图 8-7 用平行垫铁安装工件

(2) 利用划针和百分表校正基准面。这种方法适合加工长度稍大于钳口长度的工件。校正时,先把划针调整到距工件基准面只有很小间隙的位置,然后移动划针盘,检查基准面四角与划针间的间隙是否一致,如图 8-8 所示。对于平行度要求很高的工件应采用百分表校正基准面。

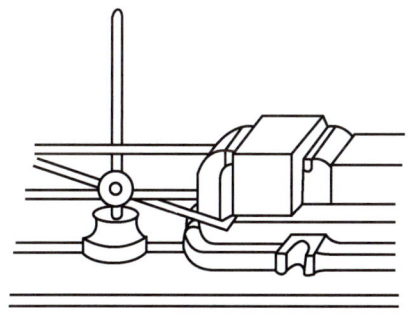

图 8-8 用划针校正工件基准面

2. 铣削斜面

斜面是指要加工的平面与基准面倾斜一定的角度。斜面的铣削方法如表 8-4 所示。

表 8-4 斜面铣削方法

方法	图例	说明
转动工件	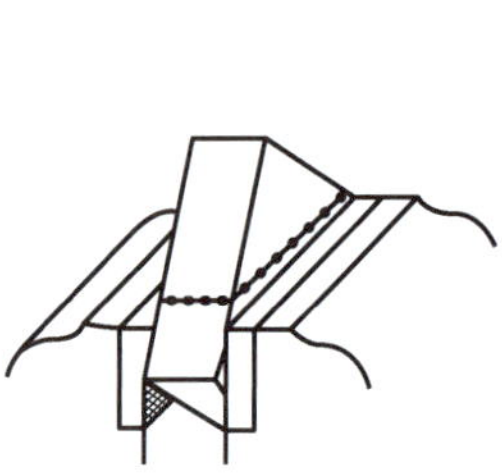 (1) 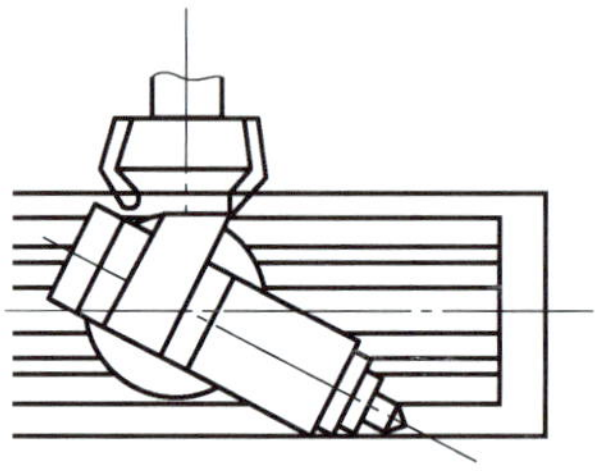　(2) 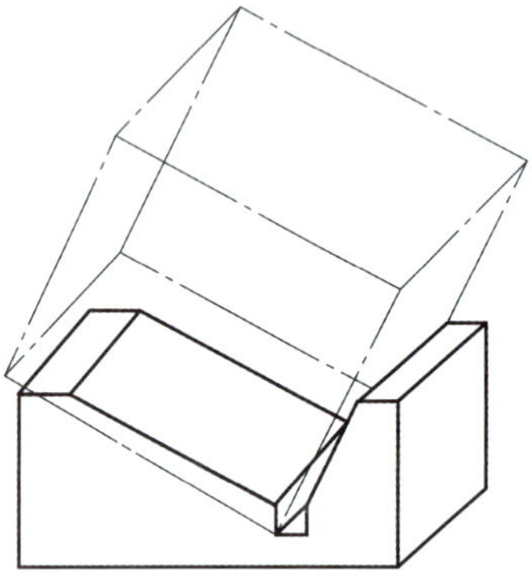　(3)	先按图样要求在工件上画出斜面的轮廓线，并打上样冲眼，尺寸不大的工件可以用机用虎钳装夹，并用划盘找正，然后再夹紧。对于尺寸大的工件，可以直接装在工作台上找正夹紧，如图（1）所示 用机用虎钳装夹工件，夹正工件后，固定钳座，将钳身转动需要的角度，用端铣刀进行铣削即可获得所需倾斜平面，如图（2）所示 使用该方法铣削斜面时，先切去大部分余量，在最后精铣时，应用划针再校验一次，如工件在加工过程中有松动，应重新找正、夹紧。该加工方法画线找正比较麻烦，只适宜单件小批量生产 用斜垫铁或专用夹具装夹工件，也可铣削倾斜平面。用斜垫铁铣削倾斜平面如图（3）所示，这种方法装夹方便，铣削深度也不需要重新调整，适合于批量生产。若大批量生产时，最好采用专用夹具来装夹工件，铣削倾斜平面
转动铣刀	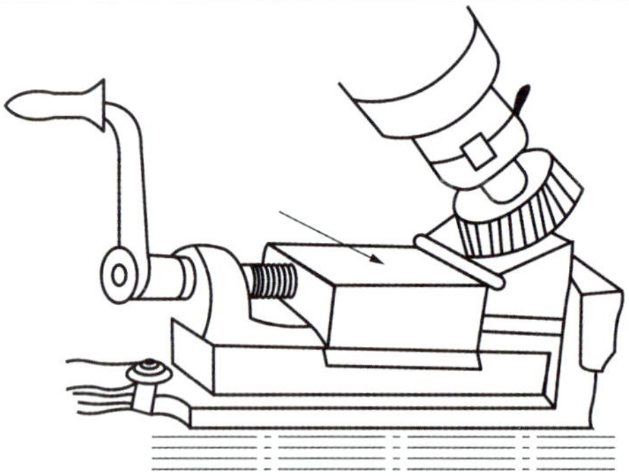 (4)	转动铣床立铣头从而带动铣刀旋转来铣削倾斜平面，如图（4）所示 这种方法铣削时，工作台必须横向进给，且因受工作台横向行程的限制，铣削斜面的尺寸不能过长。若斜面尺寸过长，可利用万能铣头来进行铣削，因为工作台可以做纵向进给
用角度铣刀	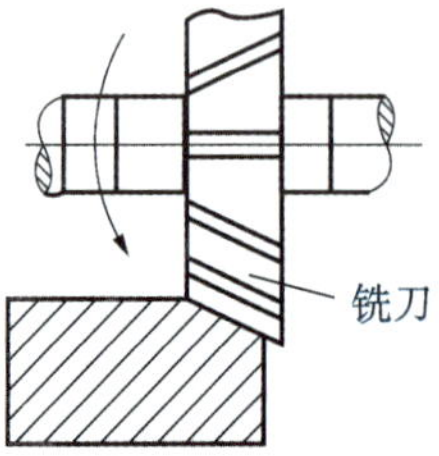 (5)	直接用带角度的铣刀来铣削斜面。由于受到角度铣刀尺寸的限制，这种方法只适用于铣削较窄小的斜面，如图（5）所示

3. 铣削台阶面

台阶面是指由两个相互垂直的平面所组成的组合平面，其特点是两个平面是用同一把铣刀的不同部位同时加工出来；两个平面用同一个定位基准。因此，两个加工平面垂直与否，主要取决于刀具。台阶面的铣削常用三面刃铣刀、立铣刀、端铣刀进行铣削，常用铣削方法如表 8-5 所示。

表 8-5　台阶面的常用铣削方法

方法	图例	说明
用三面刃铣刀铣台阶面		用一把三面刃铣刀铣台阶面时，如图 (a) 所示，铣刀单侧面单边受力会出现"让刀"现象，故应选用有足够宽度的铣刀，以提高刚性。对于零件两侧的对称台阶面，可以用两把三面刃铣刀联合加工，两把铣刀的直径必须相等，如图 (b) 所示。装刀时，两把铣刀的刀齿应错开半齿，以减小振动
用立铣刀铣台阶面		用立铣刀铣削适宜于垂直面较宽、水平面较窄的台阶面，如图所示，当台阶处于工件轮廓内部，其他铣刀无法伸入时，此法加工很方便。通常因立铣刀直径小、悬伸长、刚性差，故不宜选用较大的铣削用量
用端铣刀铣台阶		用端铣刀铣削正好与立铣刀相反，适宜于垂直面较窄小，而水平面较宽大的台阶面，如图所示。因端铣刀直径大、刚性好，可以选用较大的铣削用量，提高生产效率

（三）铣削注意事项

（1）正确使用刻度盘，先搞清楚刻度盘每转一格，工作台进给的距离，再根据要求的移动距离计算应转过的格数。转动手柄前，常把刻度盘零线与不动指示线对齐并紧固，再转动手柄至需要刻度。如果多转过几格，应把手柄倒转一周后再转到需要刻度，以消除丝杠与螺母配合间隙对移动距离的影响。

（2）铣削深度大时，必须先用手动进给慢慢切入后，再用自动进给，以避免因铣削力突然增加而损坏铣刀或使工件松动。

（3）铣削进行中中途不能停止工作台进给。因为铣削时，铣削力将铣刀杆向上抬起，停止进给后，铣削力很快消失，刀杆弯曲变形恢复，工件会被铣刀切出一个凹痕。当铣削中途必须停止进给时，应先将工作台下降，使工件脱离铣刀后，再停止进给。

（4）进给结束，工作台快速返回时，先要降下工作台，防止铣刀返回时划伤已加工面。

（5）铣削时，根据需要选用合适的冷却润滑液。

二、操作练习

【任务1】 选择和安装铣刀

1. 选择铣刀

铣平面用的铣刀有圆柱铣刀和端铣刀两种，由于圆柱铣刀刃磨要求高，加工效率低，通常都采用端铣刀加工平面。铣刀的直径一般要大于工件宽度，尽量在一次进给中铣出整个加工表面。

2. 安装铣刀

1）带孔铣刀的安装

带孔铣刀一般安装在铣刀刀轴上，如图8-9（a）所示。安装铣刀时，应尽量靠近主轴前端，以减少加工时刀轴的变形和振动，提高加工质量。

2）带柄铣刀的安装

直径为3~20 mm的直柄立铣刀可装在主轴上专用的弹性夹头中。锥柄铣刀可通过变锥套安装在主轴锥度为7:24的锥孔中，如图8-9（b）所示。

3）面铣刀的安装

首先将面铣刀安装在刀轴上，再将刀轴与面铣刀一起装在铣床主轴上，并用拉杆拉紧，如图8-9（a）、图8-9（c）所示。

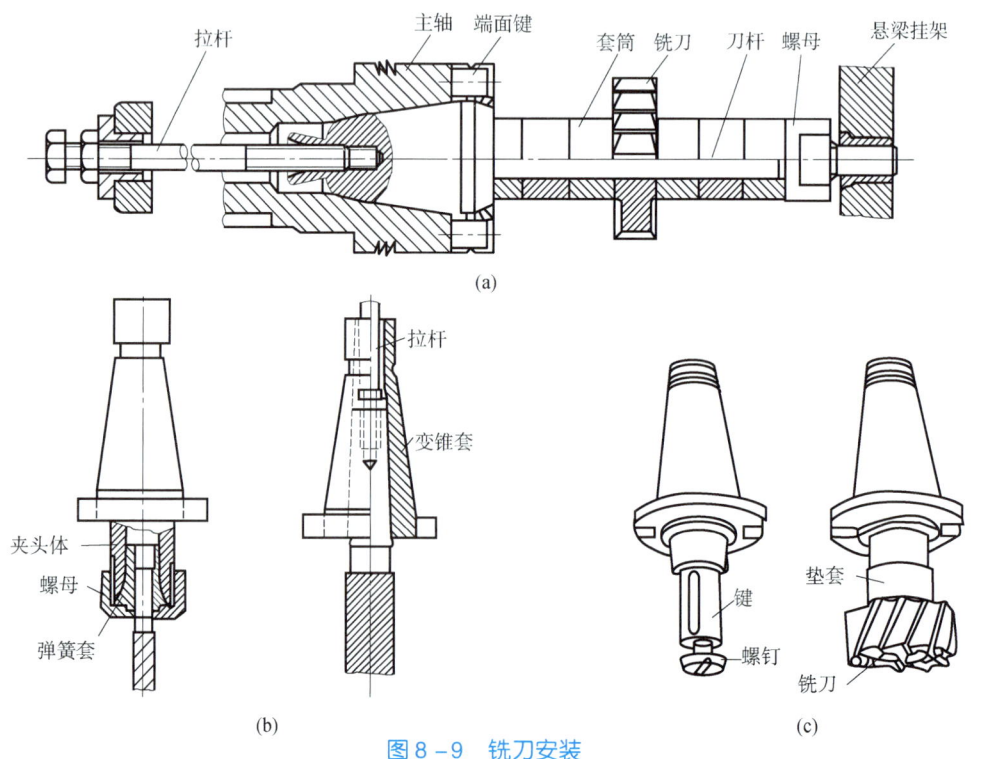

图8-9 铣刀安装

（a）带孔铣刀安装；（b）带柄铣刀安装；（c）面铣刀安装

【任务2】 安装工件

在铣床上加工平面时,一般都用机用虎钳或螺栓、压板把工件装夹在工作台上。大批量生产中,为了提高生产效率,可使用专用夹具来装夹。

1. 用机用虎钳装夹工件

(1) 装夹工件时,必须将零件的基准面紧贴固定钳口或导轨面,承受铣削力的钳口最好是固定钳口。

(2) 工件的余量层必须稍高出钳口,以防钳口和铣刀损坏。

(3) 工件一般装夹在钳口中间,使工件装夹稳固可靠。

(4) 装夹的工件为毛坯面时,应选一个大而平整的面作粗基准,将此面靠在固定钳口上,在钳口和毛坯之间垫铜皮,防止损伤钳口。

(5) 装夹已加工零件时,应选择一个较大的平面或以工件的基准面作基准,将基准面靠紧固定钳口,在活动钳口和工件之间放置一圆棒,这样能保证工件的基准面与固定钳口紧密贴合,如图8-10所示。当工件与固定钳身导轨接触面为已加工面时,应在固定钳身导轨面和工件之间垫平行垫铁,夹紧工件后,用铜锤轻击工件上面,如果平行垫铁不松动,则说明工件与固定钳身导轨面贴合好,如图8-11所示。

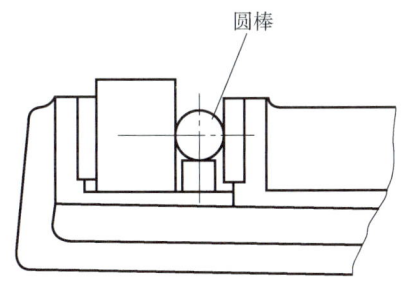

图8-10 用圆棒夹持工件

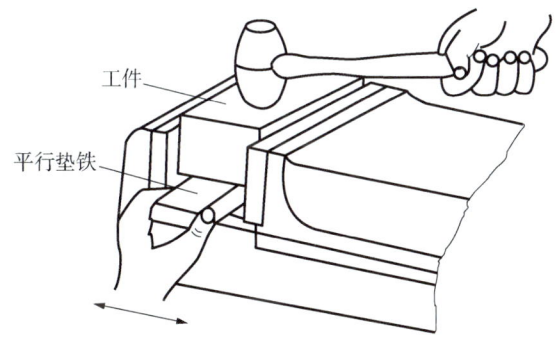

图8-11 用平行垫铁装夹工件

2. 用压板、螺栓装夹工件

(1) 螺栓应尽量靠近工件。装夹薄壁工件和在悬空部位夹紧时,夹紧力的大小要适当,以防工件变形。

(2) 使用压板的数目一般在两块以上,在工件上的压紧点要尽量靠近加工部位。

【任务 3】 铣削平面

1. 识读零件图

本任务零件图如图 8-12 所示。（工时定额 3h）

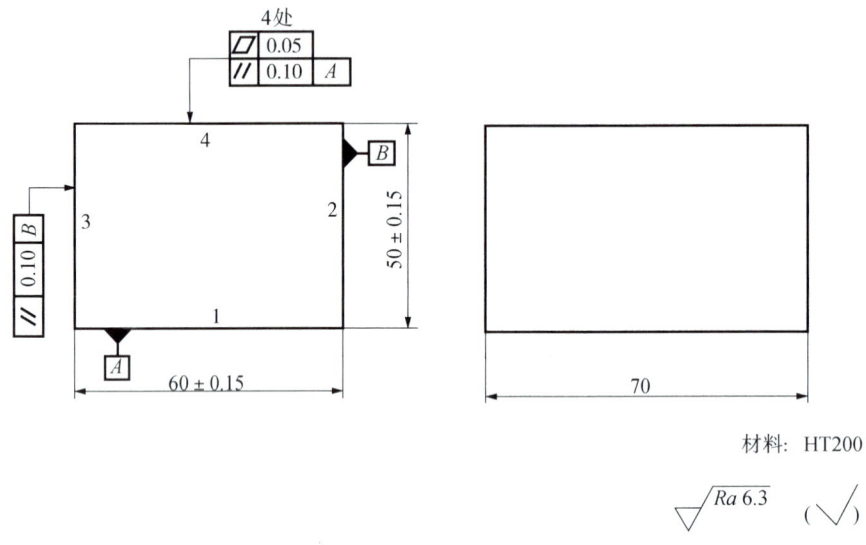

图 8-12 零件图

2. 操作步骤

（1）坯件检验：形状、尺寸、表面质量。

（2）装夹工件：安装机用虎钳、装夹和找正工件。

（3）安装圆柱铣刀：安装铣刀杆、调整悬梁、安装圆柱铣刀、安装支架及紧固刀杆螺母。

（4）选择切削用量：粗铣、精铣的切削用量。

（5）粗铣四面，留足加工余量。

（6）精铣基准平面 1，达到几何公差要求。

（7）预检平面 1 平面度。

（8）精铣平面 4 达到几何公差要求。

（9）精铣平面 2、3 达到几何公差要求。

（10）去毛刺，倒棱角，检验。

3. 检测评分（见表 8-6）

表 8-6 平面铣削检测评分表

序号	检测要求	配分	检测 学生自检	检测 老师检测	得分
1	60 ± 0.15	20			
2	50 ± 0.15	20			
3	平行度 0.10 B	10			

续表

序号	检测要求	配分	检测 学生自检	检测 老师检测	得分
4	平行度 0.10 A	10			
5	平面度 0.05（4 处）	5×4			
6	Ra 6.3（4 处）	5×4			
7	安全文明生产，违者视情节扣 1～12 分				

【任务 4】 铣削平面与垂直面

1. 识读零件图

本任务零件图如图 8-13 所示。（工时定额 3h）

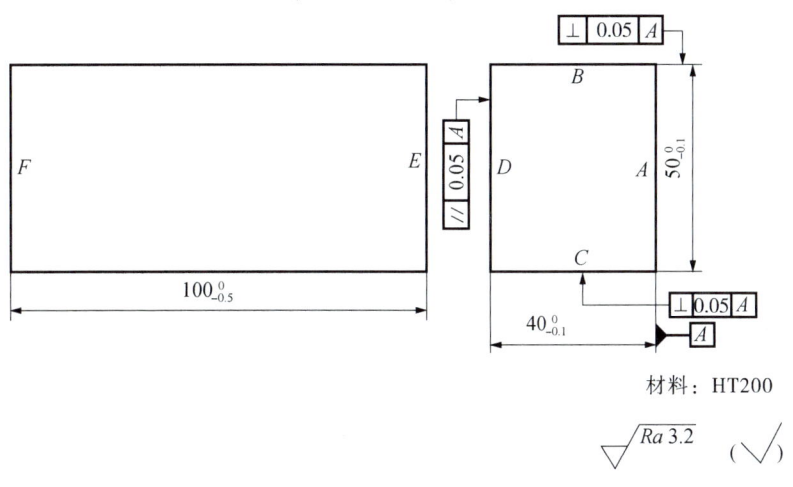

图 8-13 零件图

2. 操作步骤

（1）坯件检验：形状、尺寸、表面质量。

（2）装夹工件：安装机用虎钳、装夹和找正工件。

（3）安装端面铣刀：安装铣刀杆、安装端面铣刀，注意检查立铣头与工作台面的垂直度。

（4）选择切削用量：粗铣、精铣的切削用量。

（5）粗铣平面 A、B、C、D 面。

（6）精铣基准平面 A，达到几何公差要求。

（7）预检平行度、垂直度。

（8）精铣 B、C、D 面，达到几何公差要求。

（9）检验。

3. 检测评分（见表 8-7）

表 8-7　平面与垂直面铣削检测评分表

序号	检测要求	配分	检测 学生自检	检测 老师检测	得分
1	$50_{-0.1}^{0}$	20			
2	$40_{-0.1}^{0}$	15			
3	$100_{-0.5}^{0}$	15			
4	垂直度 0.05 A（2 处）	10×2			
5	平行度 0.05 A	20			
6	Ra 3.2	10			
7	安全文明生产，违者视情节扣 1~10 分				

三、知识拓展

（一）铣削斜面

1. 用调整主轴角度铣斜面的零件图

如图 8-14 所示。（工时定额 3h）

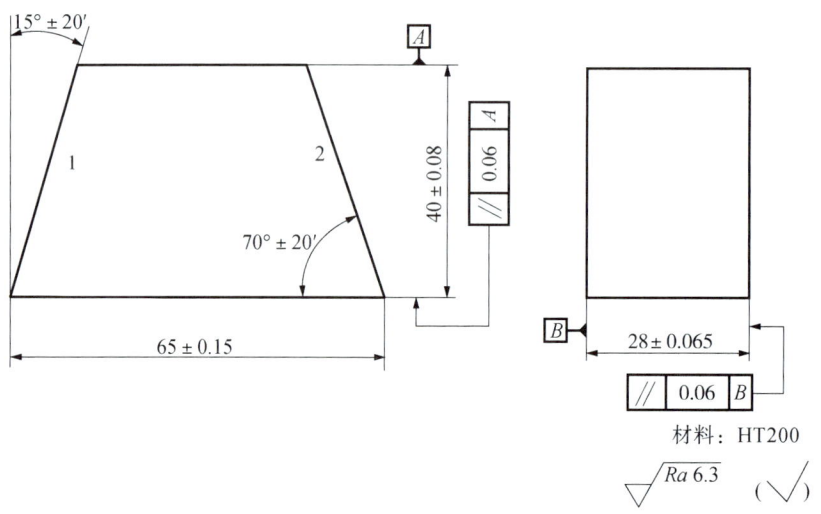

图 8-14　斜面工件图

2. 操作步骤

（1）坯件检验：形状、尺寸、表面质量。

（2）安装机用虎钳并找正。

（3）安装工件：铣斜面 1 时采用主轴倾斜端铣法，工件以侧面和端面为基准装夹；铣斜面 2 时采用主轴倾斜周铣法，工件以侧面和底面为基准装夹。

（4）调整立铣头倾斜角和安装铣刀。

(5) 选择切削用量：粗铣、精铣的切削用量。

(6) 铣斜面 1 和斜面 2。

(7) 检验。

3. 检测评分（见表 8-8）

表 8-8　斜面铣削检测评分表

序号	检测要求	配分	检测 学生自检	检测 老师检测	得分
1	65±0.15	10			
2	40±0.08	10			
3	28±0.065	10			
4	15°±20′	20			
5	70°±20′	20			
6	平行度 0.06 A	10			
7	平行度 0.06 B	10			
8	Ra 6.3	10			
9	安全文明生产，违者视情节扣 1~10 分				

（二）铣削台阶

1. 台阶铣削方法

2. 台阶面铣削操作步骤

(1) 横向移动工作台，使铣刀在外，再上升工作台，使工件表面比铣刀刀刃高。

(2) 找正平口钳，装夹工件。

(3) 开动机床，使铣刀旋转，并移动横向工作台，使工件侧面渐渐靠近铣刀。

(4) 把横向工作台的刻度盘调整到零线位置，下降工作台，摇动手柄。使工作台横向移动，并把横向固定手柄扳紧。

(5) 调整铣削层深度，先渐渐上升工作台，一直到工件顶面与铣刀刚好接触。纵向退出工件，再上升，并把垂直移动的固定手柄扳紧。接着即可开动切削液压泵和机床，进行切削。

(6) 在铣另一边的台阶时，铣削层深度可采取原来的深度，不必再重新调整。在第一个工件加工时，可少铣去一些余量，然后根据测量的数据，进行第二次调整，并记录刻度值，再铣去余量。待第一个工件合格后，再铣其余的工件。

3. 台阶面铣削的注意事项

(1) 开车前应先检查铣刀及工件装夹是否牢固，安装位置是否正确。

(2) 开车后仔细检查铣刀旋转方向是否正确，对刀和调背吃刀量应在开车时进行。

(3) 铣削加工时，按照先粗铣后精铣的方法提高工件的加工精度和表面质量。

(4) 注意切削力的方向应压向平口钳钳口，避开切屑飞出的方向。

(5) 铣削时应采用逆铣，注意进给方向，以免顺铣造成打刀或损坏工件。

4. 铣削双台阶工件

1）加工零件图

双台阶零件图如图 8-15 所示。（工时定额 3h）

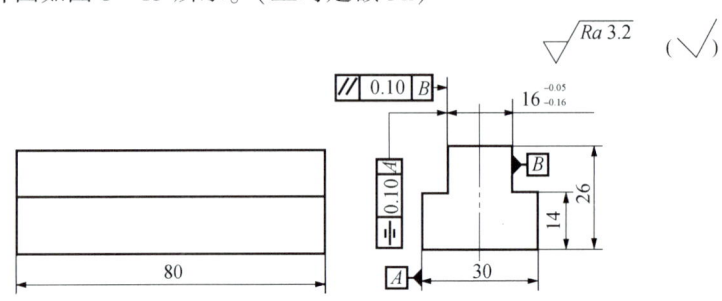

图 8-15 双台阶工件

2）操作步骤

（1）坯件检验：形状、尺寸、表面质量。

（2）安装机用虎钳并找正。

（3）装夹和找正工件。

（4）安装铣刀。

（5）选择切削用量：粗铣、精铣的切削用量。

（6）粗铣和预检一侧台阶。

（7）精铣一侧台阶。

（8）粗铣和预检另一侧台阶。

（9）精铣另一侧台阶。

（10）检验。

3）检测评分（见表 8-9）

表 8-9 双阶台铣削检测评分表

序号	检测要求	配分	检测 学生自检	检测 老师检测	得分
1	$16_{-0.16}^{-0.05}$	25			
2	14	20			
3	平行度 0.10 B	20			
4	对称度 0.10 A	20			
5	Ra 3.2	15			
6	安全文明生产，违者视情节扣 1~10 分				

思考与练习

1. 试比较周铣和端铣。
2. 简述顺铣和逆铣分别对工件加工精度的影响。
3. 试比较铣削垂直面、平行面时工件基准平面的位置。
4. 简述铣削斜面的方法。
5. 简述铣削台阶面的方法。
6. 铣削时应注意哪些问题？

项目9　铣削直角沟槽与键槽

一、相关知识

(二) 常用尖齿铣刀的种类及应用

铣刀是在回转体表面或端面上制有多个刀齿的多刃刀具，由于同时参加切削的齿数较多，参加切削的切削刃总长度较长，并能采用高速切削，所以铣削生产率高。铣刀的种类繁多，如图9-1所示。按刀齿齿背形式，铣刀可分为尖齿铣刀与铲齿铣刀两大类。目前大多数尖齿铣刀已经标准化。

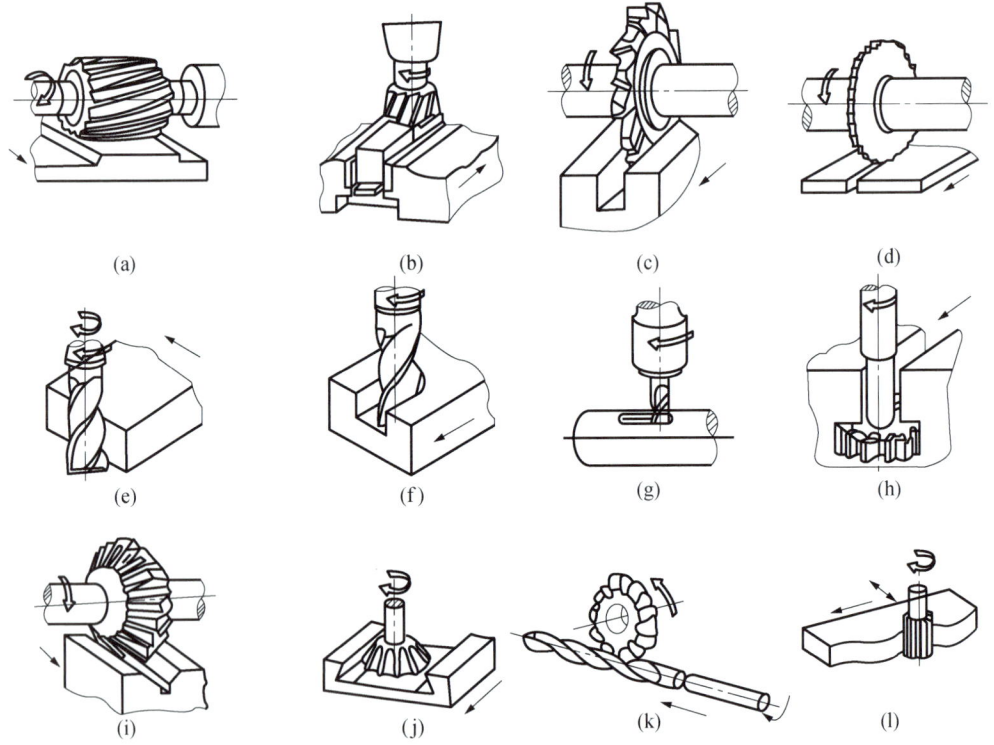

图9-1　铣床的加工内容

(a) 圆柱铣刀铣平面；(b) 端铣刀铣平面；(c) 三面刃铣刀铣槽；(d) 切断；(e) 立铣刀铣平面；
(f) 立铣刀铣槽；(g) 铣键槽；(h) 铣T形槽；(i) 铣V形槽；(j) 铣燕尾槽；(k) 铣螺旋槽；(l) 铣成形面

1. 圆柱形铣刀

圆柱形铣刀一般用于加工较窄的平面。如图 9-1（a）中圆柱铣刀。该铣刀有两种类型，Ⅰ型为细齿圆柱形铣刀，用于精加工；Ⅱ型为粗齿圆柱形铣刀，用于粗加工。加工余量不大时，粗加工也可采用Ⅰ型铣刀。

2. 立铣刀

立铣刀主要用在立式铣床上加工凹槽、台阶面以及按靠模加工成形表面。

如图 9-2 所示为高速钢立铣刀。其圆周面上的切削刃是主切削刃，端面上的切削刃是副切削刃，故切削时一般不宜沿铣刀轴线方向进给。为了提高副切削刃的强度，应在端刃前面上磨出棱边。

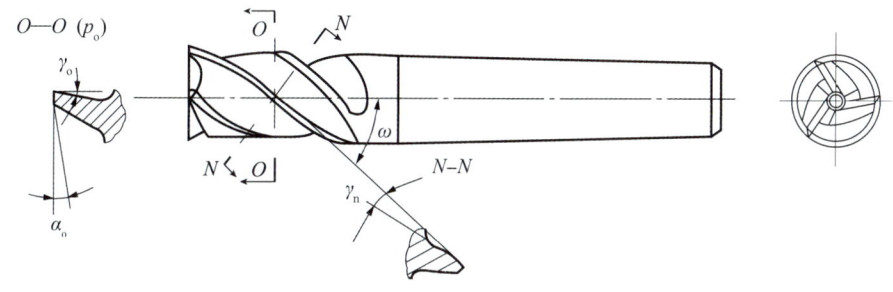

图 9-2　高速钢立铣刀

如图 9-3 所示为硬质合金可转位立铣刀。它相当于带柄可转位面铣刀，用螺钉夹紧刀片，结构简单。硬质合金立铣刀比高速钢立铣刀生产效率可提高 2~4 倍。

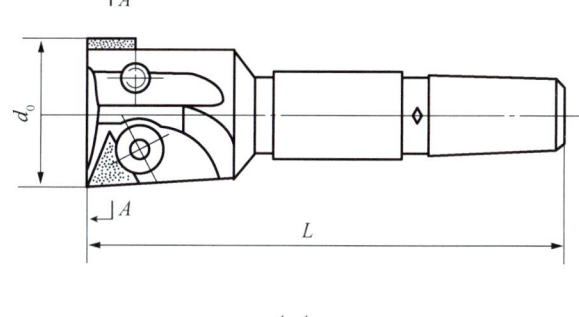

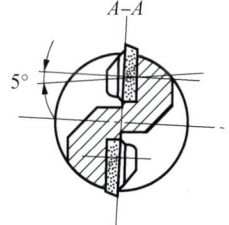

图 9-3　可转位立铣刀

3. 键槽铣刀

如图 9-4 所示为键槽铣刀，用于加工圆头封闭键槽。该刀外形类似立铣刀，有两个刀齿，端面切削刃是主切削刃，强度较大，圆周切削刃是副切削刃。加工时，每次沿刀具轴向切入较小的量，故仅在靠近端面部分发生磨损。重磨时只需刃磨端面刃，所以重磨后刀具直径不变，加工精度较高。

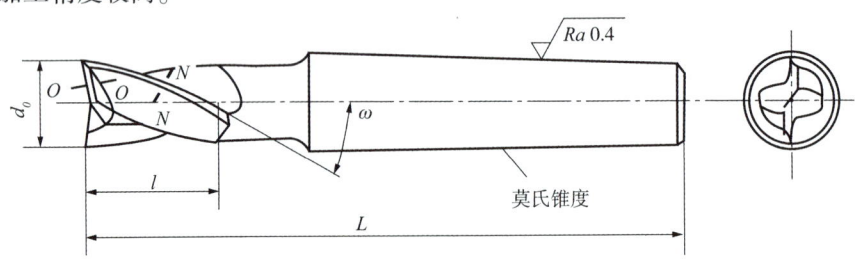

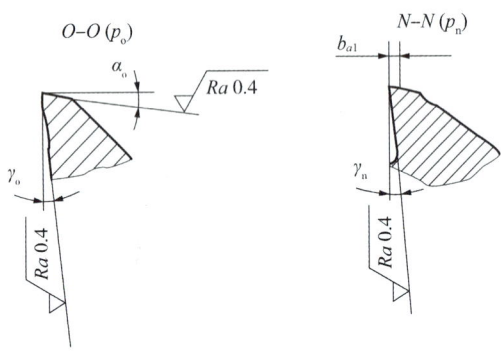

图9-4 键槽铣刀

4. 角度铣刀

如图9-5所示为角度铣刀，用于加工各种角度槽。如图9-5（a）为单角铣刀，如图9-5（b）为双角铣刀。分布于单角铣刀圆锥面上的切削刃是主切削刃，端面刃是副切削刃。双角铣刀上两侧倾斜的切削刃均为主切削刃，无副切削刃。双角铣刀又分为对称双角铣刀和不对称双角铣刀。

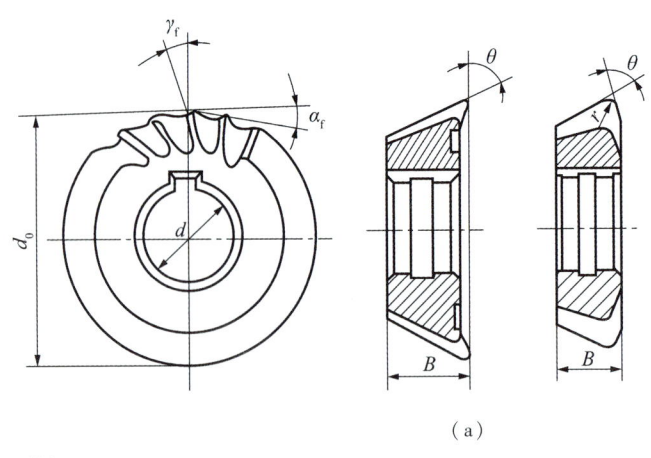

图9-5 角度铣刀
（a）单角铣刀；（b）双角铣刀

5. 三面刃铣刀

三面刃铣刀的圆周表面具有主切削刃，两端面有副切削刃，主要用于加工沟槽和台阶面。三面刃铣刀的刀齿结构可分为直齿、错齿和镶齿三种。

如图 9-6 所示为直齿三面刃铣刀。该刀较易制造与刃磨。但侧刃前角 $\gamma_o^- = 0°$，切削条件较差。

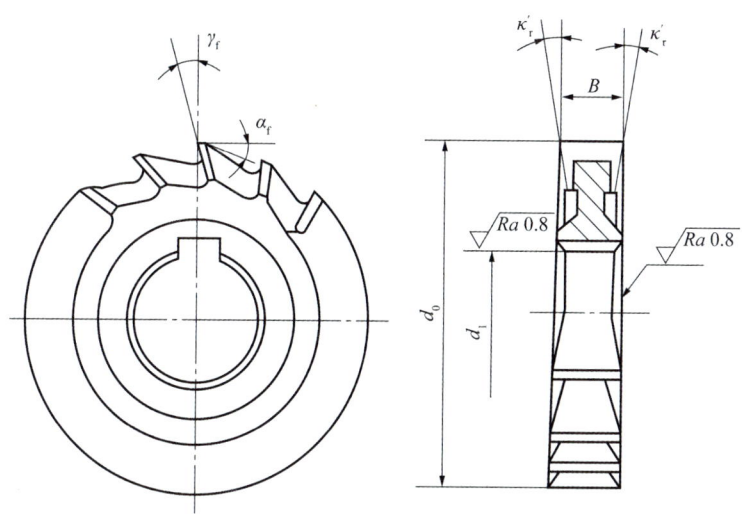

图 9-6 直齿三面刃铣刀

如图 9-7 所示为错齿三面刃铣刀。该刀的刀齿交错向左、右倾斜螺旋角 ω。每一刀齿只在一端有副切削刃，并由 ω 角形成副切削刃的正前角，且 ω 角使切削过程平稳，易于排屑，从而改善了切削条件。整体错齿铣刀重磨后会减少其宽度尺寸。

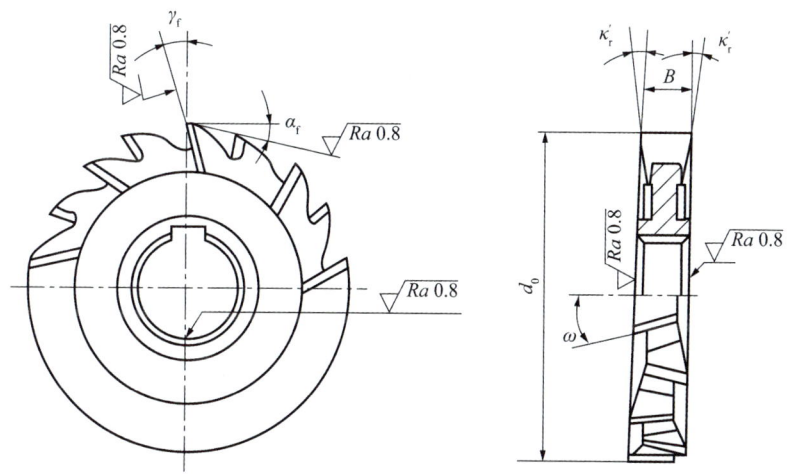

图 9-7 错齿三面刃铣刀

如图 9-8 所示为镶齿三面刃铣刀。该刀的刀齿镶嵌在带齿纹的刀体槽中。刀的齿数为 z，则同向倾斜的齿数 $z_1 = z/2$，并使同向倾斜的相邻齿槽的齿纹错开 P/z_1（P 为齿纹的齿距）。铣刀重磨后宽度减小时，可将同向倾斜的刀齿取出并顺次移入相邻的同向齿槽内，调整后的铣刀宽度增加了 P/z_1，再通过刃磨使之恢复原来的宽度。

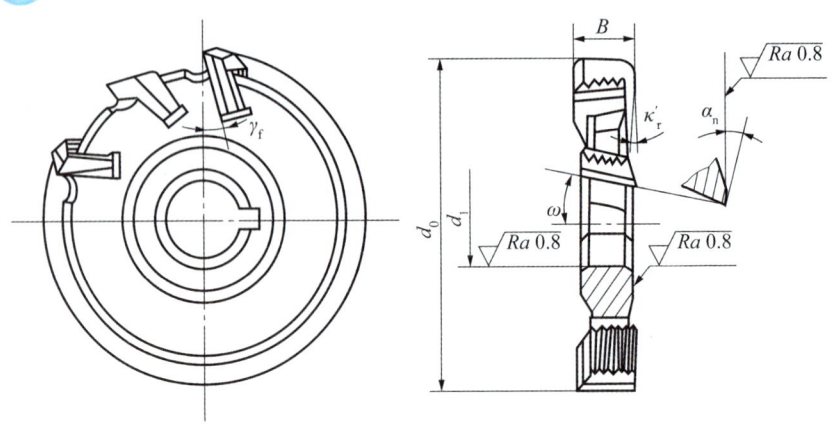

图 9-8 镶齿三面刃铣刀

除高速钢三面刃铣刀外,还有硬质合金焊接三面刃铣刀及硬质合金机夹三面刃铣刀等。

6. 模具铣刀

模具铣刀用于加工模具型腔或凸模成形表面。模具铣刀的结构属于立铣刀类,如图 9-9 所示。按工作部分外形可分为圆锥形平头、圆柱形球头、圆锥形球头三种。

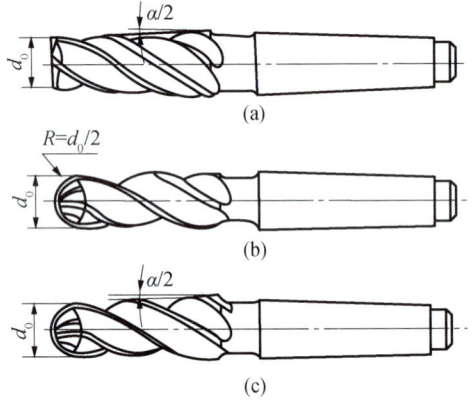

图 9-9 模具铣刀
(a) 圆锥形平头铣刀;(b) 圆柱形球头铣刀;
(c) 圆锥形球头铣刀 (图中 $\alpha/2$ 为铣刀倒锥半角)

硬质合金模具铣刀用途非常广泛,除可铣削各种模具型腔外,还可以代替手用锉刀和砂轮磨头清理铸、锻、焊工件毛边,以及对某些成形表面进行光整加工等。该铣刀可装在风动或电动工具上使用,生产效率和寿命比锉刀和砂轮提高数十倍。

7. 面铣刀

高速钢面铣刀一般用于加工中等宽度的平面。标准铣刀直径范围为 $\phi 80 \sim \phi 250$ mm。硬质合金面铣刀的切削效率及加工质量均比高速钢铣刀高,故目前广泛使用硬质合金面铣刀加工平面。以下着重介绍硬质合金面铣刀的结构。

硬质合金面铣刀的结构可分为整体焊接式、机夹焊接式与可转位式三种类型。

如图 9-10 所示为整体焊接式面铣刀。该刀结构紧凑,较易制造。但刀齿破损后整把铣刀将报废，故已较少使用。

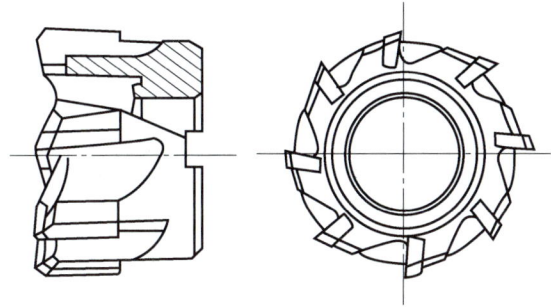

图 9-10　整体焊接式面铣刀

如图 9-11 所示为机夹焊接式面铣刀。该铣刀是将硬质合金刀片焊接在小刀头上，再采用机械夹固的方法将刀头装夹在刀体槽中。刀头报废后可换装上新刀头，因此延长了刀体的使用寿命。

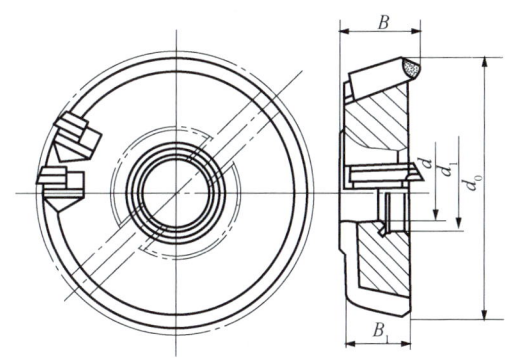

图 9-11　机夹焊接式面铣刀

如图 9-12 所示为可转位面铣刀。该铣刀将刀片直接装夹在刀体槽中。切削刃用钝后，将刀片转位或更换新刀片即可继续使用。可转位铣刀与可转位车刀一样具有效率高、寿命长、使用方便、加工质量稳定等优点。这种铣刀是目前平面加工中应用最广泛的刀具之一。

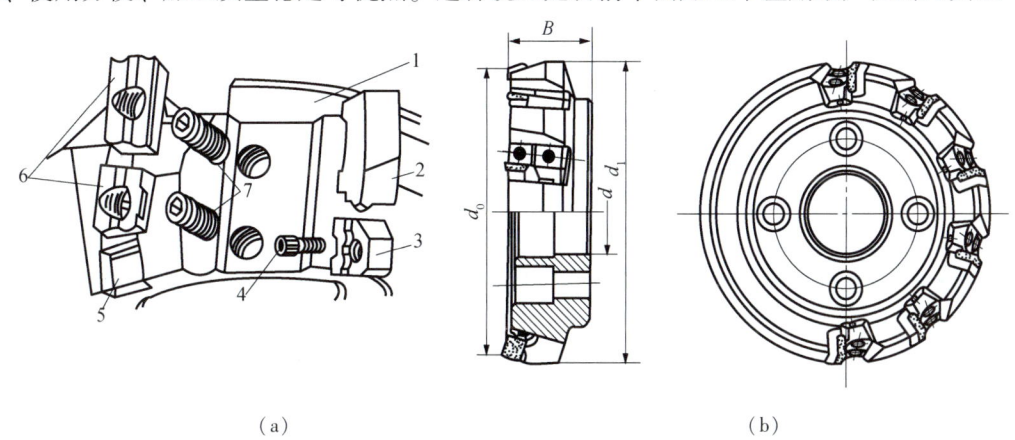

(a)　　　　　　　　　　　　　　(b)

图 9-12　可转位面铣刀
(a) 外形图；(b) 结构图
1—刀体；2—轴向支承块；3—刀垫；4—内六角螺钉；5—刀片；6—楔块；7—紧固螺钉

（二）成形铣刀的种类及应用

根据特形面的形状而专门设计的成形铣刀称为特形铣刀。如图9-13所示，图（a）为凸半圆成形铣刀，用于铣削凹半圆特形面；图（b）为凹半圆成形铣刀，用于铣削凸半圆特形面。

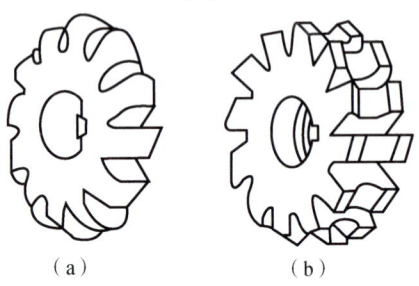

图9-13 加工特形面的铣刀

(a) 凸半圆成形铣刀；(b) 凹半圆成形铣刀

另外，对带柄铣刀、有孔铣刀安装的相关知识，在上一个项目中已经介绍，方法相同在此不再叙述。

（三）常见槽的铣削基础

直角沟槽分为通槽、半通槽和不通槽三种形式，如图9-14所示。

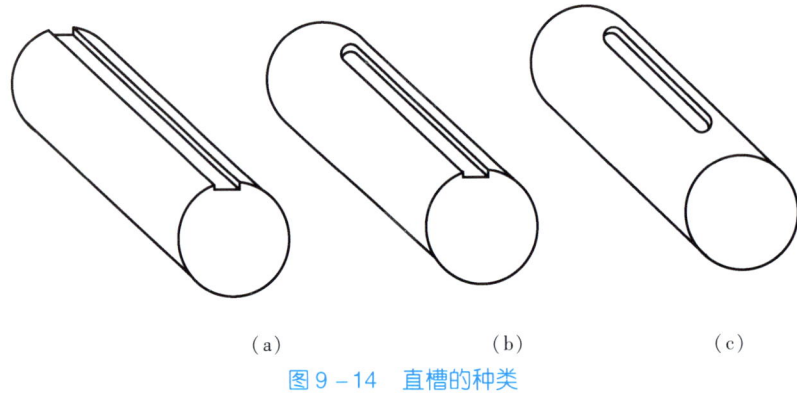

图9-14 直槽的种类

(a) 通槽；(b) 半通槽；(c) 不通槽

较宽的通槽常用三面刃铣刀加工，较窄的通槽可用锯片铣刀或小尺寸的立铣刀加工，较长的不通槽也可先用三面刃铣刀铣削中间部分，再用立铣刀铣削两端圆弧。

键槽的加工与铣直槽一样，常使用键槽铣刀，只是半圆键槽的加工需用半圆键槽铣刀来铣削，如图9-15所示。

用键槽铣刀铣槽主要靠端面刀齿，为了减少圆柱面上刀齿的磨损，铣削时的背吃刀量应选得小些，而纵向进给量可选大些，铣直槽时，工件的装夹可以用平口钳、V形铁和压板或专用夹具等，根据工件加工精度和生产批量的大小具体情况而定。

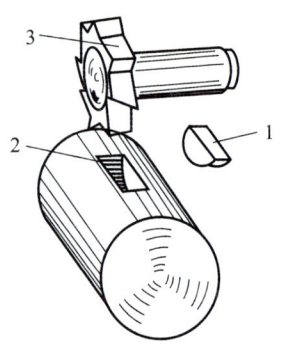

图9-15 半圆键槽的铣削

1—键；2—键槽；3—铣刀

二、操作练习

【任务1】 铣削直角沟槽

1. 零件图

铣削直角沟槽的零件图如图9-16所示。材料为45钢。

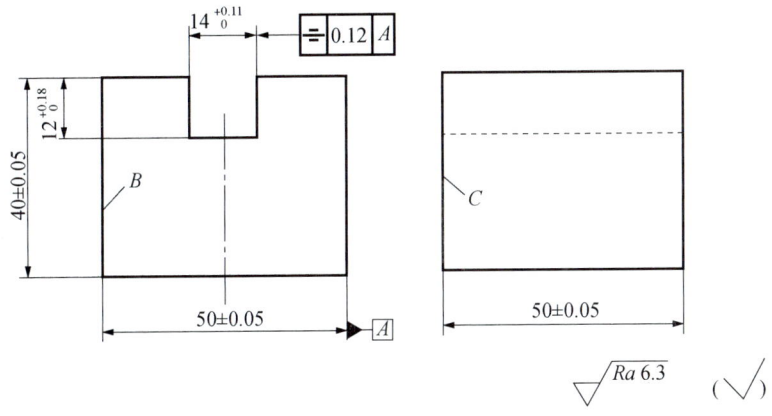

图9-16 直角沟槽零件图

2. 操作步骤

（1）坯件检验：形状、尺寸、表面质量。

（2）安装、找正机用虎钳。

（3）在工件表面划线。

（4）装夹和找正工件。

（5）安装铣刀。

（6）选择切削用量：粗铣、精铣的切削用量。

（7）铣削沟槽：对刀（按划线侧刃、工件平面对刀）；铣削中间槽并预检；精铣及预检直角槽的一侧；精铣及预检直角槽的另一侧。

（8）检验。

3. 检测评分（见表9-1）

表9-1 直角沟槽铣削检测评分表

序号	检测要求	配分	检测 学生自检	检测 老师检测	得分
1	$12_{\ 0}^{+0.18}$	30			
2	$14_{\ 0}^{+0.11}$	30			
3	对称度 0.12 A	25			
4	Ra 6.3	15			
5	安全文明生产，违者视情节扣1~10分				

【任务 2】 铣削键槽

1. 零件图

铣削键槽的零件图如图 9-17 所示。材料为 45 钢。

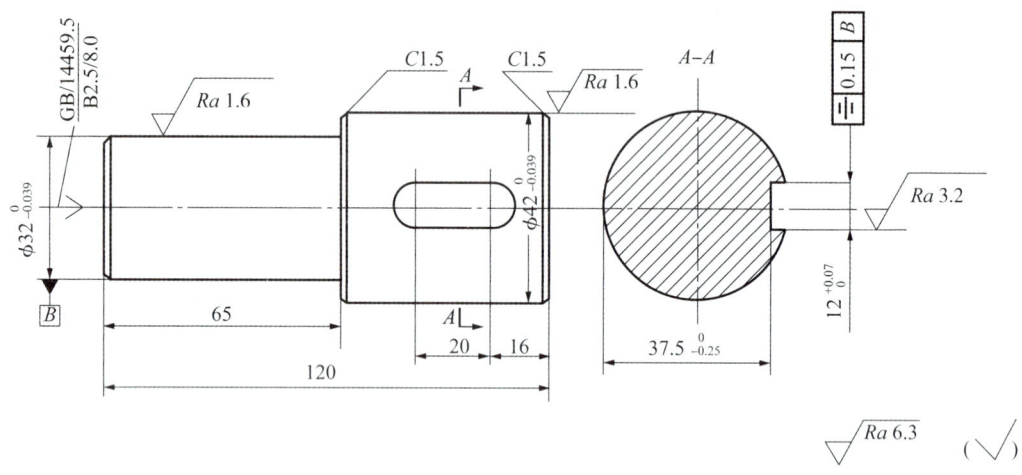

图 9-17 封闭键槽零件图

2. 操作步骤

(1) 坯件检验：形状、尺寸、表面质量。
(2) 安装轴用虎钳并检验；或采用机用平口虎钳（采用 V 形钳口）并找正。
(3) 划线并装夹工件。
(4) 安装铣刀：采用铣夹头和弹性套安装直柄键槽铣刀。
(5) 选择切削用量：粗铣、精铣的切削用量。
(6) 铣削键槽：对刀（垂向槽深对刀、横向对中对刀、纵向槽长对刀）；铣削。
(7) 检验。

3. 检测评分（见表 9-2）

表 9-2 键槽铣削检测评分表

序号	检测要求	配分	检测 学生自检	检测 老师检测	得分
1	$12^{+0.07}_{\ 0}$	20			
2	$37.5^{\ 0}_{-0.25}$	20			
3	16	15			
4	20	15			
5	对称度 0.15 B	20			
6	Ra 3.2	10			
7	安全文明生产，违者视情节扣 1~10 分				

三、知识拓展

（一）V形槽的铣削

V形槽与燕尾槽、T形槽等沟槽都属于特种沟槽，它们的铣削方法也不一样。生产中用得较多的是90°V形槽，加工时，先采用锯片铣刀加工出窄槽，然后再用下列方法加工。

1. 角度铣刀铣出V形槽

如图9－18所示，先用锯片铣刀将槽中间的窄槽铣出，窄槽的作用是使用角度铣刀铣V形面时保护刀尖不被损坏，同时，使与V形槽配合的表面间能够紧密贴合。铣削时，应注意使窄槽中心与V形槽中心相重合。

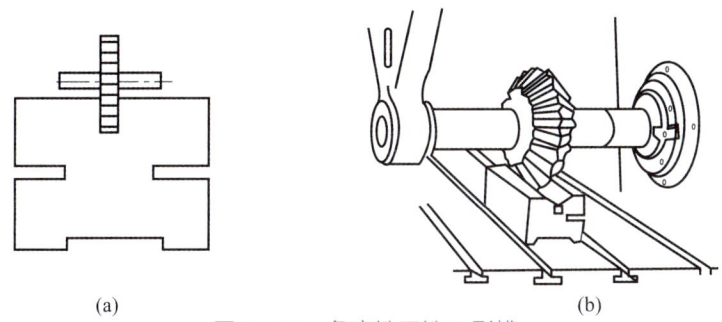

图9－18　角度铣刀铣V形槽

2. 改变铣刀切削位置铣V形槽

加工V形槽为90°时，可用套式面铣刀铣削。利用铣刀圆柱面刀齿与端面刀齿互成垂直的角度关系，将铣头转动45°，把V形槽一次铣出，如图9－19所示。加工中选择好铣刀直径，防止用小直径铣刀铣大尺寸V形槽。

如果V形槽夹角大于90°，这时，可选用立铣刀。按照V形槽的一半的角度θ转动铣头先铣出一面，然后使铣头转动2θ的角度，将V形槽的另一面加工出来，如图9－20所示。

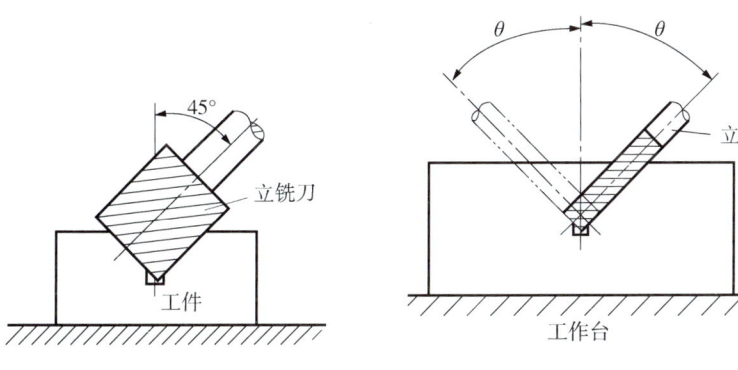

图9－19　铣90°V形槽　　　　图9－20　立铣刀转角度铣V形槽

3. 改变工件装夹位置铣V形槽

如图9－21（a）所示为使用专用夹具改变工件安装位置铣90°V形槽的情况，这时，工件安装位置倾斜 45°，用三面刃铣刀或其他直角铣刀切削。如图 9-21（b）所示为在轴件上铣 V 形槽，轴件安装在万能分度头上，选用盘形槽铣刀或三面刃铣刀切削。当铣刀中心线对正工件中心线后先铣出直角槽，然后，将工件按图中箭头方向旋转一个角度为 θ（θ 为 V 形槽角度的一半），同时，使工件台移动距离 B，铣出 V 形槽的一面后，在使工件反转 2θ 的角度，并使工作台反向移动 2B 的距离，将 V 形槽的另一面铣出。

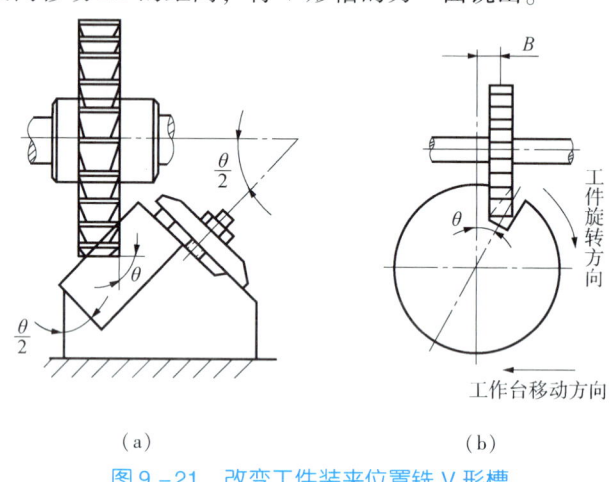

图 9-21　改变工件装夹位置铣 V 形槽
(a) 安装位置倾斜铣 90°V 形槽；(b) 轴件上铣 V 形槽

（二）燕尾槽的铣削

带燕尾槽的零件在铣床和其他机械中经常见到，如车床导轨、铣床床身和悬梁相配合的导轨槽就是燕尾槽。

铣削燕尾槽要先铣出直角槽，然后使用燕尾槽铣刀铣削燕尾槽。如图 9-22 所示，图（a）为内燕尾铣削，图（b）为外燕尾铣削。铣削时燕尾槽铣刀刚度弱，容易折断，所以，在切削中，要经常清理切屑，防止堵塞。切削用量要适当，并且注意充分使用切削液。

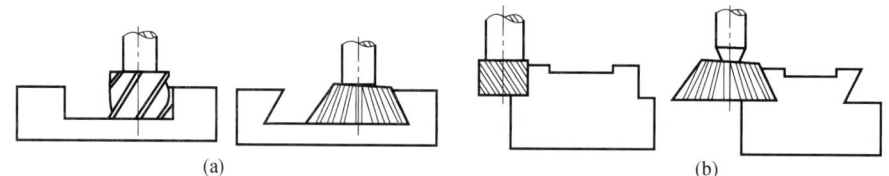

图 9-22　铣削燕尾槽
(a) 内燕尾铣削；(b) 外燕尾铣削

铣削燕尾槽，在缺少燕尾槽铣刀的情况下，可以使用单角铣刀进行加工，如图 9-23 所示。这时，单角铣刀的角度要和燕尾槽角度相一致，并且，铣刀杆不要露出铣刀端面，防止有碍切削。

批量生产中，可使用专用样板检测，如图 9-24 所示，要求精密测量时，必须使用检测内外燕尾槽的专用工具。

（三）T 形槽的铣削

铣 T 形槽的工件可在立式铣床上用 T 形槽铣刀铣削，如图 9-25 所示。

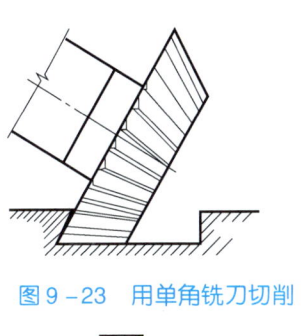

图 9-23　用单角铣刀切削 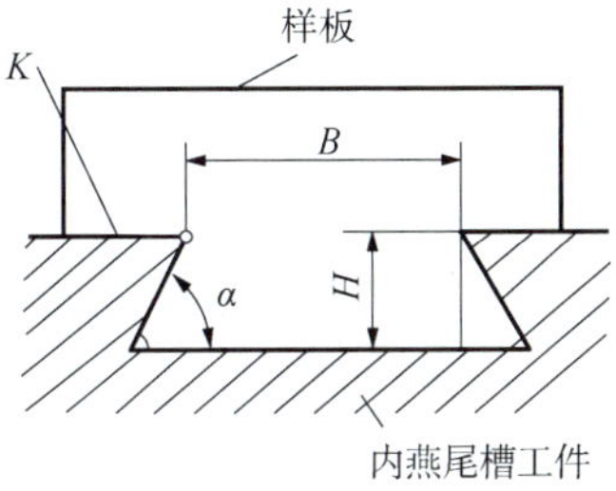　　图 9-24　专用样板检测燕尾槽

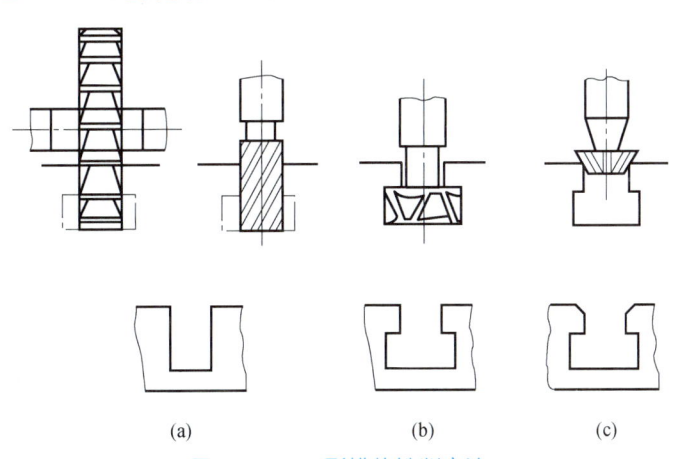

(a)　　　　　　(b)　　　　　　(c)

图 9-25　T 形槽的铣削方法
（a）铣直槽；（b）铣底槽；（c）铣槽口

铣 T 形槽的加工步骤如下：

（1）在工件表面划上线痕，再正确装夹并找对位置。

（2）可选用三面刃铣刀或立铣刀铣出直槽，然后用 T 形槽铣刀加工底槽。

（3）铣刀安装后，对准工件印痕，开始切削时，采用手动进给，铣刀全部切入工件后，再用自动进给进行切削。

（4）铣 T 形槽时，由于排屑、散热都比较困难，加之 T 形槽铣刀的颈部较小，容易折断，所以在铣削中要充分使用切削液，注意及时排除切屑，防止堵塞，并且不宜选用过大的铣削用量。

思考与练习

1. 铣刀有哪些分类方法？试按分类方法举例说明常用铣刀的类别。
2. 简述常见沟槽的种类及其特点。
3. 试述 V 形槽的铣削方法。
4. 简述 T 形槽的铣削步骤。
5. 试述铣键槽时使铣刀中心与工件轴线对齐的方法。

项目10 铣削等分零件

一、相关知识

(一) 分度头的使用

许多复杂的零件，如正多面体、齿轮、螺旋槽和凸轮等，铣削时都需要进行分度，分度头就是完成圆周分度工作的铣床附件。

1. 万能分度头的外形结构和传动系统

万能分度头的外形结构和传动系统如图10－1所示。

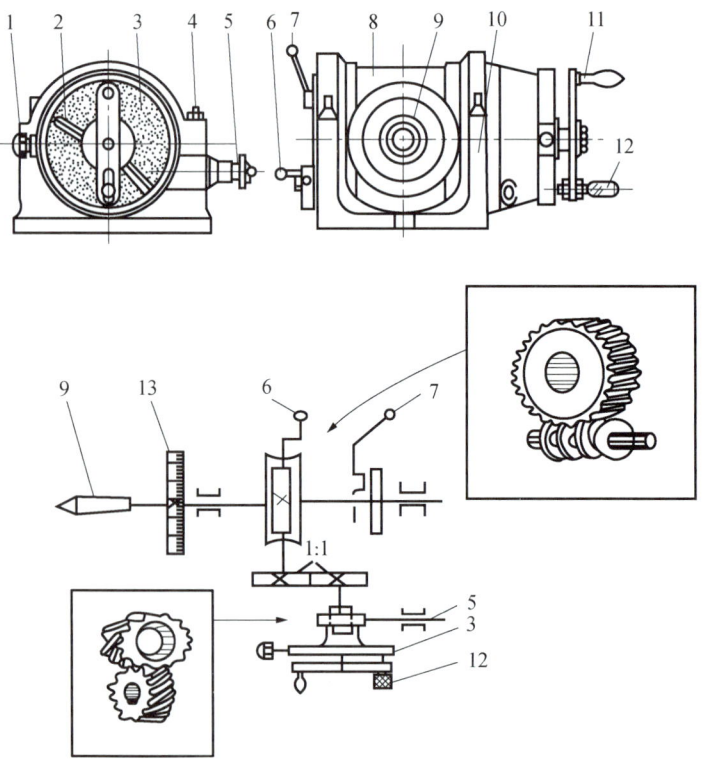

图 10－1　万能分度头的外形结构和传动系统

1—孔盘紧固螺钉；2—分度叉；3—孔盘；4—螺母；5—交换齿轮轴；6—蜗杆脱落手柄；
7—主轴锁紧手柄；8—回转体；9—主轴；10—基座；11—分度手柄；12—分度定位销；13—刻度盘

148

分度头主轴 9 是空心的，两端均为莫氏 4 号内锥孔。前锥孔可装入顶尖，后锥孔可装入心轴，以便在差动分度时安装交换齿轮，把主轴的运动传给交换齿轮轴，带动分度孔盘 3 旋转。主轴可随回转体 8 在分度头基座 10 的环形导轨内转动。因此，主轴除安装成水平位置外，还能倾斜，调整角度前应松开螺母 4 之后再拧紧。

分度时可转动手柄 11，通过内部传动使主轴带动工件旋转，实现分度。工件转角大小取决于手柄转过的转数，并由分度孔盘 3 计数。转动手柄前，应拔出定位销 12，分度完毕再插入预定的孔内，就可精确控制手柄的转数或转角的大小。

分度头传动系统如图 10-1 所示，转动手柄时通过一对传动比为 1 的直齿圆柱齿轮及传动比为 1/40 的蜗杆、蜗轮使主轴旋转。交换齿轮轴可根据需要安装交换齿轮，通过传动比为 1 的螺旋齿轮和空套在分度手柄轴上的分度盘连接。如果定位销插在孔中，还可带动主轴旋转。

分度头基座下面固定有两块定位键，可与铣床工作台台面 T 形槽配合，保证安装精度。

2. 万能分度头的功用

万能分度头可进行任意等分的分度；可以把工件轴线安装成水平、垂直或倾斜位置；通过交换齿轮，可使工件在纵向进给时做连续旋转，铣削螺旋面；还可以用于划线或检验。

3. 分度头的使用和维护

(1) 分度前松开主轴紧固手柄，分度完毕应及时拧紧，只有在铣削螺旋面时，主轴做连续转动才不用紧固。

(2) 分度手柄应顺时针方向转动，转动速度要均匀。若转过了预定位置，应反转半圈以上，再按原方向转到规定位置。

(3) 定位销应慢慢插入孔内，切勿让定位销自动弹入。

(4) 安装分度头时不得随意敲打，经常保持清洁并做好润滑工作，存放时应将外露的加工表面涂防锈油。

4. 在分度头上安装工件的方法

1) 用三爪自定心卡盘和尾座顶尖安装工件

如图 10-2 所示，三爪自定心卡盘安装在主轴定心锥面上，并由螺钉紧固。工件一端由卡盘夹紧，另一端由尾座顶尖支承。这种安装方法刚性好，但定心精度不太高。对于安装较长的工件，还可用千斤顶撑住，以增加刚性。

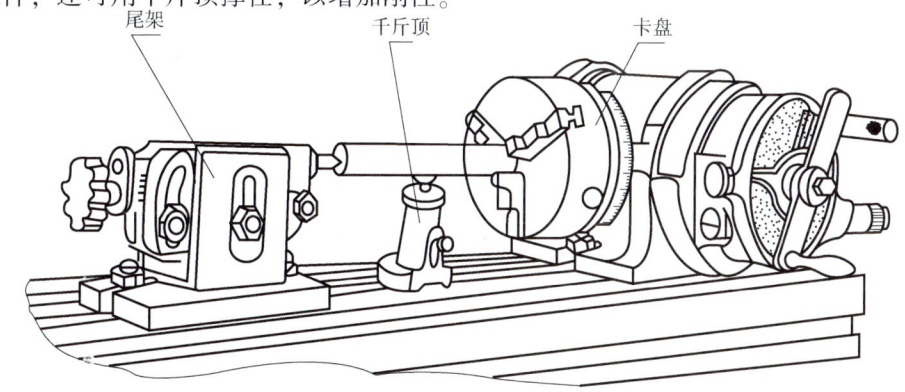

图 10-2 用卡盘和尾座顶尖安装工件

2) 用前、后顶尖安装工件

如图 10-3 所示，工件两端都采用顶尖支承，定心精度高，但刚性较差。

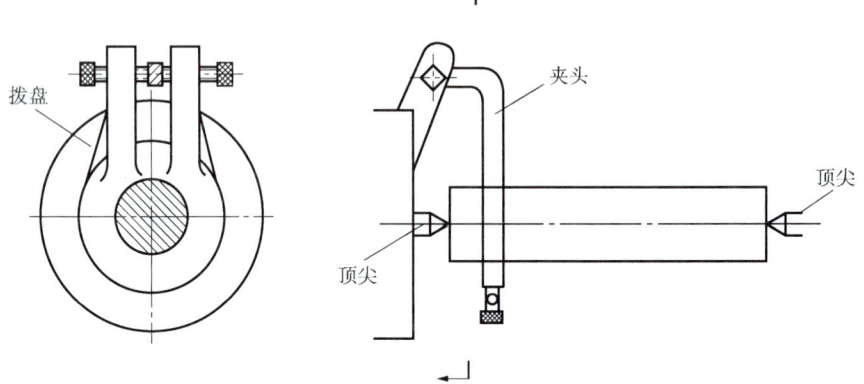

图 10-3 用前、后顶尖安装工件

5. 分度方法

1) 简单分度法

简单分度法是常用的一种分度方法。分度时，把分度盘固定，转动手柄，使主轴带动工件转过要求的角度。

分度手柄与主轴转数的关系：

$$1:40 = \frac{1}{Z}:n \text{ 或 } n = \frac{40}{Z}$$

式中，n 为分度手柄转数；

Z 为工件等分数；

40 为分度头传动比，又称定数。

例1 铣四方螺钉头，试计算分度时手柄转数。

解：工件等分数 $Z=4$，按公式计算手柄转数

$$n = \frac{40}{Z} = \frac{40}{4} = 10 \text{（r）}$$

即每铣完螺钉头的一边后，分度手柄应转 10 r。

例2 铣削齿数为 22 的直齿圆柱齿轮，试计算分度时手柄转数。

解：工件等分数 $Z=22$，按公式计算手柄转数

$$n = \frac{40}{Z} = \frac{40}{22} = 1 + \frac{18 \times 3}{22 \times 3} = 1\frac{54}{66} \text{（r）}$$

即手柄转一周后，再在孔圈数为 66 的孔圈上转过 54 个孔距。

分度头孔盘的孔圈数如表 10-1 所示。

表 10-1 孔盘的孔圈数

盘块面	盘的孔圈数
第一块盘	正面：24、25、28、30、34、37、38、39、41、42、43 反面：46、47、49、51、53、54、57、58、59、62、66

续表

盘块面	盘的孔圈数
带两块盘	第一块正面：24、25、28、30、34、37 反面：38、39、41、42、43 第二块正面：46、47、49、51、53、54 反面：57、58、59、62、66

2）差动分度法

有些数（大于59的质数），例如齿数为83的齿轮，因为受到分度盘上孔数的限制，不能用简单分度法解决，这时就应采用差动分度法进行分度。差动分度法是通过主轴和交换齿轮轴上安装的交换齿轮（如图10－4所示）在分度手柄转动时，与随之转动的分度盘形成相对运动，使分度手柄的实际转数等于假定等分分度手柄转数与分度盘本身转数之和的一种分度方法。

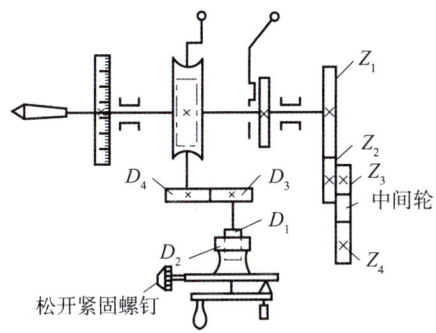

图10－4　差动分度法

差动分度法调整和计算的步骤：（以 $Z=83$ 的齿轮为例）

（1）选择假定等分数 $Z_0=80$（其他数也可以，但要接近83并能进行简单分度）。手柄相对分度盘转过 $n=40/80=12/24$（r），即在24孔圈上转12个孔距。

（2）计算交换齿轮齿数

$$\frac{Z_1 \times Z_3}{Z_2 \times Z_4} = \frac{40(80-83)}{80} = -\frac{3}{2} = -\frac{60 \times 30}{30 \times 40}$$

式中的正、负号只说明分度盘的转向与手柄相同还是相反。若 Z_0 大于 Z 时，转向相同；反之，则相反。根据转向决定在交换齿轮中加不加惰轮。

差动分度的缺点是调整比较麻烦，而且在铣削锥齿轮或螺旋槽时，因受结构限制而无法应用。

（二）回转工作台的使用

回转工作台简称转台，其主要功用是铣削圆弧曲线外形、平面螺旋槽和分度。

如图10－5所示，回转工作台5的台面上有数条T形槽，供装夹工件和辅助夹具装T形螺栓用，工作台的回转轴上端有定位圆台阶孔和锥孔6，工作台的周边有360°的刻度圈，在底座4前面有零刻线，供操作时观察工作台的回转角度。

底座前面左侧的手柄1，可锁紧或松开回转工作台。使用机床工作台做直线进给铣削时，应锁紧回转工作台，使用回转工作台做圆周进给进行铣削或分度时，应松开回转工作台。

底座前面右侧的手轮与蜗杆同轴连接，转动手轮使蜗杆旋转，从而带动与回转工作台主轴连接的蜗轮旋转，以实现装夹在工作台上的工件做圆周进给和分度运动。手轮轴上装有刻度盘，若蜗轮是 90 齿，则刻度盘一周为 4°，每一格的示值为 $4°/n$，n 为刻度盘的刻度格数。

偏心销 3 与装蜗杆的偏心套连接，如松开偏心套锁紧螺钉 2，使偏心销 3 插入蜗杆副啮合定位槽或脱开定位槽，可使蜗轮蜗杆处于啮合或脱开位置。当蜗轮蜗杆处于啮合位置时应锁紧偏心套，处于脱开位置时，可直接用手推动转台旋转至所需要位置。

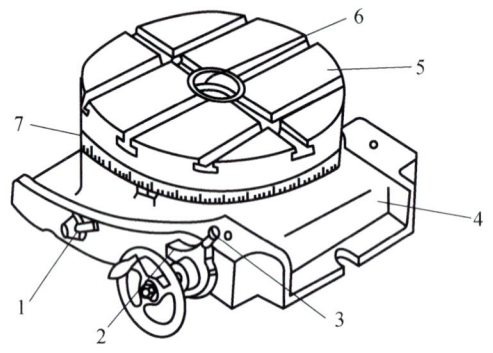

图 10-5　回转工作台

1—锁紧手柄；2—偏心套锁紧螺钉；3—偏心销；4—底座；
5—工作台；6—定位圆台阶孔与锥孔；7—刻度圈

二、操作练习

【任务 1】　铣削六棱柱体

1. 零件图

六棱柱体零件图如图 10-6 所示。（工时定额 3h）

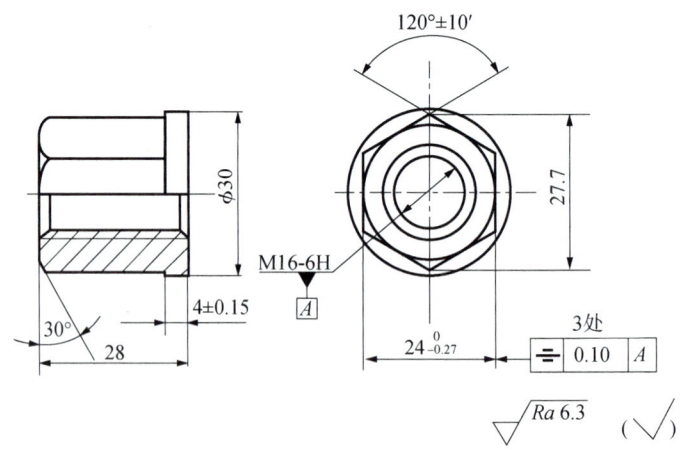

图 10-6　六棱柱体

2. 操作步骤

（1）坯件检验：形状、尺寸、表面质量。

(2) 安装回转工作台和三爪自定心卡盘。
(3) 分度计算及分度定位销的调整。
(4) 装夹和找正工件。
(5) 安装铣刀。
(6) 选择铣削用量。
(7) 六棱柱体的铣削。
(8) 检验。

3. 检测评分（见表 10-2）

表 10-2 六棱柱体铣削检测评分表

序号	检测要求	配分	检测 学生自检	检测 老师检测	得分
1	4 ± 0.15	4			
2	$24_{-0.27}^{0}$（3 处）	10×3			
3	$120° \pm 10'$（6 处）	3×6			
4	对称度 0.10 A（3 处）	5×3			
5	Ra 6.3（6 处）	5×6			
6	27.7（3 处）	5×3			
7	安全文明生产，违者视情节扣 5 分				

【任务 2】 铣削 V 形铁（铣削综合练习）

V 形铁零件图如图 10-7 所示。考核评分表见表 10-3。

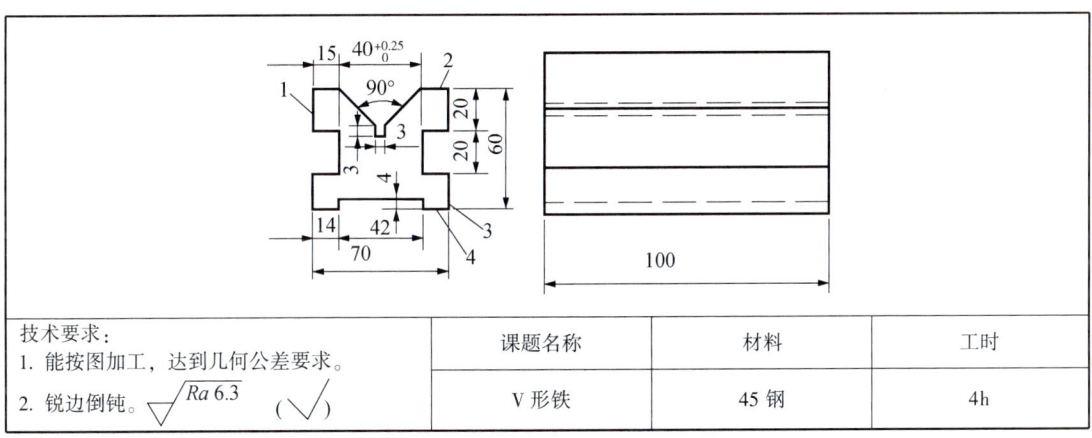

图 10-7 V 形铁零件图

表 10-3 考核评分表

序号	技术要求	配分	评分细则	自检结果	教师检测
1	15	5	超差全扣		
2	20（4 处）	3×4	超差全扣		
3	42	5	超差全扣		
4	14	5	超差全扣		

续表

序号	技术要求	配分	评分细则	自检结果	教师检测
5	$40_{0}^{+0.25}$	8	超差全扣		
6	4	5	超差全扣		
7	3（2处）	5×2	超差全扣		
8	90°	7	超差全扣		
9	Ra 6.3	10	超差全扣		
9	操作准确	20	巡回中酌情扣分		
10	安全文明生产	10	巡回中酌情扣分		
11	工时定额 4h				

【任务3】 铣削双凹凸配合（铣削综合练习）

双凹凸配合零件图如图 10-8 所示。材料为 45 钢。考核评分表见表 10-4。

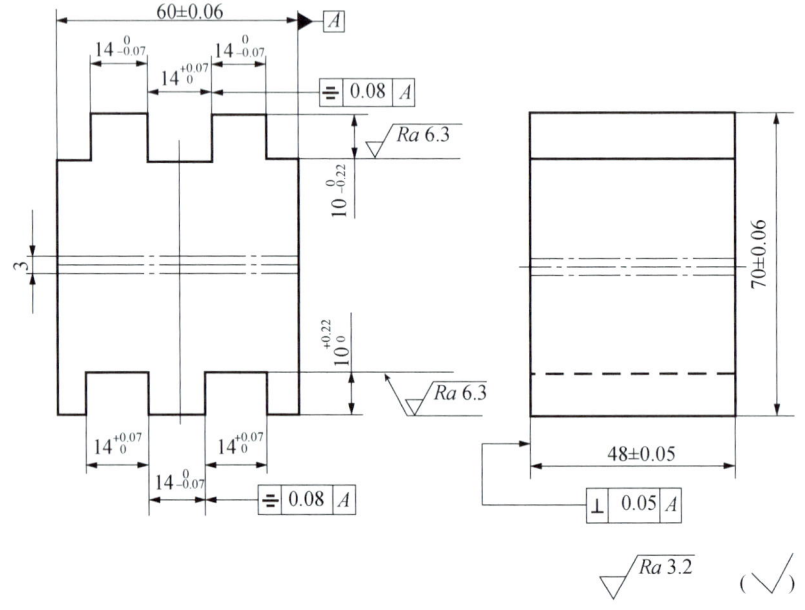

图 10-8 双凹凸配合零件图

表 10-4 考核评分表

序号	技术要求	配分	评分细则	自检结果	教师检测
1	60±0.06	6	超差全扣		
2	70±0.06	6	超差全扣		
3	48±0.05	6	超差全扣		
4	$10_{0}^{+0.22}$	6	超差全扣		
5	$10_{-0.22}^{0}$	6	超差全扣		
6	$14_{-0.07}^{0}$（3处）	6×3	超差全扣		
7	$14_{0}^{+0.07}$（3处）	6×3	超差全扣		
8	对称度 0.08 A（2处）	5×2	超差全扣		

续表

序号	技术要求	配分	评分细则	自检结果	教师检测
9	垂直度 0.05 A	10	超差全扣		
10	Ra 3.2	8	超差全扣		
11	安全文明生产	6	巡回中酌情扣分		
12	工时定额 6h				

【任务 4】 铣削台阶沟槽斜面（铣削综合练习）

台阶沟槽零件图如图 10-9 所示。材料：HT200。考核评分表见表 10-5。

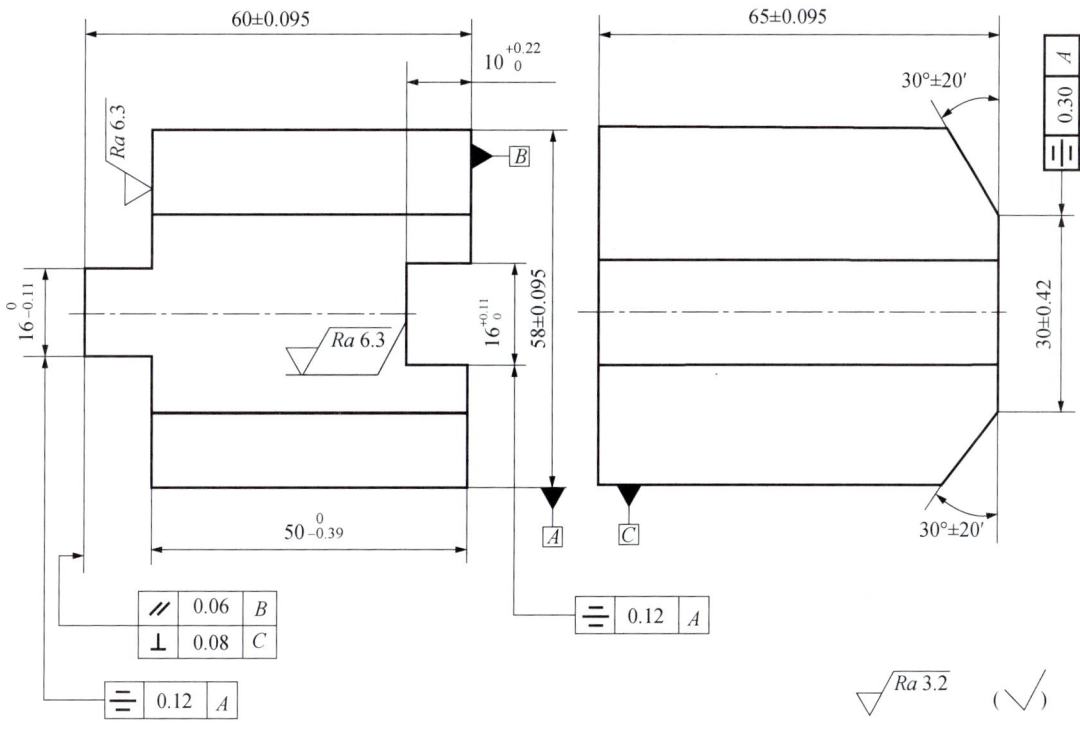

图 10-9 台阶沟槽零件图

表 10-5 考核评分表

序号	技术要求	配分	评分细则	自检结果	教师检测
1	60 ± 0.095	5	超差全扣		
2	65 ± 0.095	5	超差全扣		
3	58 ± 0.095	5	超差全扣		
4	30 ± 0.42	5	超差全扣		
5	$50_{-0.39}^{0}$	5	超差全扣		
6	$10_{0}^{+0.22}$	5	超差全扣		
7	$16_{-0.11}^{0}$	5	超差全扣		

续表

序号	技术要求	配分	评分细则	自检结果	教师检测
8	$16^{+0.11}_{\ 0}$	5	超差全扣		
9	对称度 0.12 A（2 处）	5×2	超差全扣		
10	对称度 0.30 A	5	超差全扣		
11	垂直度 0.08 C	10	超差全扣		
12	平行度 0.06 B	5	超差全扣		
13	30°±20′（2 处）	5×2	超差全扣		
14	Ra 3.2	10	超差全扣		
15	安全文明生产	10	巡回中酌情扣分		
16	工时定额 6h				

思考与练习

1. 如何正确使用分度头？
2. 简述分度方法。
3. 如何正确使用回转工作台？

第3篇
磨 削

项目11　学会操作M1432B万能外圆磨床

一、相关知识

（一）M1432B 万能外圆磨床的结构及功能

1. M1432B 万能外圆磨床型号的含义

磨床的种类很多，不同的磨床由不同的型号表示。磨床的型号由表示该磨床所属的类别、系列、结构特征、性能和主要技术规格等的代号组成。

M1432B 万能外圆磨床型号的含义如下：

M　14　32　B

- B——第一次重大改进
- 32——最大磨削直径320 mm（主要技术参数）
- 14——万能外圆磨床（组别：外圆磨床；系别：万能外磨）
- M——磨床类（机床类别）

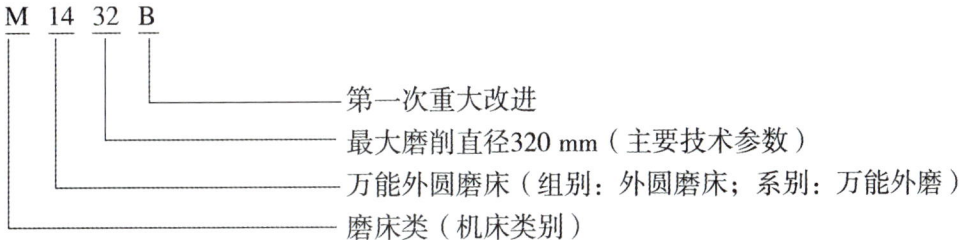

M1432B 万能外圆磨床不仅能磨削外圆柱面、外圆锥面，还可以使用机床附设的内圆磨头来磨削内圆柱面、内圆锥面和台阶面等。该机床床身刚性及热变形均优于 M1432B 型磨床。砂轮主轴加粗，电动机功率加大，砂轮架油池温升小，磨削率高。

2. M1432B 万能外圆磨床的结构及功用

现以 M1432B 万能外圆磨床为例，介绍磨床各部分的名称及其功用。M1432B 万能外圆磨床的结构及其各部分的名称如图 11－1 所示。

3. 万能外圆磨床的基本组成部件及其功用

万能外圆磨床的基本组成部件及其功用如表 11－1 所示。

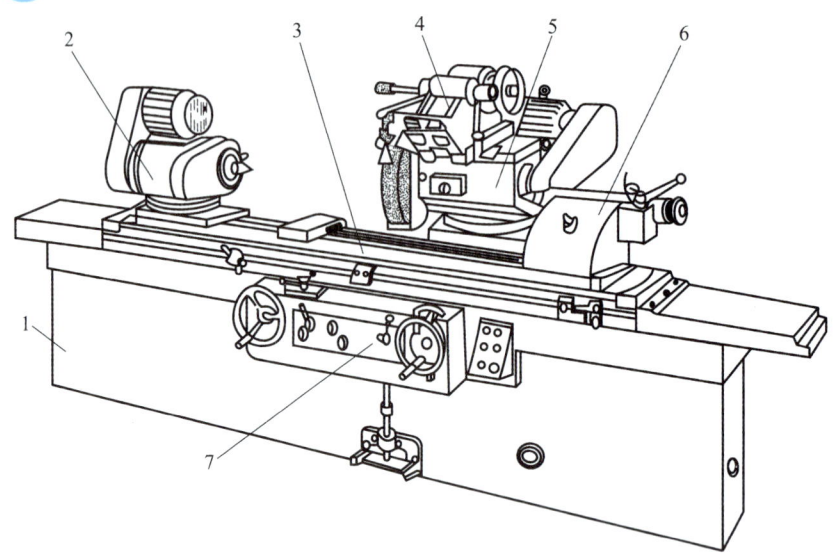

图 11-1 万能外圆磨床

1—床身；2—头架；3—工作台；4—内圆磨具；5—砂轮架；6—尾座；7—控制箱

表 11-1 万能外圆磨床基本组成部件及其功用

序号	部件名称	结构及功用
1	床身	床身是整部机床的基础支撑件，用以支撑磨床其他部件，具有足够的强度和刚度。床身的顶部有纵向导轨、横向导轨、工作台、砂轮架、头架、尾座等部件，使各个部件在工作时保持准确的相对位置，磨床工作台和砂轮架可分别沿纵向导轨和横向导轨做纵向移动和横向移动
2	头架	头架安装在磨床工作台上，头架主轴安装顶尖或与卡盘连接时用来装夹工件。头架顶端的电动机将运动经传动带传给头架内的变速机构，最后传给工件，实现工件的 6 级回转运动，即磨床的圆周进给运动。头架在水平面内可逆时针回转 0°~90°
3	工作台	工作台由上下两层组成，上下两层可一起沿床身纵向导轨移动，实现工件的纵向进给。上层用以安装头架和尾座，它们可随着工作台一起，沿床身导轨做纵向往复运动。上层可绕下层中心轴线在水平面内顺时针旋转 3°和逆时针旋转 6°，用来磨削小锥角的长圆锥面
4	内圆磨具	内圆磨具用来磨削内圆。由单独的电动机经传动带传动，带动主轴高速回转（转速可达 10000 r/min 和 15000 r/min 两级），实现内圆磨削的主运动
5	砂轮架	将砂轮架体壳上的内圆磨具支架翻下即可磨削内圆零件 砂轮架用来支撑并传动高速旋转的砂轮主轴。砂轮架上的砂轮由一专用电动机经传动带传递运动，转速达 1670 r/min。砂轮架安装在床身横向导轨上，可沿横向导轨移动，实现砂轮的径向进给。砂轮架可在水平面内回转 −30°~+30°，用来磨削圆锥面
6	尾座	尾座安装在磨床工作台上。尾座套筒内安装顶尖，用以支撑工件另一端。后端装有弹簧，利用可调节的弹簧力顶紧工件，也可在长工件受磨削热影响而伸长或弯曲变形的情况下便于工件装卸
7	控制箱	控制箱的外部（即磨床的前端）有两个手轮，两个手轮可通过控制箱内部的齿轮变速机构实现纵向进给运动和横向进给运动。左端的手轮控制纵向进给运动，右端的手轮控制横向进给运动

摆动头架或工作台或砂轮架的角度即可磨削不同锥度的内外圆锥形工件。
工件、外圆砂轮、内圆砂轮、液压泵和冷却泵分别由独立电动机驱动。

(二) M1432B 万能外圆磨床的主要技术参数

M1432B 万能外圆磨床的主要技术参数如下：

外圆磨削直径	用中心架	$\phi 8 \sim \phi 60$ mm
	不用中心架	$\phi 8 \sim \phi 320$ mm
外圆最大磨削长度（共三种规格）		（1000；1500；2000）mm
内圆磨削直径		$\phi 30 \sim \phi 100$ mm
外圆磨砂轮主轴转速		1670 r/min
头架主轴转速 6 级		（25；50；80；112；160；224）r/min
内圆磨头主轴转速 2 级		（10000；15000）r/min
砂轮架回转角度		±30°
头架回转角度		90°
工作台最大回转角度	顺时针	30°
	逆时针	7°；6°；5°
工作台纵向移动速度（液压无级调速）		0.05～4 m/min

(三) M1432B 万能外圆磨床操作安全生产常识

（1）工作时要穿工作服或紧身衣服，佩戴防护眼镜。女同志要戴工作帽。

（2）工具箱要保持整齐清洁。各种工具应按照它们的大小和用途，有秩序地放在规定的位置上。轻而常用的工具放在工具箱的上部，重而不常用的工具放在下部。量具与工具要分开放置，使用后要放回原处，以便再使用时拿取方便。使用量具时要小心，轻拿轻放，不能使它与其他物品撞击，使用后要擦拭干净，并涂上油放回量具盒中。

（3）堆放精加工后的工件时，注意不要碰伤光洁的表面。工件不要堆得太高，以免翻倒碰伤。精度要求很高与表面粗糙度值要求很小的重要工件，要避免精度要求高的表面相互接触。加工后的工件要擦干，并涂上防锈油或机油，以防生锈。

（4）开始磨削前，要正确安装和紧固砂轮，并装好砂轮防护罩。必须细心地检查工件装夹是否正确，紧固是否可靠，磁性吸盘是否失灵，以防工件飞出伤人或损坏机床设备。必须调整好换向撞块的位置并将其紧固，以免由于撞块松动而使工作台行程过头，引起工件弹出或砂轮碎裂的事故。

（5）磨削前，检查磨床手轮是否处于空挡位置，离合器是否处于正确位置，确认无误后，方可合上磨床电源总开关。砂轮必须经过几分钟的空转试验。初开车时不可站在砂轮的正面，以防砂轮飞出伤人。砂轮圆周速度不能超过允许的安全圆周速度。

（6）磨削时必须在砂轮和工件转动后再进给，在砂轮退刀后再停车。

（7）机床运转时，严禁用手接触工件或砂轮，以免发生意外。测量工件或调整机床都应在磨床头架停车以后再进行。

（8）加工结束后，必须将砂轮架横向进给手轮退出一些，以免砂轮碰撞工件。应将磨床有关操纵手柄放在"空挡"位置上，以免再开车时部件突然运动而发生事故。下班前关闭磨床电源总开关，车间断电。

（9）不要随意打开电气箱和乱动各种电气设备。工作中如果发现机床电气接地位置有毛病、电线绝缘损坏、电气设备发生故障时不要操作磨床，电工检修之后方可操作。

（10）由于砂轮工作时与工件摩擦产生飞溅的火花，工作区温度很高，因此，应集中将容易引起燃烧的油棉纱、油布、油纸等放置在铁桶中或其他安全地方，以免引起火灾。

（四）磨床的润滑和维护保养

磨床是磨削加工的重要设备，它的工作状态是否良好，会直接影响加工质量和生产效率。因此，必须经常对磨床进行维护保养，尽可能减少其他意外损伤，使磨床各个部件和机构处于完好状态，从而保证其正常工作，并且在较长时期内保持磨床的工作精度，延长磨床的使用寿命。此外，通过经常性的维护保养工作还可以及时发现磨床的缺陷和故障，以便及时进行调整和修理，避免造成不必要的损失。对磨床的维护保养工作注意不够，往往会使磨床过早磨损，失去原有的工作精度，甚至造成损坏，所以必须十分重视对磨床的维护保养。因此，要充分了解磨床的性能、规格、磨床各手柄位置及其操作具体要求，正确合理地使用磨床。开动磨床前，应首先检查磨床的各个部分是否有故障。仔细地擦去灰尘、污垢，并按磨床说明书规定对磨床有关部位进行润滑。应特别注意检查砂轮架等处的润滑油是否充足。

二、操作练习

【任务1】 万能外圆磨床工作台的手动进给操作

（一）任务分析

通过练习，掌握 M1432B 万能外圆磨床的各部分结构及纵向进给手轮和横向进给手轮的工作原理，熟练掌握纵向进给手轮和横向进给手轮的操作规范。

（二）任务实施

1. 手动工作台纵向往复运动练习

如图 11-2 所示为 M1432B 万能外圆磨床的操纵系统示意图。顺时针转动纵向进给手轮 2，工作台向右移动，反之工作台向左移动。手轮每转一周，工作台移动 6 mm。

2. 手动砂轮架横向进给运动练习

顺时针转动砂轮架横向进给手轮 14，砂轮架带动砂轮移向工件，反之砂轮架向后退回远离工件。当粗细进给选择拉杆 13 推进时为粗进给，即手轮 14 每转过一周时砂轮架移动 2 mm，每转过一小格时砂轮移动 0.01 mm；当拉杆 13 拔出时为细进给，即手轮 14 每转过一周时砂轮架移动 0.5 mm，每转过一小格时砂轮架移动 0.0025 mm。同时为了补偿砂轮的磨损，可将砂轮磨损补偿旋钮 12 拔出，并顺时针转动，此时手轮 14 不动，然后将磨损补偿旋钮 12 推入，再转动手轮 14，使其零程撞块碰到砂轮架横向进给定位块 6 为止，即可得到一定量的高程进给（横向进给补偿量）。

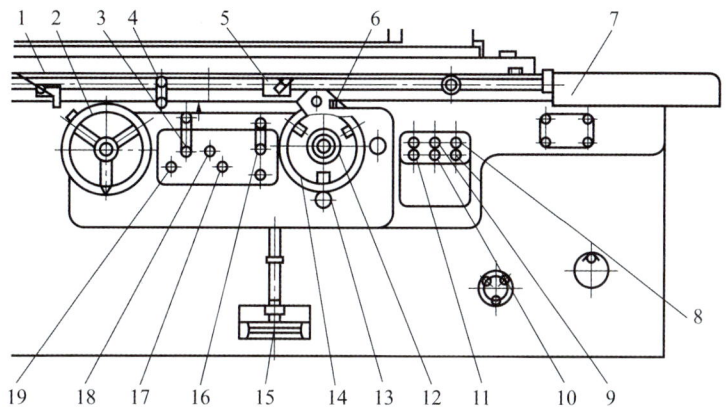

图11-2 M1432B万能外圆磨床的操纵系统示意图

1—工作台换向挡块；2—工作台纵向进给手轮；3—工作台液压传动开停手柄；
4—工作台换向杠杆；5—挡块；6—砂轮架横向进给定位块；7—工作台；
8—砂轮电动机停止按钮；9—砂轮电动机启动按钮；10—头架电动机停、慢转、快转选择旋钮；
11—油泵启动按钮；12—砂轮磨损补偿旋钮；13—粗细进给选择拉杆；14—砂轮架横向进给手轮；
15—脚踏板；16—砂轮架快速进退手柄；17—工作台换向停留时间调节旋钮（右）；
18—工作台速度调节旋钮；19—工作台换向停留时间调节旋钮（左）

(三) 任务评价

任务评价表如表11-2所示。

表11-2 任务评价表

课题名称		任务名称		组别	
				任务实施者	
				小组成员	
主要任务				日期	
任务实施过程	训练内容		实施者自评	小组互评	教师评价
	手动工作台纵向往复运动操作				
	手动砂轮架横向进给移动操作				
	万能外圆磨床操作安全生产常识				
任务实施碰到的重点问题及解决办法					
实施者小结					
实习教师评价及建议 评价人_____ 评价结果_____					

【任务 2】 万能外圆磨床的启停操作

(一) 任务分析

熟练掌握 M1432B 万能外圆磨床的砂轮转动和停止、头架主轴转动和停止、工作台往复运动、砂轮架横向快退或快进及尾座顶尖运动等的操作规范。

(二) 任务实施

1. 砂轮的启动和停止练习

如图 11-2 所示,按下砂轮电动机启动按钮 9,砂轮旋转;按下砂轮电动机停止按钮 8,砂轮停止转动。

2. 头架主轴的转动和停止练习

使头架电动机旋钮 10 处于慢转位置时,头架主轴慢转;使其处于快转位置时,头架主轴处于快转;使其处于停止位置时,头架主轴停止转动。

3. 工作台的往复运动练习

按下油泵启动按钮 11,油泵启动并向液压系统供油。扳转工作台液压传动开停手柄 3 使其处于开位置时,工作台纵向移动。当工作台向右移动终了时,挡块 1 碰撞工作台换向杠杆 4,使工作台换向向左移动。当工作台向左移动终了时,挡块 5 碰撞工作台换向杠杆 4,使工作台又换向向右移动。这样循环往复,就实现了工作台的往复运动。调整挡块 1 与 5 的位置就调整了工作台的行程长度,转动旋钮 18 可改变工作台的运行速度,转动旋钮 17 或 19 可改变工作台行至右或左端时的停留时间。

4. 砂轮架的横向快退或快进练习

转动砂轮架快速进退手柄 16,可压紧行程开关使油泵启动,同时也改变了换向阀阀芯的位置,使砂轮架横向快速移近工件或快速退离工件。

5. 尾座顶尖的运动练习

脚踩脚踏板 15 时,接通其液压传动系统,使尾座顶尖缩进;脚松开脚踏板时,断开其液压传动系统使尾座顶尖伸出。

(三) 任务评价

任务评价表如表 11-3 所示。

表 11-3 任务评价表

课题名称		任务名称		组别	
				任务实施者	
				小组成员	
主要任务				日期	

164

续表

任务实施过程	训练内容	实施者自评	小组互评	教师评价
	砂轮的转动和停止操作			
	头架主轴的转动和停止操作			
	工作台的往复运动操作			
	砂轮架的横向快退或快进操作			
	尾座顶尖的运动操作			
任务实施遇到的重点问题及解决办法				
实施者小结				
实习教师评价及建议 评价人_____ 评价结果_____				

三、知识拓展

（一）常用磨床的种类及结构

磨床的种类很多，根据不同的功能和用途，磨床可分为：外圆磨床、内圆磨床、万能外圆磨床、平面磨床、无心磨床、螺纹磨床、圆锥磨床和工具磨床等普通磨床；还有曲轴磨床、花键磨床、齿轮磨床、导轨磨床等专用与特种磨床。其中最常用的磨床是外圆磨床、内圆磨床和平面磨床三类磨床。常用磨床的种类及其工艺特点如表 11-4 所示。

表 11-4 常用磨床的种类及其工艺特点

磨床名称	磨床工艺特点	磨床外形图与磨床结构图
平面磨床	主要用来磨削工件的平面、平行面、垂直面和斜面等	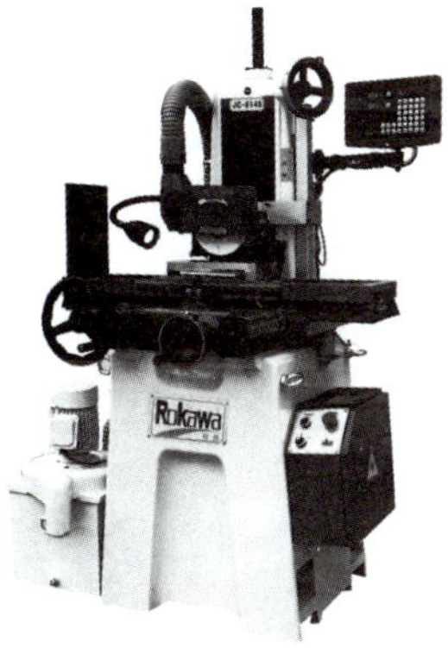 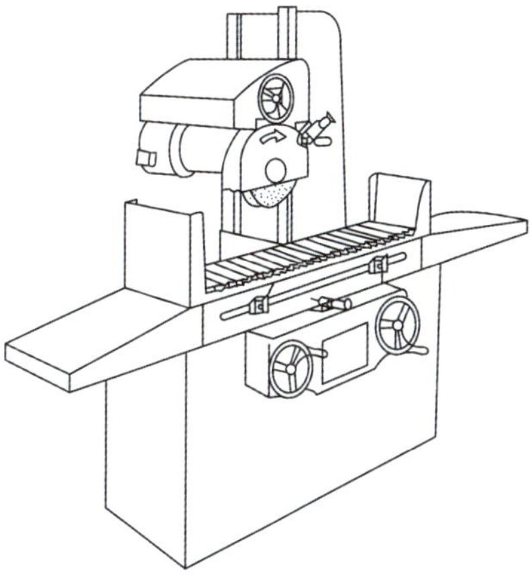

续表

磨床名称	磨床工艺特点	磨床外形图与磨床结构图
内圆磨床	主要用来磨削工件的内孔表面	
万能外圆磨床	主要用来磨削工件的外圆柱面、外圆锥面和台肩面等	

续表

磨床名称	磨床工艺特点	磨床外形图与磨床结构图
无心外圆磨床	主要磨削工件两端无中心孔的外圆柱面	
工具磨床	主要磨削刀具的刀刃及其他磨床无法完成的特殊表面和沟槽	

3.1.3.2 磨削加工的特点

（1）砂轮表面是由许许多多有棱角的磨粒组成的，每一颗粒的棱角相当于具有负前角的微小刀刃，在磨削过程中，无数的微刃以极高的速度从工件表面刻切下一条条极细微的切屑，从而形成了残留面积极小的光滑加工表面，如图 11-3 所示。

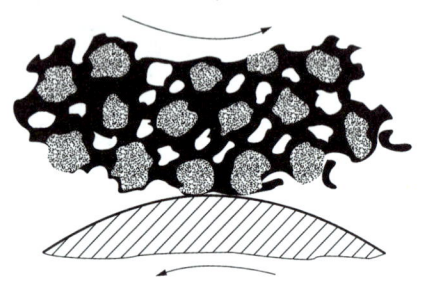

图 11-3　砂轮磨削工件的情况

（2）能获得高的加工精度和小的表面结构值。加工精度通常可达 IT8～IT5，表面结构值一般为 $Ra\ 1.25\sim 0.32\ \mu m$。

（3）砂轮磨料具有很高的硬度和耐热性，因此，磨床除了能对普通硬度的金属和非金属材料进行磨削之外，还能磨削其他金属切削机床难以加工或无法加工的高硬度的金属和非金属材料，如硬质合金、淬硬钢、玻璃和陶瓷等。但由于磨屑易堵塞砂轮表面的孔隙，所以不宜磨削软质材料，如纯铜、纯铝等。

（4）磨削速度大，磨削时磨削区温度可高达 800 ℃～1000 ℃ 左右，容易引起零件的变形和组织的变化。所以在磨削过程中，必须进行充分冷却，以降低磨削温度。

（5）砂轮在磨削过程中具有"自锐作用"，部分磨钝的磨粒在一定条件下能自动崩碎脱落，形成新的锋利刃口，从而使砂轮保持良好的磨削性能。

（6）磨削加工的效率较低。

1. 简述 M1432B 万能外圆磨床的结构及功能。
2. 简述万能外圆磨床的基本组成部件及其功用。
3. M1432B 万能外圆磨床主要技术参数有哪些？
4. 简述 M1432B 万能外圆磨床操作安全生产常识。
5. 简述磨床润滑和维护保养的主要内容。
6. 简述常用磨床的种类及工艺特点。
7. 磨削加工的特点有哪些？

项目12　学会操作M7120A平面磨床

一、相关知识

（一）M7120A 平面磨床的结构及功能

1. M7120A 平面磨床型号的含义

平面磨床型号的标注方法与万能外圆磨床的标注方法相同，平面磨床的型号由表示该磨床所属的类别、系列、结构特征、性能和主要技术规格等的代号组成。

M7120A 平面磨床型号的含义如下：

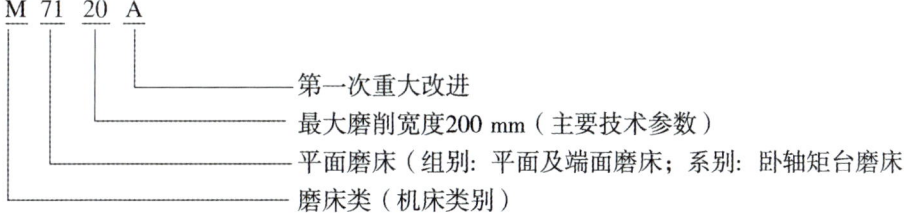

2. M7120A 平面磨床的结构及功用

现以 M7120A 平面磨床为例，介绍磨床各部分的名称及其功用。M7120A 平面磨床的结构及其各部分的名称如图 12-1 所示。

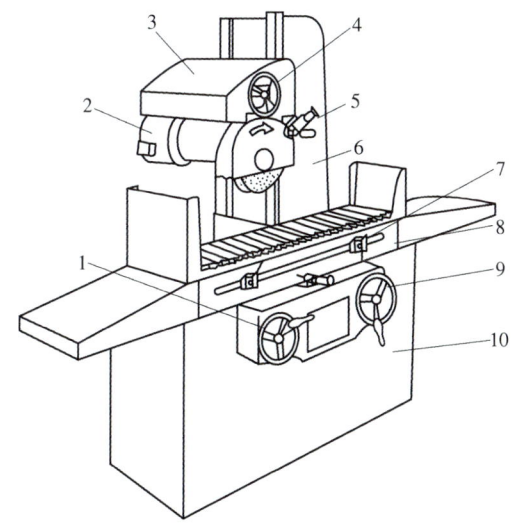

图 12-1　M7120A 型平面磨床
1—工作台移动手轮；2—砂轮架；3—滑板座；4—砂轮横向移动手轮；
5—砂轮修整器；6—立柱；7—撞块；8—工作台；9—砂轮垂直进给手轮；10—床身

3. 平面磨床的基本组成部件及其功用

平面磨床的基本组成部件及其功用如表 12-1 所示。

表 12-1 平面磨床的基本组成部件及其功用

序号	部件名称	结构及功用
1	床身	床身是整部机床的基础支撑件，用以支撑磨床其他部件。床身的顶部有 V 形导轨、平导轨、工作台等部件。床身前侧的液压操纵系统用来控制磨床的机械和液压传动。床身后部有立柱、垂直进刀机构和减速器。磨床工作台可沿导轨作直线往复运动
2	工作台	工作台由上下两层组成。上层有长方形的台面，台面上有一个 T 形槽，用以安装电磁吸盘。电磁吸盘和电磁吸盘上的工件可随着工作台一起，沿床身导轨做纵向往复运动。下层有凸出的导轨。台面两端有防护罩，以防切削液飞溅。工作台的运动有两种控制方式，一种是由液压传动控制，一种是由工作台移动手轮 1 控制
3	砂轮架	砂轮架安装在滑板座 3 的燕尾导轨上。砂轮架有两种横向进给运动形式：连续进给和断续进给。断续进给是工作台每换向一次，砂轮架横向进给一次，砂轮座上装有行程挡块，用来控制砂轮横向移动距离。砂轮的运动有两种控制方式，一种是由液压传动控制砂轮的运动，一种是由砂轮横向移动手轮 4 控制砂轮的横向运动或砂轮垂直进给手轮 9 控制砂轮的垂直运动
4	立柱	立柱前部有两条平导轨，中间为丝杠。通过螺母可使滑板座及砂轮架沿立柱前部的平导轨做上下垂直运动
5	砂轮修整器	砂轮修整器安装在滑板前面。修整器内有可移动轴套，当旋转调节螺母时，轴套做直线运动，实现砂轮的修整。砂轮的修正值由调节螺母上的刻度盘决定，调节螺母每格刻度值为 0.01 mm
6	垂直进给机构	磨床垂直进给机构主要用来控制砂轮的垂直进给运动。通过转动砂轮垂直进给手轮，手动控制滑板应带动砂轮架沿立柱垂直导轨上下移动，以便调整磨头的高低位置和控制磨削深度。砂轮的垂直进给机构是间歇进行的

（二）M7120A 平面磨床主要技术参数

如图 12-1 所示为常见的卧轴矩台平面磨床，M7120A 型平面磨床主要技术参数如下：

磨削工件最大尺寸（长×宽×高）　　　　630 mm×200 mm×320 mm
工作台纵面移动最大距离　　　　　　　　780 mm
砂轮架横向移动量　　　　　　　　　　　250 mm
工作台移动速度　　　　　　　　　　　　1～18 m/min
砂轮尺寸（外径×宽度×内径）　　　　　250 mm×25 mm×75 mm

（三）M7120A 型平面磨床操作安全生产常识

M7120A 型平面磨床操作安全生产常识与 M1432B 万能外圆磨床相同。

二、操作练习

【任务 1】 平面磨床的手动进给操作

(一) 任务分析

通过练习,掌握 M7120A 平面磨床的各部分结构及工作台移动手轮、磨头横向进给手轮和磨头垂直进给手轮的工作原理,熟练掌握工作台移动手轮、磨头横向进给手轮和磨头垂直进给手轮的操作规范。

(二) 任务实施

1. 手动工作台往复移动练习

如图 12-2 所示为 M7120A 平面磨床的手动操纵系统示意图。顺时针转动工作台移动 21 手轮,工作台右移,反之工作台左移。手轮每转一周,工作台移动 6 mm。

2. 手动砂轮架(磨头)横向进给移动练习

顺时针转动磨头横向进给手轮 3,磨头移向操作者,反之远离操作者。

3. 砂轮架(磨头)垂直进给移动练习

顺时针转动磨头垂直进给手轮 14,砂轮移向工作台,反之砂轮向上移动。磨头垂直进给手轮 14 每转过一小格时,垂直移动量是 0.005 mm,每转过一周,垂直移动量是 1 mm。

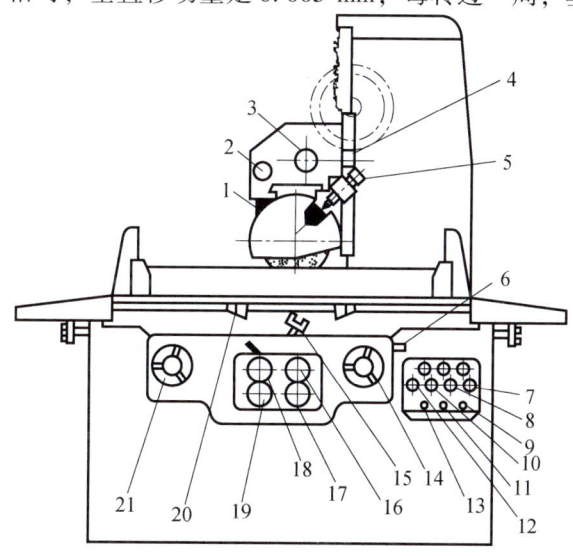

图 12-2 M7120A 平面磨床的手动操纵系统示意图

1—磨头横向往复运动换向挡块;2—磨头横向进给手动换向拉杆;3—磨头横向进给手轮;
4—润滑立柱导轨的手动按钮;5—砂轮修整器按钮;6—磨头垂直微动进给杠杆;
7—电气急停按钮;8—液压泵启动按钮;9—工件吸磁及退磁按钮;10—磨头停止按钮;
11—导磁吸盘吸力选择按钮;12—磨头启动按钮;13—整流器开关按钮;14—磨头垂直进给手轮;
15—工作台往复运动换向手柄;16—磨头进给选择手柄;17—磨头连续进给速度控制手柄;
18—工作台往复进给速度控制手柄;19—磨头间歇进给速度控制手柄;20—工作台换向挡块;21—工作台移动手轮

(三) 任务评价

任务评价表如表 12 – 2 所示。

表 12 – 2 任务评价表

课题 名称		任务 名称		组别	
				任务实施者	
				小组成员	
主要 任务				日期	
任务实施过程	训练内容		实施者自评	小组互评	教师评价
	手动工作台往复移动操作				
	手动砂轮架横向进给移动操作				
	砂轮架垂直进给移动操作				
	平面磨床操作安全生产常识				
任务实施碰到的 重点问题及解决 办法					
实施者小结					
实习教师评价及建议 评价人_____ 评价结果_____					

【任务2】 平面磨床的启停操作

(一) 任务分析

熟练掌握 M7120A 平面磨床的砂轮的转动与停止、工作台的往复运动、磨头的横向进给移动等的操作规范。

(二) 任务实施

1. 砂轮的转动与停止练习

如图 12 – 2 所示，按下磨头启动按钮 12，砂轮旋转。按下磨头停止按钮 10，砂轮停止转动。

2. 工作台的往复运动练习

按下液压泵启动按钮 8，油泵工作。顺时针转动工作台往复进给速度控制手柄 18，工作台做往复运动。调整工作台换向挡块 20（两个）间的位置，可调整工作台往复行程长度。工作台换向挡块 20 碰撞工作台往复运动换向手柄 15 时，工作台可换向。逆时针转动工作台往复进给速度控制手柄 18，工作台由快进直到停止移动。

3. 磨头的横向进给运动练习

该移动有"连续"和"间歇"两种情况。当磨头进给选择手柄 16 在"连续"位置时，转动磨头连续进给速度控制手柄 17 可调整连续进给的速度；当磨头进给选择手柄 16 在"间歇"位置时，转动磨头间歇进给速度控制手柄 19 可调整间歇进给的速度。

（三）任务评价

任务评价表如表 12 - 3 所示。

表 12 - 3 任务评价表

课题名称		任务名称		组别	
				任务实施者	
				小组成员	
主要任务				日期	
任务实施过程	训练内容		实施者自评	小组互评	教师评价
	砂轮的转动与停止操作				
	工作台的往复运动操作				
	磨头的横向进给运动操作				
任务实施碰到的重点问题及解决办法					
实施者小结					
实习教师评价及建议 评价人_____ 评价结果_____					

三、知识拓展

（一）常用磨削加工种类

磨床能对多种材料进行磨削，如铸铁、高速钢、铜、铝、钛合金、硬质合金、玻璃等。磨削加工的种类也很多，主要有外圆磨削、内圆磨削、平面磨削、螺纹磨削、圆锥磨削、工具磨削、曲轴磨削、花键磨削、齿轮磨削、导轨磨削等。常用磨削加工种类如表 12 - 4 所示。

表 12 - 4 常用磨削加工种类

磨削类型	简图	工艺特点
外圆磨削		磨削时工件在主轴带动下做旋转运动，并随工作台一起做纵向移动，当一次纵向行程或往复行程结束时，砂轮需按要求的磨削深度再做一次横向进给，这样就能使工件上的磨削余量不断被切除

续表

磨削类型	简图	工艺特点
平面磨削	内圆磨削	磨削时工件在主轴带动下做旋转运动，并随工作台一起做纵向移动，当一次纵向行程或往复行程结束时，砂轮需按要求的磨削深度再做一次横向进给，这样就能使工件上的磨削余量不断被切除
	圆周磨削	一般有横向磨削法和缓进深切磨削法。横向磨削法是指当工作台在一个往复行程完成后，磨头做一次横向进给。磨完第一层后，再磨第二层，以此类推，直至达到尺寸要求。由于砂轮与工件的接触面积小，加工时发热量小，因此加工质量较好。 缓进深切磨削法适用于磨削高强度和高韧性材料，其加工效率高但磨削力较大，加工时的温度较高，应注意冷却
	端面磨削	端磨法是指用砂轮的端面磨削工件，其磨削生产效率高，但磨削的精度低，适用于粗磨
无心磨削		在无心外圆磨床上磨削工件的方法主要有贯穿法、切入法和强迫贯穿法。 贯穿磨削法是指磨削时，工件一面旋转一面纵向进给，穿过磨削区域，工件的加工余量需要在几次贯穿中切除，此种方法用于磨削无台阶的外圆表面。 切入磨削法是指磨削时，工件不做纵向进给运动，通常将导轮架回转较小的倾斜角（$\theta = 30°$），使工件在磨削过程中有一微小轴向力，使工件紧靠挡销，因而能获得理想的加工质量。切入磨削法适用于加工带肩台的圆柱形零件或锥销、锥形滚柱等成形旋转体零件。采用切入法时需精细修整磨削轮，砂轮表面要平整
成形磨削	螺纹磨削	是指磨削精密螺纹。磨削时磨削余量较小，要求机床的震动小，否则会在工件磨削表面产生震纹，影响加工质量

续表

磨削类型	简图	工艺特点
成形磨削	齿轮磨削	是指磨削精密齿轮。磨削时磨削余量较小，对两片砂轮的角度校正和修整要求较高，一般用于精密齿轮加工的最后一道工序
	花键轴磨削	属于精密磨削，对砂轮的校正和修整要求较高，其磨削余量一般较小

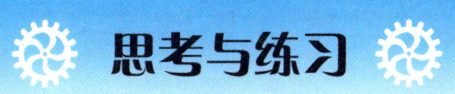

思考与练习

1. 简述 M7120A 型平面磨床的结构及功能。
2. 简述平面磨床的基本组成部件及其功用。
3. M7120A 型平面磨床主要技术参数有哪些？
4. 简述 M7120A 型平面磨床操作安全生产常识。
5. 简述常用磨削加工种类。
6. 磨削加工工艺的特点有哪些？

项目13 选用磨具

一、相关知识

(一) 砂轮的特性及其选用

砂轮是磨削加工中使用的切削刀具，它是由许多磨粒用粘结材料粘合在一起经烧结而成的多孔体切削工具，如图13-1所示。

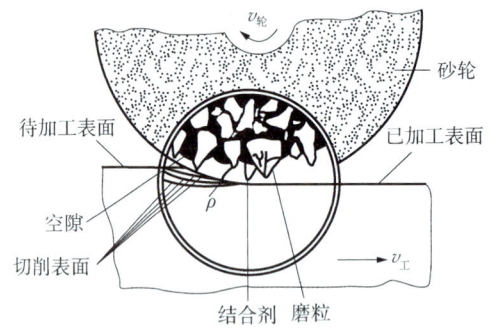

图13-1 砂轮结构

砂轮的品质、型号是由砂轮的特性所决定的。

砂轮的特性由磨料、粒度、结合剂、组织、硬度、强度、形状及尺寸等方面的因素决定。不同品质、不同型号的砂轮，其适用范围不同。磨削加工之前，必须根据具体情况合理选用砂轮。

1. 磨料及其选用

砂轮中磨粒的材料称为磨料。磨料在工件的磨削过程中担负着主要的切削工作。磨料必须具备高硬度、高耐热性、耐磨性和一定的韧性。磨料的选择主要与工件的材料、热处理方法有关。常见的磨料及其应用范围如表13-1所示。

表13-1 常见磨料及其选用范围

系列	磨料名称	代号	特　性	选用范围
氧化物系	棕刚玉	A	棕褐色，硬度高，韧性大，价格便宜	碳素钢、未淬硬钢、调质钢适于粗磨
	白刚玉	WA	白色，硬度和脆性比棕刚玉大，韧性比棕刚玉差，自锐性好，磨削热量和磨削力较小，价格比棕刚玉高	淬硬钢、高速钢、高碳钢、螺纹、齿轮、薄壁零件、刀具

续表

系列	磨料名称	代号	特 性	选用范围
碳化物系	黑碳化硅	C	黑色，硬度比白刚玉高，性脆而锋利，导热性较好	铸铁、黄铜、软青铜、橡胶、塑料
	绿碳化硅	GC	绿色，硬度及脆性比黑碳化硅高，有良好的导热性	硬质合金、宝石、陶瓷、光学玻璃
晶刚玉系	单晶刚玉	SA	硬度和韧性都比白刚玉高	不锈钢、高钒钢、高速钢
	微晶刚玉	MA	强度高，韧性和自锐性好	不锈钢、轴承钢、特种球墨铸铁
	人造金刚石	SD	无色透明或淡黄色、黄绿色等，硬度高，磨削性能好，价格高	硬质合金、宝石、光学玻璃、半导体材料等
	立方氮化硼	CBN	黑色或淡白色，硬度仅次于人造金刚石，耐磨性高，发热小，磨削钢材性能比人造金刚石好	高速工具钢、不锈钢、钛合金等难加工材料

2. 粒度及其选用

粒度表示磨料颗粒的大小，即磨粒的粗细、形状。粗磨粒按 GB/T 2481—1998 规定分 F4-F220 共 26 个号，粒度号越小，磨粒越粗。微粉规定分 F240~F1200 共 11 个号，粒度号越大，磨粒越细。不同粒度磨具及其选用范围如表 13-2 所示。

表 13-2　粒度的选用

粒度代号	颗粒尺寸/μm	选用范围
12#、14#、16#	2000~1000	粗磨、荒磨、打磨毛刺
20#、24#、30#、36#	1000~400	磨钢锭、打磨铸件毛刺、切断钢坯等
46#、60#	400~250	内圆、外圆、平面、无心磨、工具磨等
70#、80#	250~160	内圆、外圆、平面、无心磨、工具磨等半精磨、精磨
100#、120#、150#、180#、240#	160~50	半精磨、精磨、珩磨、成形磨、工具磨等
W40、W28、W20	50~14	精磨、超精磨、珩磨、螺纹磨、镜面磨等
W14~更细	14~2.5	精磨、超精磨、镜面磨、研磨、抛光等

3. 结合剂及其选用

结合剂可用于粘合磨粒而制成各种不同形状和尺寸的砂轮。结合剂的性能决定了砂轮的强度、耐冲击性、耐腐蚀性和耐热性。结合剂的选择与磨削方式及工件表面加工质量有关。常用结合剂砂轮的选用范围如表 13-3 所示。

表 13-3　常用结合剂砂轮的选用范围

名称	代号	性能	选用范围
陶瓷结合剂砂轮	V	耐热、耐水、耐油、耐酸碱、气孔率大、强度高，但韧性、弹性差	能制成各种磨具，适用于内外圆磨削、平面磨削、成形磨削、螺纹磨削、齿轮磨削和曲轴磨削等
树脂结合剂砂轮	B	强度高、弹性好、耐冲击、有抛光作用，但耐热性差、耐腐蚀性差	用于制造高速砂轮、薄砂轮等。适用于铸铁打毛刺、粗磨平面、磨削薄壁工件、切断和开槽、磨削刀具等
橡胶结合剂砂轮	R	强度和弹性更好，有极好的抛光作用，但耐热性更差，不耐酸，气隙堵塞	用于制造抛光砂轮、薄砂轮、无心磨导轮等。适用于精磨、超精磨、切断和开槽等
金属结合剂砂轮	J	强度高、成形性好、有一定韧性，但自锐性差	用于制造各种金刚石磨具，使用寿命长

4. 组织及其选用

砂轮的总体积是由磨粒、结合剂和气孔构成的，这三部分体积的比例关系，工程中常称为砂轮的组织。砂轮组织的松紧程度通常用磨粒所占砂轮的百分比表示，磨粒所占的体积百分比大，砂轮组织紧密，反之则组织疏松。砂轮组织的选用如表 13-4 所示。

表 13-4　砂轮组织的选用

组织号	0	1	2	3	4	5	6	7	8	9	10	11	12	13	14
磨粒率/%	62	60	58	56	54	52	50	48	46	44	42	40	38	36	34

5. 硬度及其选用

硬度是指砂轮工作表面上的磨粒受拉力作用时脱落的难易程度。若磨粒容易脱落，表明砂轮硬度低，反之则表明砂轮硬度高。砂轮硬度的选择，决定于工件的材料、磨削方式、磨削状况等。砂轮硬度的选用如表 13-5 所示。

表 13-5　砂轮硬度的选用

砂轮硬度	软→硬												
硬度代号	D	E	F	G	H	J	K	L	M	N	P	Q	R	S	T	Y
旧标准（1984）	超软			软			中软		中		中硬			硬		超硬
	D	E	F	G	H	J	K	L	M	N	P	Q	R	S	T	Y

砂轮的硬度与磨粒的硬度不是一个概念，各自的衡量标准不同。硬度相同的磨粒制成的砂轮硬度并不一定相同。

6. 强度及其选用

砂轮旋转时产生的离心力和砂轮圆周速度的平方成正比增加。当离心力超过砂轮强度允许的数值时,砂轮就会破裂。因此,砂轮的强度通常用安全圆周速度表示。使用时必须检查砂轮的实际圆周速度是否超过砂轮最高安全圆周速度。砂轮的强度如表13-6所示。

表13-6 砂轮强度的选用

磨具名称	最高安全圆周速度/(m·s^{-1})		
	陶瓷结合剂	树脂结合剂	橡胶结合剂
平型砂轮	35	40	35
双斜边砂轮	35	40	35
单面凹砂轮	35	40	30
薄片砂轮	35	50	
杯形砂轮	30	35	
碗形砂轮	30	35	

7. 砂轮形状与尺寸的选用

砂轮的形状与尺寸是保证磨削各种形状和尺寸不同工件的必要条件。常用砂轮的形状、代号及其适用范围如表13-7所示。

表13-7 常用砂轮的形状、代号及其适用范围

砂轮种类	断面形状	形状代号	适用范围
平型砂轮		P	用于外圆、内孔、平面、刀具、螺纹的磨削及无心磨削
双斜边砂轮		PSX	用于齿轮齿面和螺纹的磨削
双面凹砂轮		PSA	用于外圆、刀具磨削及无心磨的磨轮和导轮
双面凹带锥砂轮		PSZA	用于外圆和台肩的磨削
薄片砂轮		PB	用于切断和开槽
筒形砂轮		N	用于立式平面磨床主轴端磨平面
碗形砂轮		BW	用于机床导轨、各种刀具的磨削
碟形1号砂轮		D1	用于铣刀、铰刀、拉刀等刀具的刃磨
碟形2号砂轮		D2	
碟形3号砂轮		D3	用于双砂轮磨齿机磨削齿轮及插齿刀的刃磨

179

（二）砂轮的静平衡

砂轮在工作时高速旋转，为了使砂轮旋转得平稳，保证安全生产和加工质量，对于直径较大的砂轮在装机前必须进行静平衡。

砂轮进行静平衡时，一般采用平衡架、水平仪（包括框式水平仪和条式水平仪两种）和心轴等装置，如图 13-2 所示。

1. 平衡架

平衡架由导轨和支架组成。导轨的精度要求很高，需要使用水平仪测量其精度，使两个导轨在同一水平面内的误差在允许范围内，如图 13-3 所示。

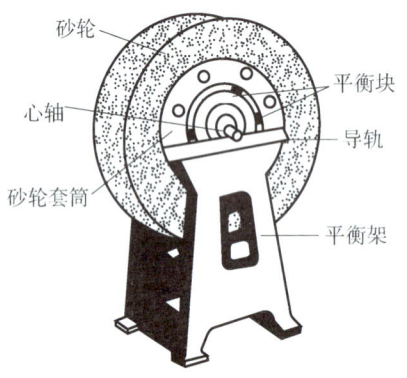

图 13-2 砂轮的静平衡

图 13-3 平衡架

1—支架；2—导轨

2. 水平仪

水平仪由框架和水准仪组成。常用水平仪有两种结构：框式水平仪和条式水平仪，如图 13-4 所示。

 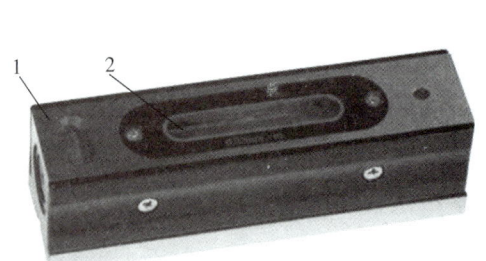

（a）　　　　　　　　　　　　（b）

图 13-4 水平仪

（a）框式水平仪；（b）条式水平仪

1—框架；2—水准仪

水平仪是用来测量平衡架的纵、横向水平精度的,其测量精度为 0.02 mm/1000 mm,如图 13-5 所示。

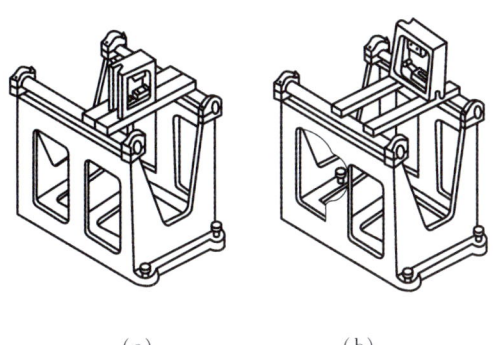

（a）　　　　　（b）
图 13-5　测量平衡架的精度
（a）测量横向水平精度；（b）测量纵向水平精度

3. 心轴

要求心轴 4 和 5 的两端尺寸一致,并与外圆锥同心,如图 13-6 所示。

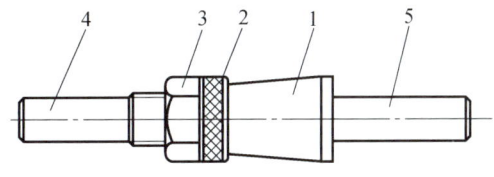

图 13-6　心轴
1—外锥；2—垫圈；3—螺母；4、5—轴颈

（三）砂轮安装和修整操作安全常识

（1）由于砂轮工作时的转速很高,而砂轮的质地又较脆,因此,必须正确地安装砂轮,以免砂轮碎裂飞出,造成严重的设备事故和人身伤害。安装砂轮时,应根据砂轮形状、尺寸的不同而采用不同的安装方法。

（2）砂轮安装前必须仔细检查砂轮的外形,不允许砂轮有裂纹和损伤。装拆砂轮时必须注意压紧螺母的螺旋方向。在磨床上,为了防止砂轮工作时压紧螺母在磨削力的作用下自动松开,对砂轮轴端的螺旋方向作如下规定:逆着砂轮旋转方向拧螺母是旋紧,顺着砂轮旋转方向转动螺母为松开。

（3）直径较大的砂轮在安装前必须进行静平衡,以防在高速运转时产生较大的振动和发生意外事故。

二、操作练习

【任务 1】　砂轮的安装

（一）任务分析

以平型砂轮的安装为例,通过练习熟悉砂轮安装的一般步骤,掌握安装的基本方法。

181

(二) 任务实施

砂轮安装正确与否，直接影响到工件的加工质量和砂轮的使用寿命，因此，在安装砂轮时，应根据砂轮形状、尺寸的不同而采用不同的安装方法。常用的安装方法如表 13-8 所示。

表 13-8 常用砂轮安装方法

砂轮安装结构图	常用砂轮安装方法
	砂轮安装在台阶法兰盘上，砂轮的右端靠在法兰盘的台阶面上，砂轮的左端由端盖和螺母固定在法兰盘上。法兰盘的孔与轴相互配合，使砂轮与轴同步旋转
	砂轮安装在台阶法兰盘上，砂轮的右端靠在法兰盘的台阶面上，砂轮的左端由端盖和螺钉固定在法兰盘上。法兰盘的孔与轴相互配合，使砂轮与轴同步旋转
	砂轮安装在法兰盘之间，右侧法兰盘靠在轴的台阶面上固定，左侧法兰盘由螺母紧固。砂轮的孔与轴配合，使砂轮与轴同步旋转
	砂轮安装在法兰盘之间，右侧法兰盘靠在轴的台阶面上固定，左侧法兰盘由螺母紧固。砂轮的孔与轴配合，使砂轮与轴同步旋转

续表

砂轮安装结构图	常用砂轮安装方法
	安装内圆磨削用砂轮时，可将砂轮直接安装在轴上，用螺钉固定
	安装内圆磨削用砂轮时，可将砂轮直接安装在轴上，用螺钉固定
	采用粘结法将内圆磨削用砂轮固定在轴上。适用于小直径的砂轮
	筒形砂轮的直径较大，可安装在法兰盘的内表面上，由于法兰盘与轴通过端盖和螺钉等零件固定，所以砂轮可与轴同步旋转

（1）根据实际工作条件，拆装几种常用砂轮。

（2）安装平型砂轮：

以平型砂轮为例，说明砂轮的安装步骤，如图13-7所示。

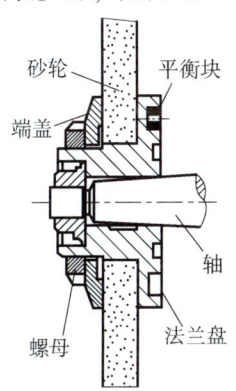

图13-7　平型砂轮的安装

①安装砂轮前先将法兰盘清洁干净，以防法兰盘与砂轮接触部分有磨屑或其他杂质，影响安装精度。法兰盘清洁后竖直放置待用，在法兰盘底座上放置一个垫圈，如图13-8所示。

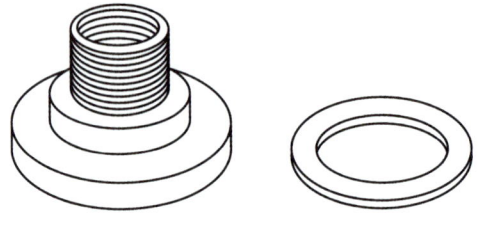

图13-8 法兰盘底座和垫圈
(a) 法兰盘；(b) 垫圈

②将砂轮从法兰盘的底座上方装入法兰盘，检查砂轮与法兰盘的配合情况是否符合要求，砂轮的孔径与法兰盘的配合是否有间隙，如不符合要求，需进行调整，如图13-9所示。

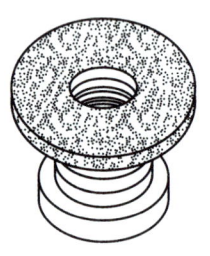

图13-9 在法兰盘上方装入砂轮

③安装端盖。先在砂轮和端盖之间安装垫圈，然后安装端盖，使端盖侧面与砂轮侧面接触状况良好，同时保证砂轮另一侧面与法兰盘接触状况良好，使砂轮的轴线与心轴轴线同轴，以保证磨削精度，如图13-7所示。

④安装螺母。将螺母旋入法兰盘中，待砂轮和端盖位置准确无误、各个表面接触良好后，紧固螺母。

（3）对已安装好的平型砂轮进行静平衡试验，观察砂轮的运转情况。如果出现异常现象，说明砂轮安装不合理，需找出原因进行调整。

（4）安装砂轮时的注意事项：

①砂轮安装之前要检查是否有裂缝。将砂轮悬挂起来，用木柄轻轻敲击砂轮侧面，若声音清脆，说明砂轮无裂缝，否则说明砂轮有裂缝。

②用法兰盘装夹砂轮时，法兰盘的底盘和压盘必须相等，其大小应小于砂轮外径的1/3，使夹紧力分散在较大的接触面上，目的是不至于压裂砂轮。

③砂轮的孔径与法兰盘的配合应有适当间隙，以免磨削时砂轮胀裂。

④安装砂轮时，在砂轮和法兰盘之间应放衬垫，衬垫必须由弹性材料制成。

⑤紧固砂轮时，螺钉不能一次性拧得太紧，应均衡、对角、轮流地拧动螺钉，待确认砂轮位置正确后，方可拧紧螺钉。拧紧时必须使用标准扳手，不能用接长扳手或敲打的方法加大拧紧力。

(三) 任务评价

任务评价表如表 13-9 所示。

表 13-9 任务评价表

课题名称			任务名称			组别	
						任务实施者	
						小组成员	
主要任务						日期	
任务实施过程	训练内容				实施者自评	小组互评	教师评价
	拆装砂轮操作						
	安装平型砂轮操作						
	安装砂轮时的注意事项						
任务实施碰到的重点问题及解决办法							
实施者小结							
实习教师评价及建议 评价人_____ 评价结果_____							

【任务 2】 砂轮的静平衡

(一) 任务分析

通过练习，学会较大直径砂轮的静平衡方法，熟悉静平衡操作的步骤，了解静平衡操作时的相关设备。

(二) 任务实施

砂轮的重心与旋转中心不重合称为砂轮的不平衡。在高速旋转时，砂轮的不平衡会使主轴振动，从而影响加工质量，严重时甚至使砂轮碎裂，造成事故。所以砂轮安装后，首先须对砂轮进行平衡调整。平衡砂轮是通过调整砂轮法兰盘上环形槽内平衡块的位置来实现的，如图 13-10 所示。

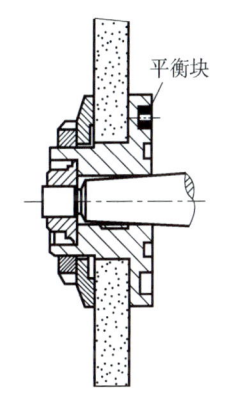

图 13-10 砂轮的平衡

静平衡操作步骤：

(1) 将心轴安装在法兰盘的孔中，并清除污垢。

(2) 将砂轮和心轴一同放在平衡架的导轨上，使心轴与平衡架导轨相互垂直。转动砂轮使其缓慢滚动，当砂轮停止时，重心在下。用记号笔在重心相对的地方作一记号 A，如图 13-11 所示。

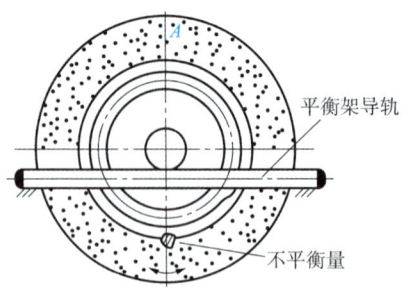

图 13-11　标注记号的砂轮

（3）在较重的另一边装上平衡块 1，使记号 A 保持原位置不变，然后在记号的两侧安装平衡块 2 和 3。调整平衡块，使记号 A 仍在原位置，如图 13-12（a）、(b) 所示。

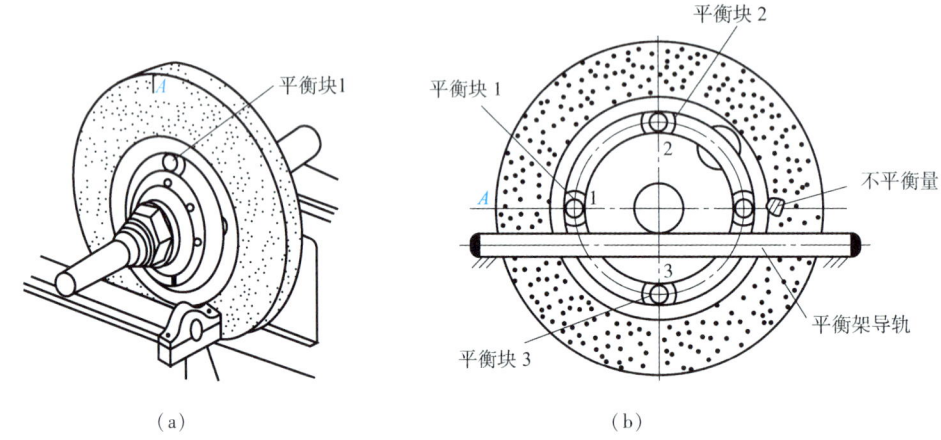

（a）　　　　　　　　　　　　　（b）

图 3-12　静平衡试验

（4）将砂轮转动 90°，如不平衡，调整平衡块，使砂轮平衡。

（5）将砂轮转动 180°，如不平衡，调整平衡块，使砂轮平衡。如果把砂轮转到任意位置时，砂轮都能平衡，则完成粗平衡。

（6）将完成粗平衡的砂轮装入磨床，使用金刚笔修整砂轮圆周及两端面。

（7）取下砂轮，进行精平衡试验，其试验步骤与粗平衡的试验步骤相同。

静平衡达到相关技术要求后才能将磨具装入磨床上。

（三）任务评价

任务评价表如表 13-10 所示。

表 13-10　任务评价表

课题名称		任务名称		组别	
				任务实施者	
				小组成员	
主要任务				日期	
任务实施过程	训练内容		实施者自评	小组互评	教师评价
	砂轮静平衡操作				

续表

课题 名称		任务 名称		组别	
				任务实施者	
				小组成员	
任务实施碰到的 重点问题及解决 办法					
实施者小结					
实习教师评价及建议 评价人_____ 评价结果_____					

三、知识拓展

(一) 砂轮的修整

新砂轮或使用过一段时间后的砂轮，磨粒逐渐变钝，砂轮工作表面空隙被磨屑堵塞，最后使砂轮丧失切削能力。所以，砂轮工作一段时间后必须进行修整，以便磨钝的磨粒脱落，恢复砂轮的切削能力和外形精度。修整砂轮的常用工具是金刚笔。修理砂轮时要十分注意金刚笔相对砂轮的位置，以避免笔尖扎入砂轮，同时也可保持笔尖的锋利，如图 13-13 所示。

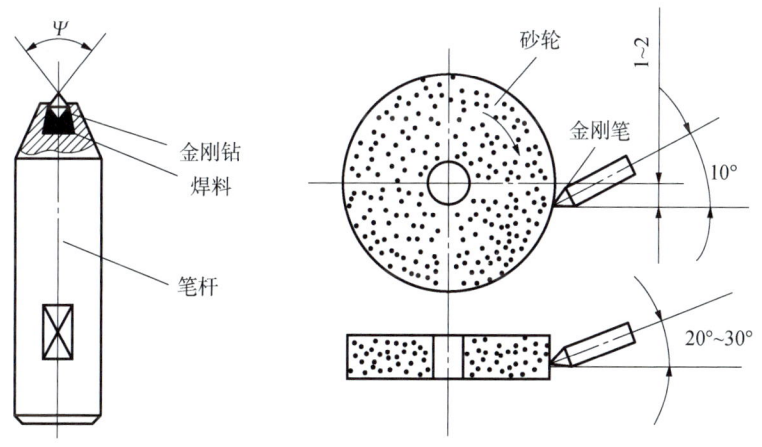

图 13-13 金刚笔与砂轮的修整

思考与练习

1. 简述常见磨料及其适用范围。
2. 简述常用砂轮的形状及其适用范围。
3. 简述砂轮安装和修整操作安全常识。
4. 常用砂轮安装方法有哪些?
5. 试述砂轮的静平衡操作步骤。
6. 简述砂轮修整时的注意事项。

项目14 磨削平面

一、相关知识

(一) 平面磨削的工艺特点

磨削加工是在磨床上用磨具（如砂轮、砂带、油石、研磨料等）以较高的线速度对工件表面进行的精细加工，是一种常用的金属切削加工方法，通常用来对工件进行半精加工或精加工，使工件在磨削后的形状、尺寸和表面结构值等方面都达到图样所规定的要求。

平面磨削加工主要在平面磨床上进行，被加工零件较小或一些特殊平面也可在工具磨床上加工。平面磨削精度可达 IT7～IT5，表面结构值为 $Ra\ 0.8 \sim Ra\ 0.2\ \mu m$。平面磨削的工艺特点如表 14-1 所示。

表 14-1 平面磨削的工艺特点

磨削类型	周磨	端磨
磨削含义	利用砂轮圆柱面进行磨削	利用砂轮的端面进行磨削
平面磨削方式	卧轴矩台平面磨床磨削	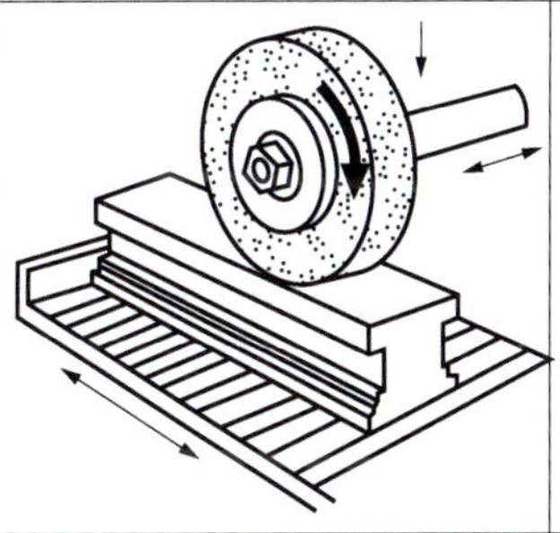 立轴圆台平面磨床磨削 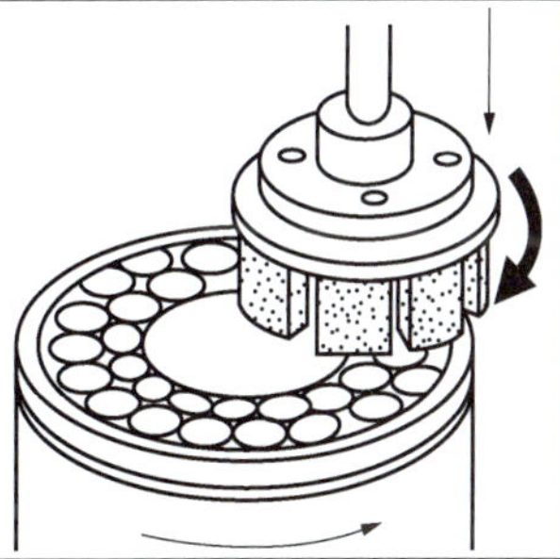
	卧轴圆台平面磨床磨削	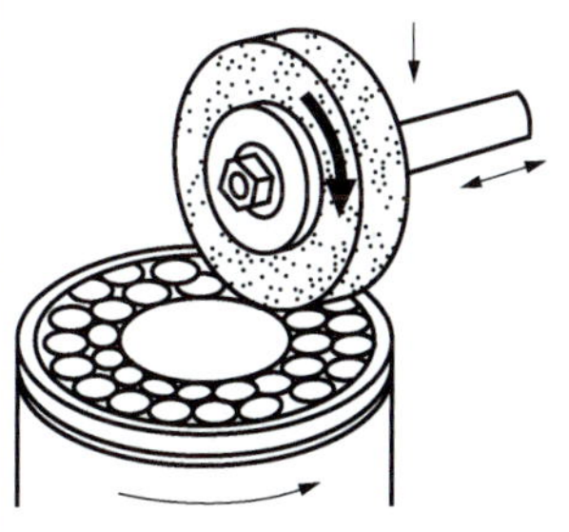 立轴矩台平面磨床磨削 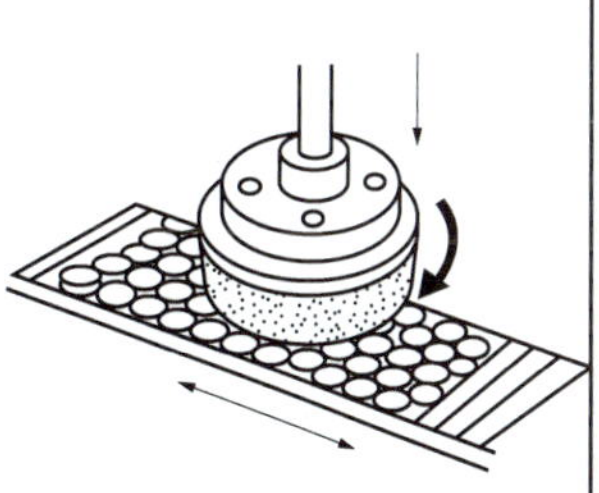

续表

磨削类型	周磨	端磨
磨削特点	砂轮与工件接触面积小，且排屑和冷却条件好，工件发热小。磨粒与磨屑不易落入砂轮与工件之间，因而能获得较高的加工质量，适合于工件的精磨。但因砂轮主轴悬伸，刚性差，不能采用较大的切削用量，且周磨同时参加切削的磨粒少，所以生产率较低。周磨时一般采用平型砂轮，由于砂轮与工件的接触面积比外圆磨削时大，所以砂轮的硬度应比外圆磨削时选用的砂轮稍软一些	磨床主轴受压力小，刚性好，可采用较大的切削用量，砂轮与工件的接触面积大，同时参加切削的磨粒多，因而生产率高。但由于磨削过程中发热量大，冷却、散热条件差，排屑困难，所以加工质量较差，故适用于粗磨。端磨时一般采用筒形砂轮或碗形砂轮

（二）常用的平面磨削方法

1. 横向磨削法

当工作台纵向行程终了时，砂轮主轴或工作台做一次横向进给，这时砂轮所磨削的金属层厚度就是实际磨削深度，磨削宽度等于横向进给量。待工件上第一层金属磨削完后，砂轮重新做一次垂直进给，再按上述过程磨削第二层金属，直至达到所需的尺寸为止。磨削示意图如图 14-1 所示。

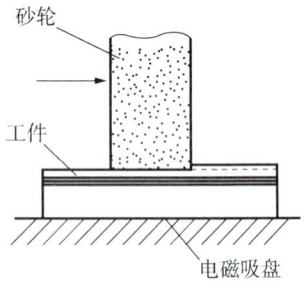

图 14-1 横向磨削法

2. 深度磨削法

此种磨削法纵向进给量小，一般砂轮只做两次垂直进给。第一次垂直进给量等于粗磨的全部余量，当工作台纵向行程终了时，将砂轮或工件沿砂轮主轴轴线方向横向移动 3/4~4/5 的砂轮宽度，直到工件整个表面的粗磨余量全部磨完为止。第二次垂直进给量等于精磨余量，其磨削过程与横向磨削相同，如图 14-2 所示。

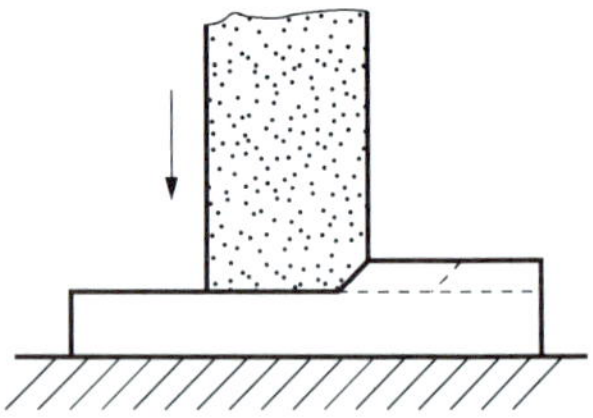

图 14-2 深度磨削法

3. 阶梯磨削法

阶梯磨削法是根据工件磨削余量的大小，将砂轮修整成阶梯形状，使其在一次垂直进给中磨去全部余量，如图 14-3 所示。这种磨削方法的缺点是修整砂轮的难度较大，磨削时的接触面较大，磨削表面易产生高温。一般适用于台阶差不大的工件磨削。

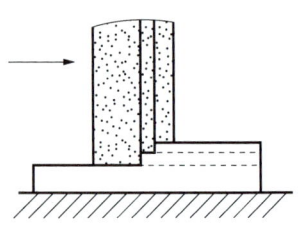

图 14-3 阶梯磨削法

（三）磨削用量的选择

磨削时要根据加工方法、磨削性质、工件材料等因素来选择磨削用量。

1. 砂轮的圆周速度

砂轮的圆周速度不宜过高或过低，过高会引起砂轮的碎裂，过低会影响加工质量和生产效率。一般选择范围如表 14-2 所示。

表14-2 砂轮圆周速度的选择

磨削形式	被磨工件材料	粗磨/（m·min^{-1}）	精磨/（m·min^{-1}）
周面磨削	灰铸铁、钢	20~22 22~25	22~25 25~30
端面磨削	灰铸铁、钢	15~18 18~20	18~20 20~25

2. 工作台纵向进给速度

当工作台为矩形时，纵向进给量选 1~12 m/min；当工作台为圆形时，其速度选为 7~30 m/min。

3. 砂轮的垂直进给量

磨削中，应根据横向进给量选择砂轮的垂直进给量。横向进给量大时，垂直进给量应小些，以免影响砂轮和机床的寿命以及加工精度；横向进给量小时，则垂直进给量可适当增大。一般粗磨时，垂直进给量为 0.015~0.05 mm；精磨时为 0.005~0.01 mm。可通过砂轮垂直进给手轮上的刻度控制精加工的磨削余量。

3.4.1.4 平面磨削注意事项

（1）正确使用设备及工、夹、量具，要合理安放工具、量具和工件，做好设备及工、夹、量具的保养维护工作，定期更换润滑油。

（2）正确穿戴劳动防护用品，工作时必须佩戴眼镜，以防磨削时产生的火花不慎对眼睛造成伤害。

（3）磨削之前要检查磨削液是否充足，以防工件表面被烧伤而影响加工质量。

（4）正确安装砂轮，经常检查砂轮的运转情况，及时调整砂轮的平衡。

（5）装夹工件时最好在工件的两端加挡块或挡铁，以防工作台上的磁力吸盘吸力不足，造成工件的窜动。

（6）要牢记砂轮垂直进给手轮和横向移动手轮的进退方向，以防磨削工件时弄错进退方向，产生报废的零件。

（7）正确操作磨床，工作中发现异常情况应立即停车，如果有设备故障要及时报告，待排除故障、修复机床后方能重新操作。

（8）磨削平板时要注意平板的弯曲变形现象。为了防止平板发生弯曲变形，可采用上下表面多次互为定位基准的方法磨削。

二、操作练习

【任务1】 选用夹具

（一）任务分析

磨削平面一般要在平面磨床上完成。选用的夹具要根据工件的具体形状、尺寸和材料来决定。磁性材料可以采用电磁吸盘装夹，非磁性材料可以采用平口钳、精密电磁方箱、精密角铁、V形块等夹具装夹。不同的夹具采用的安装方法不同。

(二) 任务实施

1. 电磁吸盘的安装练习

如图 14-4 所示为电磁吸盘。将电磁吸盘放在工作台上,用千分表找正安装电磁吸盘的位置,如有超差,在找出原因校正后,方可固定电磁吸盘。如电磁吸盘的平行度超差,可根据超差的尺寸将厚度尺寸为超差尺寸的垫片垫在低的一侧,直到校正后的平行度误差在允许范围内为止。

平面磨床上使用的电磁吸盘有长方形和圆形两种。长方形用于矩台平面磨床,圆形用于圆台平面磨床。

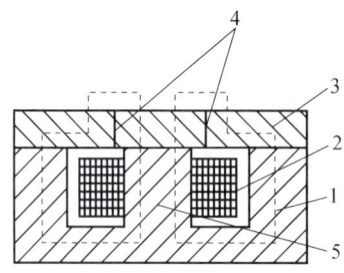

图 14-4 电磁吸盘

1—吸盘体;2—线圈;3—钢制盖板;4—绝缘体;5—芯体

2. 精密平口钳的安装练习

精密平口钳也称为精密平口虎钳,它与钳工使用的普通台虎钳既相似又有区别,普通台虎钳如图 14-5 所示。

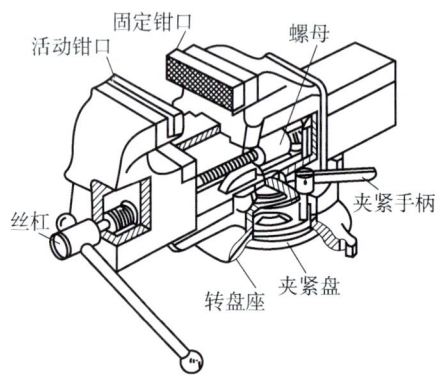

图 14-5 普通台虎钳

磨床上使用的虎钳一般都是精密平口钳,如图 14-6 所示。安装精密平口钳时,先将平口钳放在工作台上,并夹紧钳口,使钳口缝与工作台运动方向相同,然后用百分表找正钳口平面,一般误差应找正在 0.05～200 mm 之内,如有超差,在找出原因后方可固定平口钳。

安装平口钳的注意事项:

(1) 拧动平口钳底座四角上的螺钉时,螺钉不能一次性拧得太紧,应均衡、对角、轮流拧动螺钉,即应按对称位置依次拧紧螺钉,拧紧力不能太大。待螺钉全部被拧紧一遍后,

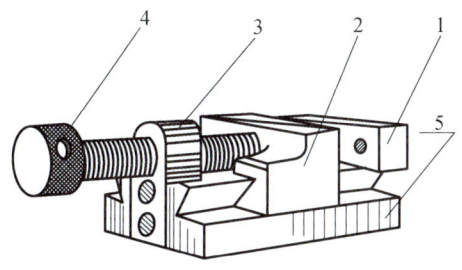

图 14-6　精密平口钳

1—固定钳口；2—活动钳口；3—凸台；4—螺杆；5—平口钳体

重新用百分表测量平口钳的位置，如有误差，校正后，重复第一遍的操作，依此类推。最后确认平口钳的位置正确后，拧紧螺钉。拧紧时必须使用标准扳手，不能用接长扳手或敲打的方法加大拧紧力。

（2）当需要敲击平口钳的钳口部分时，应使用木槌或橡皮锤，不能使用硬度较高的铁锤等工具。

（3）校正平口钳的位置时，应校正固定钳口，不可校正活动钳口。

（4）百分表只用来测量固定钳口的精度以及钳口顶面的精度。

3. 精密导磁角铁的安装练习

精密导磁角铁是用来磨削工件垂直面的夹具。将导磁角铁放在一个水平面上，用千分表找正安装导磁角铁的位置，然后将其固定。如有超差，找出原因校正后方可固定导磁角铁。如导磁角铁的基准面与导磁角铁侧面之间混有杂质或导磁角铁基准面有硬点、划痕等，必须经修复精度后才能使用。导磁角铁如图 14-7 所示。

4. 精密角铁的安装练习

将精密角铁的底板放在一个水平面上，用千分表找正安装精密角铁的位置，然后用螺钉固定精密角铁。如有超差，找正方法与精密导磁角铁的找正方法相同。精密角铁如图 14-8 所示。

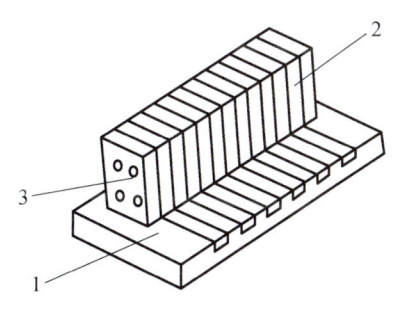
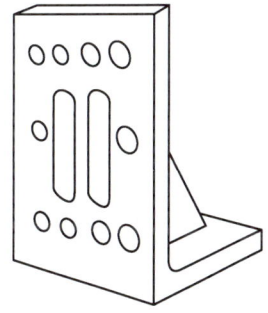

图 14-7　导磁角铁　　　　　　　　图 14-8　精密角铁

1—纯铁；2—黄铜片；3—螺栓

5. V 形块的安装练习

当磨削工件的基准面为圆柱面、被磨削的表面为圆柱体的端面或其他平面时，一般用 V 形块来装夹工件，安装 V 形块时其两侧面要垂直电磁吸盘。同样用千分表调整 V 形块的位置后固定 V 形块。

（三）任务评价

任务评价表如表 14-3 所示。

表 14-3 任务评价表

课题名称		任务名称		组别	
				任务实施者	
				小组成员	
主要任务				日期	
任务实施过程	训练内容		实施者自评	小组互评	教师评价
	电磁吸盘的安装操作				
	平口钳的安装操作				
	精密导磁角铁的安装操作				
	精密角铁的安装操作				
	V 形块的安装操作				
任务实施碰到的重点问题及解决办法					
实施者小结					
实习教师评价及建议 评价人_____ 评价结果_____					

【任务 2】 安装工件

（一）任务分析

在平面磨床上安装工件，需要根据工件的形状、尺寸和材料，合理选用夹具及装夹方法，使安装误差尽可能减小，以提高工件的加工精度。

（二）任务实施

1. 采用电磁吸盘安装工件

电磁吸盘是利用直流电使电磁吸盘产生磁力而紧紧吸住磁性工件的，如图 14-9 所示。

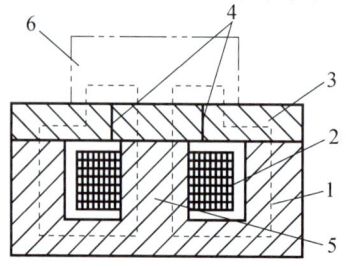

图 14-9 电磁吸盘装夹工件

1—吸盘体；2—线圈；3—钢制盖板；4—绝缘体；5—芯体；6—工件

194

这种方法装卸工件方便迅速、牢固可靠，能同时安装许多工件。由于定位基准面被均匀地吸紧在台面上，从而能很好地保证加工平面与基准面的平行度。

使用电磁吸盘时应注意以下几点：

（1）关掉电磁吸盘的电源后，工件和电磁吸盘上仍会保留一部分磁性，叫做剩磁，因此工件不易取下。这时只要将开关转到退磁位置，反复几次就能多次改变线圈中的电流方向，从而去掉剩磁，取下工件。

（2）从电磁吸盘上取下底面积较大的工件时，由于剩磁以及光滑表面间的黏附力较大，不容易将工件取下来。这时根据工件形状，先用木棒、铜棒或扳手（扳手钳与工件表面之间应垫铜皮等）将工件扳松后再取下，而绝不能用力将工件从电磁吸盘上硬拖下来，否则会将吸盘台面和工件表面拉毛。

（3）应保持吸盘台面清洁，否则切削液经过工作台板上的细小缝隙渗入吸盘体内，会使线圈受潮受损。

（4）装夹工件时，工件定位表面盖住绝磁层条数应尽可能多，充分利用磁性吸力，小而薄的工件应放在绝磁层中间。装夹高度比较高而定位表面较小的工件时，在工件的前面应放一块较大的挡铁，避免因吸力不够，砂轮将工件翻倒，造成砂轮碎裂。

（5）使用电磁吸盘时，往往都是将工件放在中间，因而台面中间部分不仅容易磨损，而且有拉毛情况。假如要磨小工件，且平行度要求高时，可以将工件安装在电磁吸盘两端，以确保磨削质量。

（6）电磁吸盘的台面要平整光洁。如果台面有拉毛，可以用三角油石或细砂皮修光后，再用金相砂皮将台面做一次修磨。修磨时电磁吸盘应接通电源，使它处于工作状态。修磨量应尽量少，这样可以延长电磁吸盘的使用寿命。

2. 采用精密平口钳安装工件

调节平口钳传动螺杆，将工件夹在钳口内，使工件平面略高于钳口平面。用百分表找正工件待磨平面，一般误差应找正在 0.02 mm 左右。找正后夹紧工件。

注意事项：

（1）平口钳装夹磨削工件可以获得较高的平面度和垂直度，但平口钳使用较长时间后，平面会有所磨损，这将直接影响工件磨削后的精度。因此，要定期检查平口钳的钳口品质，如有损伤应予以修复。

（2）用平口钳可以装夹各种材料的工件，不受导磁性的限制。但是在加工铜、铝等硬度较低的材料时，为避免将工件拉毛，装夹时可以在工件与平口钳钳口之间垫一些软性材料，且夹紧力不可太大。

3. 采用精密导磁角铁安装工件

将工件放在精密导磁角铁的底面上，使工件的侧面吸贴在导磁角铁的侧面上，工件的被磨削表面要超出导磁角铁的顶面，以便砂轮磨削时不会磨削到导磁角铁。装夹方法如图 14 – 10 所示。

4. 采用精密角铁安装工件

将工件的侧面（定位面）靠在角铁的立板上，使工件的被加工面高于角铁立板的顶面，用千分表找正工件的被加工面，用压板夹紧工件，如图 14-11 所示。

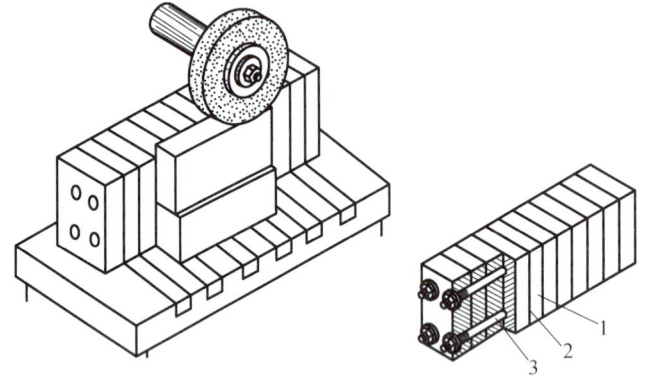

图 14-10　精密导磁角铁装夹工件
1—纯铁；2—黄铜片；3—螺栓

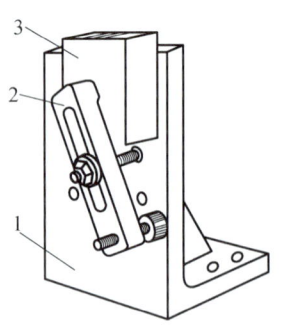

图 14-11　精密角铁装夹工件
1—精密角铁；2—压板；3—工件

5. 采用 V 形块安装工件

此方法适用于磨削圆柱体的端面及圆柱体上的其他平面。

使 V 形块的两侧面垂直于机床电磁吸盘，将圆柱体工件基准面置于 V 形块的槽中夹紧，使被磨表面伸出 V 形槽平面，夹紧工件，然后进行磨削。如图 14-12 所示为 V 形块装夹工件。

（三）任务评价

任务评价表如表 14-4 所示。

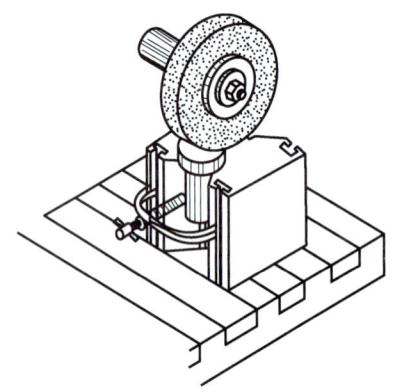

图 14-12　V 形块装夹工件

表 14-4　任务评价表

课题名称		任务名称		组别	
				任务实施者	
				小组成员	
主要任务				日期	
任务实施过程	训练内容		实施者自评	小组互评	教师评价
	使用电磁吸盘安装工件				
	使用精密平口钳安装工件				
	使用精密导磁角铁安装工件				
	使用精密角铁安装工件				
	使用 V 形块安装工件				

续表

任务实施碰到的重点问题及解决办法	
实施者小结	
实习教师评价及建议 评价人_____ 评价结果_____	

【任务3】 磨削平面

(一) 任务分析

本任务练习完成后,可掌握平面磨削的一般技术,同时也可熟悉垂直面、平行面的磨削方法。

图14-13所示是一六面体的零件图。根据技术要求标注可知,其六个面均需磨削加工,而且互为基准。磨削加工为本零件制造过程的最后一道工序。

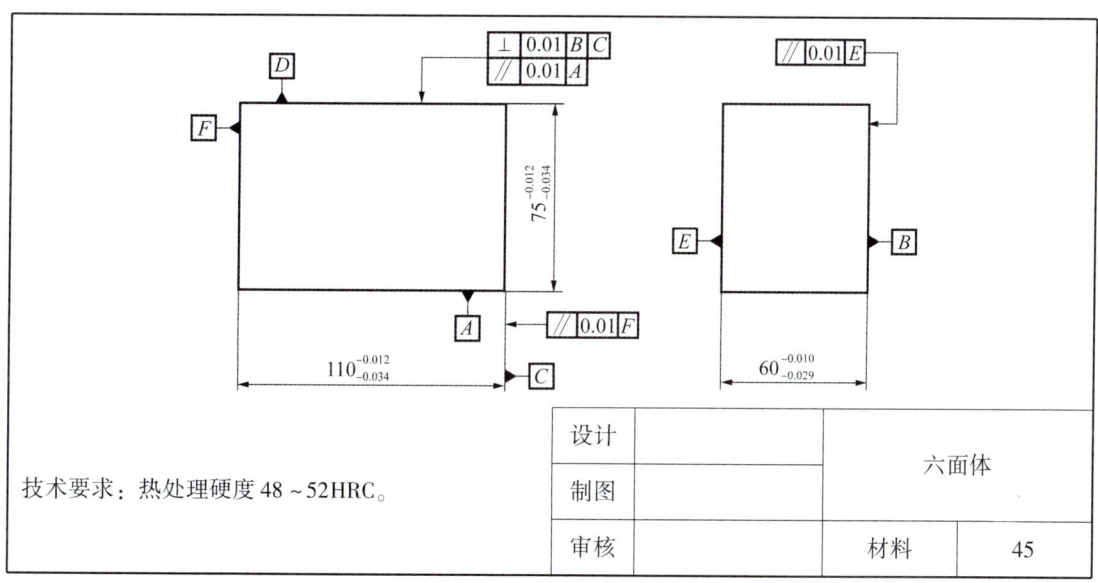

图14-13 六面体零件图

(二) 任务实施

1. 识读零件图

如图14-13所示为正六面体零件,图中 D 面不仅要求与 B、C 面的垂直度误差为 0.01 mm,而且与 A 面的平行度误差也只有 0.01 mm,B 面与 E 面、C 面与 F 面的平行度误差也应在0.01 mm以内。零件长度和宽度均有尺寸精度要求,长度尺寸公差为 -0.012 mm 和

−0.034 mm。宽度尺寸公差为 −0.010 mm 和 −0.029 mm。其六个面均需磨削加工，而且互为基准。

2. 选用设备及准备工量刃具

设备选用及工量刃具准备表如表 14−5 所示。

表 14−5　设备选用及工量刃具准备表

序号	名称及说明	数量
1	M7120 平面磨床	1
2	平型砂轮、金刚石修整器、静平衡架、电磁吸盘、方形座修整器	各 1 个
3	千分尺、90°角尺、平板圆柱角尺	各 1 个

3. 确定切削参数

切削参数参考表如表 14−6 所示。

表 14−6　切削参数参考表

1	砂轮圆周速度	1500 r/min
2	横向进给量（工作台往复一次）	0.3 ~ 0.5 mm
3	工作台往复速度	6 ~ 9 m/min
4	砂轮一次垂直进给量	0.02 ~ 0.03 mm

4. 装夹工件

采用电磁吸盘和精密平口钳装夹工件。

5. 磨削平面

磨削加工工艺如下：

（1）先以 A 面为粗定位基准，在平面磨床上磨出 D 面；再以 D 面为基准，精磨出 A 面，保证尺寸 $75_{-0.034}^{-0.012}$ mm，符合图样要求。

（2）用平板圆柱角尺，将 D 面紧靠圆柱，在 F 面下垫纸找正，然后连同纸一起将 F 面吸在电磁吸盘上，磨出 C 面。

（3）以 C 面为基准，磨出 F 面，保证尺寸 $110_{-0.034}^{-0.012}$ mm，符合图样要求。

（4）D 面紧靠角尺圆柱，在 E 面下垫纸找正，磨 B 面，保证 B 面与 D 面的垂直度，符合图样要求。

（5）以 B 面为基准，磨 E 面，保证尺寸 $60_{-0.029}^{-0.010}$ mm，符合图样要求。

注意事项

（1）先以 A 面为粗定位基准磨 D 面时，只要磨出 D 面即可，然后再以 D 面为精基准磨 A 面，这样能保证 A 面与 D 面的平行度要求。

（2）用平板圆柱角尺找正 F 面与 B 面时，应将 D 面紧贴圆柱，看其透光量大小，然后分别在 F 和 B 面下垫纸，直至 A 面与圆柱母线无间隙为止。找正工作需仔细，垫纸后工件应平稳。这种方法虽然较麻烦，但能保证工件的垂直度要求。

（3）由于六面体各对应面均有平行度要求，而平行度通常由机床精度保证，因此，装夹时应将机床电磁吸盘擦净，以防碎砂粒与磨屑影响工件加工的平行度。

（三）任务评价

任务评价表如表 14-7 所示。

表 14-7 任务评价表

课题名称		任务名称		组别	
				任务实施者	
				小组成员	
主要任务				日期	
任务实施过程	训练内容		评分标准	实施者自评	教师评价
	识读零件图		5		
	选用设备及准备工、量、刃具		5		
	确定切削参数		5		
	装夹工件		5		
	磨削工艺过程合理性		10		
	磨削加工尺寸的控制		20		
	磨削加工几何公差的控制		20		
	质量检验方法与技术		10		
	文明生产		10		
	遵守安全操作规程		10		
	合计		100		
课题名称		任务名称		组别	
				任务实施者	
				小组成员	
任务实施碰到的重点问题及解决办法					
实施者小结					
实习教师评价及建议 评价人_____ 评价结果_____					

三、知识拓展

（一）磨削斜面时常用的工件的装夹方法

磨削斜面时常用的工件的装夹方法一般有如下几种：

1. 用正弦规和精密角铁装夹工件磨斜面

正弦规是一种精密量具，使用时，根据所磨工件斜面的角度算出需要垫入的量块高度，如图 14-14 所示。

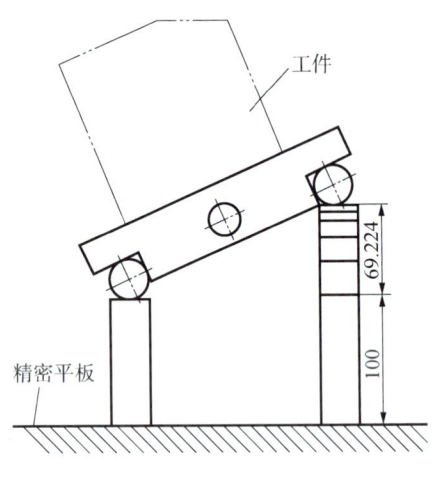
（a）

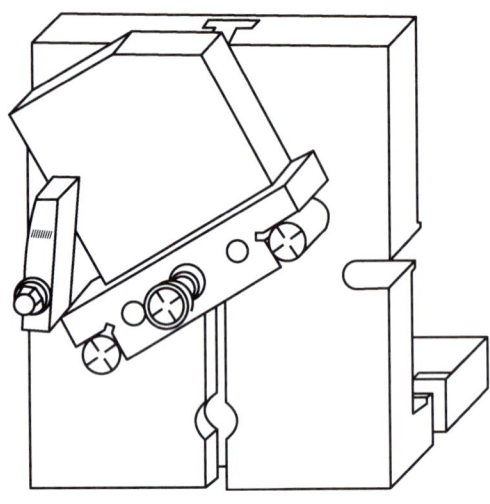
（b）

图 14-14　正弦规和精密角铁

（a）正弦规角度的调整；（b）正弦规和精密角铁装夹工件

2. 用正弦精密平口钳或正弦电磁吸盘装夹工件磨斜面

正弦精密平口钳的最大倾斜角度为 45°，如图 14-15（a）所示。而正弦电磁吸盘是用电磁吸盘代替了正弦精密平口钳中的平口钳，它的最大回转角度也是 45°，一般可用于磨削厚度较薄的工件，如图 14-15（b）所示。

（a）

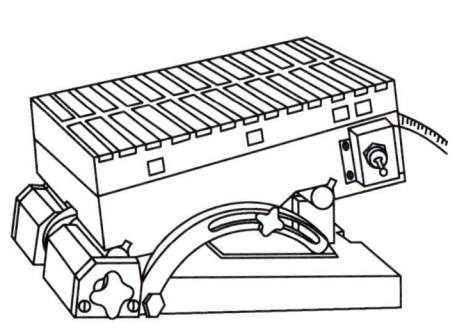
（c）

图 14-15　正弦精密平口钳和正弦电磁吸盘

（a）正弦精密平口钳；（b）正弦电磁吸盘

3. 用导磁 V 形铁装夹工件磨斜面

导磁 V 形铁的结构和使用原理与导磁角铁相同。这种导磁 V 形铁所能磨削的工件倾斜角不能调整，因而适用于批量生产，导磁 V 形铁及其装夹工件的方法如图 14-16、图 14-17 所示。

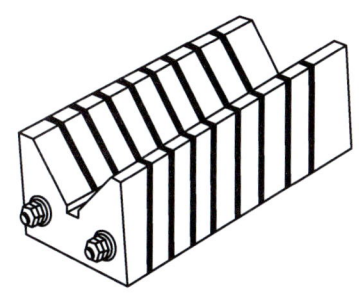

图 14-16 导磁 V 形铁

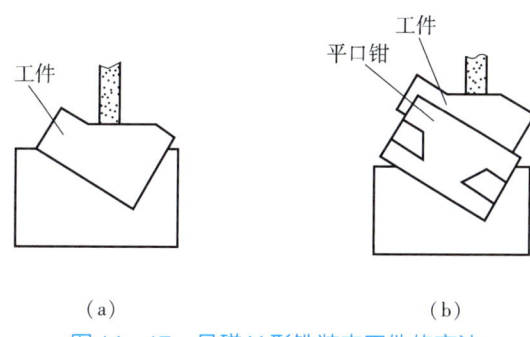

图 14-17 导磁 V 形铁装夹工件的方法

（a）工件直接安装在导磁 V 形铁上；（b）平口钳装夹工件后安装在导磁 V 形铁上

1. 平面磨削的工艺特点是什么？
2. 简要说明常用的平面磨削方法。
3. 平面磨削时要注意哪些问题？
4. 简述安装各种夹具的方法。
5. 简述磨削斜面时安装工件的方法。
6. 斜垫铁如图 16-18 所示。根据技术要求，试分析并列出磨削加工的工艺步骤。

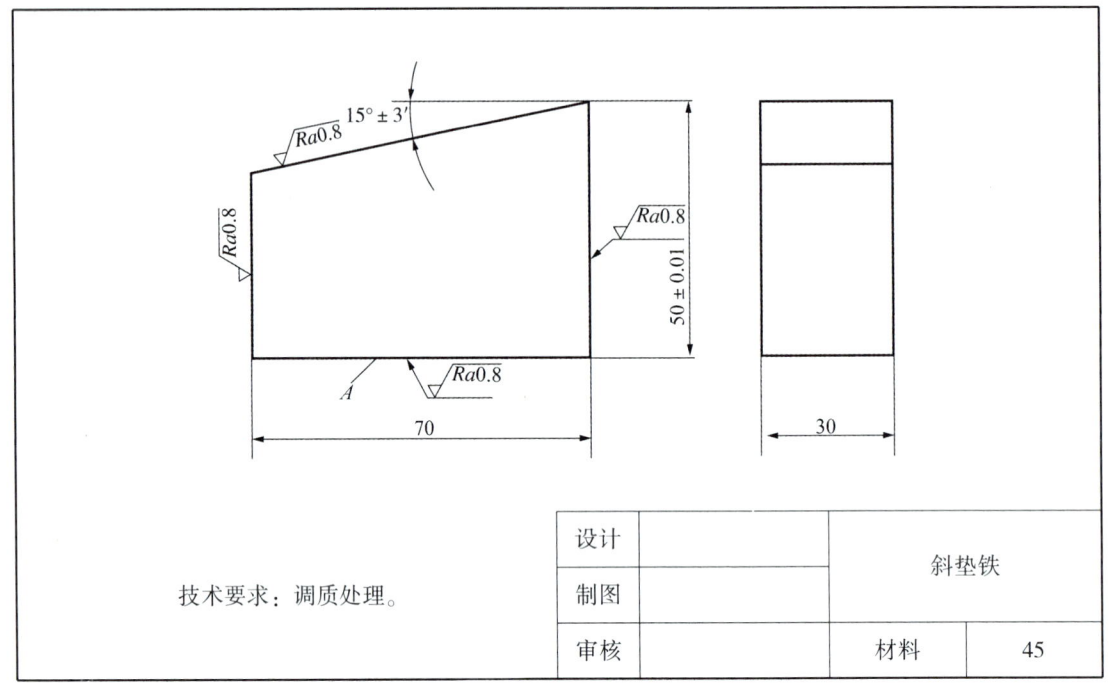

图 16－18　斜垫铁零件图

项目15 磨削外圆

一、相关知识

（一）磨削外圆

在普通外圆磨床或万能外圆磨床上可以磨削外圆柱面、外圆锥面和台肩面等，外径较小的短轴也可在无心磨床上进行磨削。外圆的磨削是外圆精加工的主要方法。经磨削后的外圆工件表面结构值一般可达到 $Ra\ 1.25 \sim Ra\ 0.32\ \mu m$，加工精度为 IT6~IT7。

1. 工件的装夹

1）用前、后顶尖装夹工件

用前、后顶尖装夹工件是外圆磨削中最常用的装夹方法。装夹时，利用工件两端的顶尖孔把工件支撑在磨床的头架及尾座顶尖间，这种装夹方法的特点是装夹迅速方便，加工精度高，如图 15-1 所示。

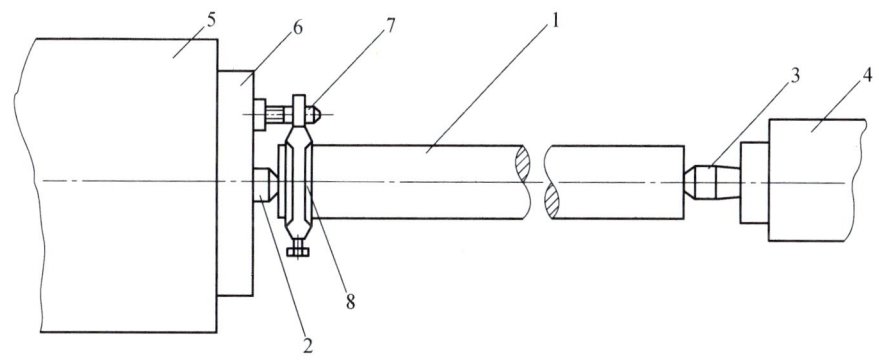

图 15-1 前、后顶尖装夹工件

1—工件；2—头架顶尖；3—尾座顶尖；4—尾座；5—头架；6—拨盘；7—拨杆；8—夹头

磨床采用的顶尖，一般都是固定在头架和尾座的锥孔内且不与工件一起转动的固定顶尖。因为采用回转顶尖磨削时，顶尖随着工件一起转动，那么由于头架立轴和轴承本身的制造误差、顶尖本身的不同轴度误差和轴承中存在间隙等原因，使顶尖在旋转中产生跳动，工件也随之产生径向圆跳动，这将影响工件的圆度精度和各台阶外圆的同轴度精度。而采用固定不转的固定顶尖，上述各种误差就不会反映到工件上来，能有效地提高零件的加工精度，减小表面结构值。

磨削前，要修研工件的中心孔，以提高定位精度。修研工件的中心孔一般是在车床上用硬质合金顶尖修研。当定位精度要求较高时，可选用油石顶尖或铸铁顶尖进行修研。

2）用三爪自定心卡盘或四爪单动卡盘装夹工件

三爪自定心卡盘适用于装夹没有中心孔的工件，而四爪单动卡盘特别适用于夹持表面不规则的工件。

3）利用心轴装夹工件

心轴装夹适用于磨削套类零件的外圆，常用心轴有以下几种。

（1）小锥度心轴，如图 15-2 所示。

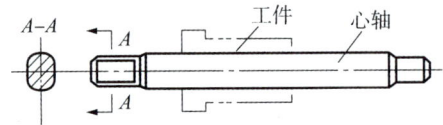

图 15-2　小锥度心轴

（2）台肩心轴，如图 15-3 所示。

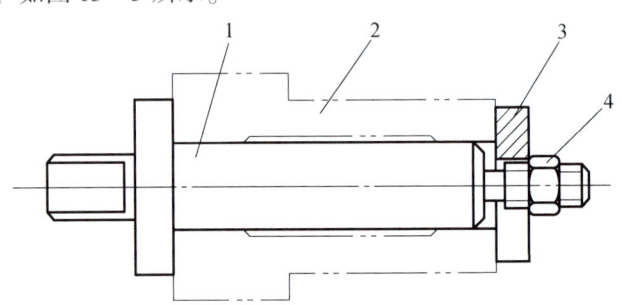

图 15-3　台肩心轴

1—心轴；2—工件；3—C 型垫圈；4—螺母

（3）可胀心轴，如图 15-4 所示。

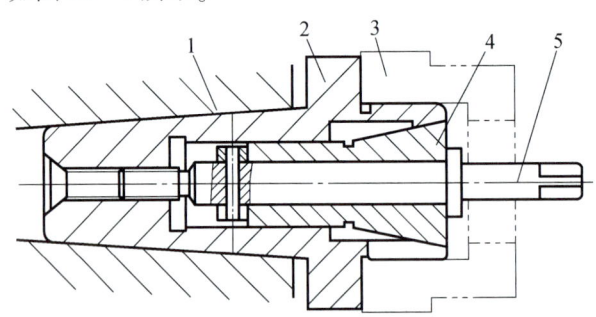

图 15-4　可胀心轴

1—磨床头架主轴；2—筒夹；3—工件；4—锥套；5—螺钉

2. 砂轮的选择

外圆磨削砂轮的选择必须考虑工件的加工精度、磨削性能、磨削力、磨削热等因素。一般选择为中等组织的平型砂轮，而砂轮尺寸则按机床规格选用。

3. 外圆磨削方法及特点

外圆一般是根据工件的形状、尺寸、技术要求以及工件的刚性等条件来选择磨削方法的。外圆磨削方法主要有纵磨法、横磨法和综合磨削法,每种方法都有各自的特点。外圆磨削方法及特点如表15-1所示。

表15-1 外圆磨削方法及特点

磨削方法	磨削含义	磨削方法	磨削特点
纵磨法	磨削时,工件在主轴带动下做旋转运动,并随工作台一起做纵向移动,当一次纵向行程或往复行程结束时,砂轮需按要求的磨削深度再做一次横向进给,这样就能使工件上的磨削余量不断被切除		精度高、表面粗糙度小、生产效率低。此种磨削方法适用于加工短而粗及带台阶的轴类工件外圆、单件小批量生产及零件的精磨
横磨法	磨削时,工件只需与砂轮做同向转动(圆周进给),而砂轮除高速旋转外,还需根据工件加工余量做缓慢连续的横向切入,直到加工余量全部被切除为止		磨削效率高、磨削长度较短,磨削较困难。此种磨削方法适用于批量生产,磨削较短的刚性好的工件外圆表面
综合磨削法(阶段磨削法)	综合磨削法是横磨法和纵磨法的综合应用,即先用横磨法将工件分段粗磨,相邻两段间有一定量的重叠,各段留精磨余量,然后用纵磨法进行精磨,如图所示。这种磨削方法既保证了精度和表面粗糙度,又提高了磨削效率		这种磨削方法既能提高生产效率,又能保证加工精度和表面结构值。适用于磨削余量大和刚性好的工件

(二) 磨削台阶轴

台阶轴的各段外圆的磨削方法与普通轴外圆的磨削方法相同,其主要特点是各段轴端面的磨削。

轴、套以及其他零件上的台阶端面通常是在外圆磨床上与外圆柱面在一次装夹中用砂轮的侧面磨出。

由于台阶端面与相邻轴段圆柱表面连接处的形状不同,因而采用的磨削方法也不同,如图15-5所示。

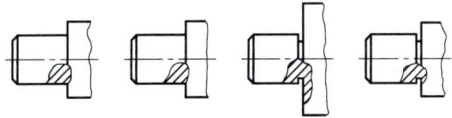

图15-5 台阶端面与外圆连接方式

1）轴上带退刀槽的台阶端面磨削方法

（1）磨好相邻直径较小外圆表面后，应把砂轮在横向稍微退出一些，以免砂轮和工件因受轴向力作用而发生变形时，把工件的部分外圆磨小。退出距离不能太大，一般在 0.05～0.1 mm 左右，否则会在台阶端面根部留下凸台。

（2）砂轮横向退出后，可用手摇动工作台向右，当工件接近砂轮端面时，可用手轻轻敲击纵向进给手轮，使工件缓缓地接触砂轮，以减少冲击力。磨削时切忌工件突然冲击砂轮端面。为了保证端面质量，在磨削处无火花后砂轮还可以稍停一些时间再退出。

（3）砂轮侧面应该略修成内凹形，使砂轮只留下狭窄的一圈环形面参加磨削，如图 15-6（a）所示。为了减小磨削砂轮与工件的接触面积，避免工件烧伤，提高台阶端面的精度，将砂轮修成如图 15-6（b）所示的内凹形状，在使用过程中不会因圆周面磨损而需要重新修整砂轮侧面，从而提高了砂轮的寿命。

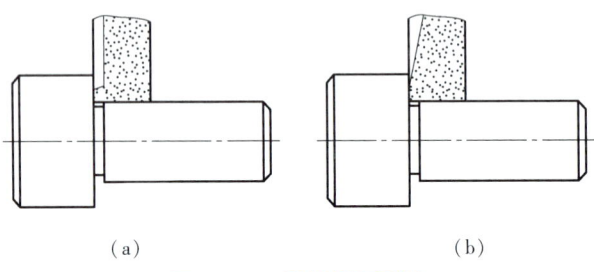

图 15-6 砂轮侧面形状

（a）内凹为短形槽；（b）内凹为斜面

2）带圆角的台阶端面磨削方法

磨削这种台阶端面时，应根据工件形状把砂轮与台阶面接触的棱边修成圆弧。

（1）外圆面的长度较短时，可先用切入法磨外圆直到留有 0.05 mm 余量为止，接着把砂轮横向摇出一段距离（退出距离大小随台阶高度而定），再用手纵向移动工作台磨端面，磨去全部余量。然后慢慢横向摇进砂轮，直至外圆磨到图样所要求的尺寸为止。用手纵向摇动工作台，使工件退出砂轮，如图 15-7 所示。

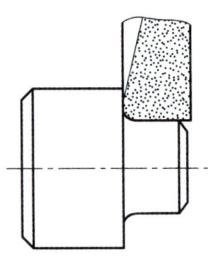

图 15-7 带圆角的台阶端面磨削法

（2）如果台阶旁边的外圆表面较长，可先用纵向磨削法磨外圆（留 0.03～0.05 mm 余量），然后按照上述方法将台阶端面磨好，再慢慢横向切入，用纵向磨削法精磨好外圆。

注意：磨台阶端面时必须有充足的切削液，避免工件烧伤。

二、操作练习

【任务1】 磨削外圆

(一) 任务分析

以图 15-8 所示的传动轴磨削为例,说明外圆磨削加工工艺的制订,磨削设备及磨削工、量、刃具的选用,切削参数的选择。

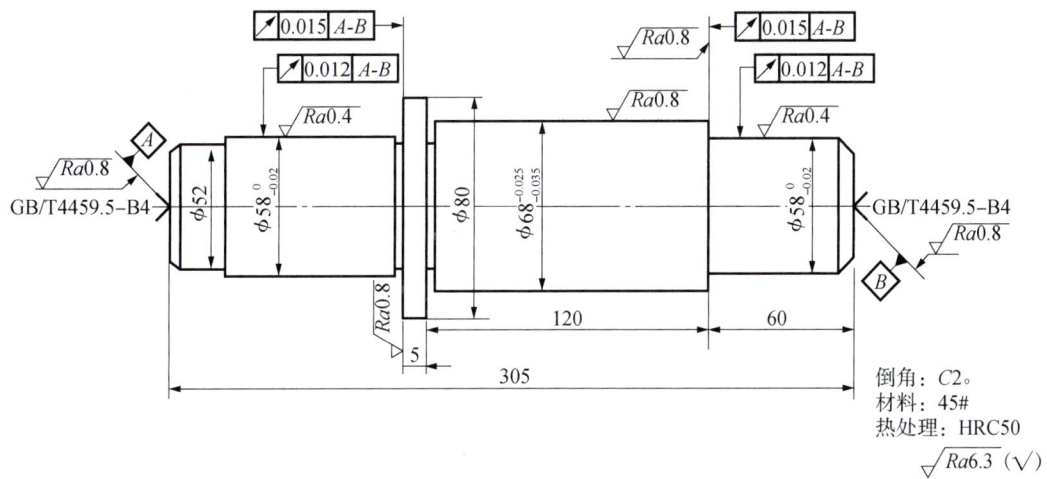

图 15-8 传动轴零件图

(二) 任务实施

1. 识读零件图

从图样中可知,两端 $\phi58_{-0.02}^{0}$ 轴的精度要求较高,要求圆跳动误差不超过 0.012 mm,表面结构值 Ra 值为 0.4 μm;$\phi68_{-0.035}^{-0.025}$ 轴的精度要求较高,表面结构值 Ra 值为 0.8 μm,;$\phi68_{-0.035}^{-0.025}$ 轴的右侧轴肩和 $\phi80$ 轴的左侧轴肩精度要求较高,要求圆跳动误差不超过 0.015 mm;中心孔(定位基准)的表面结构值 Ra 值为 0.8 μm。传动轴的材料为 45 钢,要求热处理后的硬度为 50HRC。

2. 选用设备及准备工量刃具

设备选用及工量刃具准备表,如表 15-2 所示。

表 15-2 设备选用及工量刃具准备表

序号	名称及说明	数量
1	M1432B 万能外圆磨床	1
2	平型砂轮、金刚石修整器、静平衡架、电磁吸盘、方形座修整器	各1个
3	千分尺、90°角尺、平板圆柱角尺	各1个

3. 确定切削参数

切削参数参考表，如表15-3所示。

表15-3 切削参数参考表

1	砂轮圆周速度	1500 r/min
2	横向进给量（工作台往复一次）	粗磨：0.1~0.2 mm 精磨：0.01~0.05 mm
3	工作台往复速度	3~6 m/min

4. 磨削传动轴

磨削之前先将坯料进行车削加工，将 ϕ58 轴和 ϕ68 轴的外圆尺寸分别留出磨削余量，经热处理后进行磨削加工。

磨削加工工艺如下：

（1）研磨中心孔，使中心孔的表面结构值达到 0.8 μm。清洁中心孔后涂上润滑脂。

（2）采用前后顶尖装夹工件，使卡箍套在 ϕ52 外圆上。

（3）使用百分表校正工件，粗磨 ϕ58 两段外圆和 ϕ68 外圆，留 0.05~0.08 mm 的精磨余量。

（4）检测外圆与跳动，掌握误差量。

（5）精磨 ϕ58 两段外圆和 ϕ68 外圆至尺寸要求。

（6）精磨 ϕ80 外圆的左侧面和 ϕ68 外圆的右侧面至尺寸要求。

（7）使用百分表检测 ϕ58 外圆的径向圆跳动误差是否在 0.012 mm 以内、ϕ80 外圆左侧面和 ϕ68 外圆的右侧面的圆跳动是否在 0.015 mm 以内。

注意事项：

（1）当磨削到台阶根部需要换向磨削时，应使工作台稍停几秒钟，以便清除台阶旁外圆根部的磨削余量，保证根部的尺寸符合图样要求。

（2）磨削较长外圆表面时，在磨削之前要准确调整好工作台进程。保证工作台反向时，砂轮离台阶端面距离尽可能小而不能发生碰撞。

（3）磨削不长的外圆表面时，可采用手动方式，操纵工作台纵向进给手轮进行磨削，磨削之前一定要调整好台阶旁的挡铁。

（三）任务评价

任务评价表如表15-4所示。

表15-4 任务评价表

课题名称		任务名称		组别	
				任务实施者	
				小组成员	
主要任务				日期	
任务实施过程	训练内容		评分标准	实施者自评	教师评价
	识读零件图		5		
	选择设备及准备工、量、刃具		5		
	确定切削参数		5		
	研磨中心孔		10		
	装夹工件		5		
	磨削加工尺寸的控制		20		
	磨削加工几何公差的控制		20		
	质量检验方法与技术		10		
	文明生产		10		
	遵守安全操作规程		10		
	合计		100		
任务实施碰到的重点问题及解决办法					
实施者小结					
实习教师评价及建议 评价人＿＿＿＿＿ 评价结果＿＿＿＿＿					

三、知识拓展

（一）数控磨床的发展历史

数控磨床是利用数字控制技术、使用磨具对工件表面进行磨削加工的机床。大多数的磨床是使用高速旋转的砂轮进行磨削加工的，少数的是使用油石、砂带等其他磨具和游离磨料进行加工。数控磨床的种类有数控平面磨床、数控无心磨床、数控内外圆磨床、数控立式万能磨床、数控坐标磨床、数控成形磨床等。

数控机床是信息技术与机械制造技术相结合的产物，代表了现代机械制造技术水平与发展趋势。近年来，我国数控机床工业发展较快，目前已有数控机床生产厂数百家。

18世纪30年代，为了适应钟表、自行车、缝纫机和枪械等零件淬硬后的加工需要，英国、德国和美国分别研制出使用天然磨料砂轮的磨床。这些磨床结构简单，刚度低，磨削时易产生振动，要求操作工人要有很高的技艺才能磨出精密的工件。1876年，美国布朗—夏普公司研制的万能外圆磨床是首次具有现代磨床基本特征的机械。它的工件头架和尾座安装在往复移动的工作台上，箱形床身提高了机床刚度，并带有内圆磨削附件。1883年又相继研制出了磨头装在立柱上、工作台作往复移动的平面磨床。随着近代工业特别是汽车工业的发展，人们对各种形状零件的精度要求越来越高，因此，不同类型的磨床相继问世。例如20世纪初，行星内圆磨床、曲轴磨床、凸轮轴磨床和带电磁吸盘的活塞环磨床等各种专用磨床陆续被研制出来。1908年，磨床上开始安装自动测量装置。1920年前后，无心磨床、双端面磨床、轧辊磨床、导轨磨床、珩磨机和超精加工机床等相继制成使用。20世纪50年代出现了可作镜面磨削的高精度外圆磨床。20世纪60年代末出现了砂轮线速度达60～80 m/s的高速磨床和大切深、缓进给磨削的平面磨床。20世纪70年代，以微处理机为主的数字控制和适应控制等技术在数控磨床上得到了广泛应用。

（二）数控磨床的特点

（1）适合于加工复杂异形的零件。
（2）实现计算机控制，消除人为误差。
（3）通过计算机软件可以实现精度补偿和优化控制。
（4）磨削中心等具有刀库和换刀功能，减少了工件的装夹次数，提高了加工精度。
（5）数控磨床具有柔性化的特点。柔性加工不仅适合于多品种、中小批量生产，也适合于大批量生产，且能交替完成两种或更多种不同零件的加工，增加了自动变换工件的功能，可实现夜间无人看管的操作。由几台数控机床（加工中心）组成的柔性制造系统（FMS）是具有更高柔性的自动化制造系统，包括加工、装配和检验等环节。

思考与练习

1. 磨削外圆时的工件装夹方法有哪些？
2. 心轴装夹适用于磨削哪些零件的外圆？常用心轴有哪几种？
3. 常用的外圆磨削方法有哪些？各自特点是什么？
4. 磨削台阶轴有哪些方法？
5. 简述数控磨床的特点。

参 考 文 献

［1］　葛金印．机械制造技术基础［M］．北京：高等教育出版社，2004．
［2］　金禧德，王志海．金工实习［M］．北京：高等教育出版社，2001．
［3］　刘锁林．机械加工技术训练［M］．北京：机械工业出版社，2010．
［4］　朱仁盛．机械制造技术——基础知识［M］．北京：高等教育出版社，2007．
［5］　赵光霞．机械加工技术训练［M］．北京：高等教育出版社，2008．
［6］　徐冬元．机械加工技能训练［M］．北京：人民邮电出版社，2006．
［7］　蒋增福，徐冬元．机加工实习［M］．北京：高等教育出版社，2002．
［8］　何建民．铣工操作技术与窍门［M］．北京：机械工业出版社，2004．
［9］　张亮峰．机械加工工艺基础与实训［M］．北京：高等教育出版社，1999．
［10］　卞洪元，丁金水．金属工艺学［M］．北京：北京理工大学出版社，2006．